"大国三农"系列规划教材

普通高等教育"十四五"规划教材

第2版

植物病原微生物学

Plant Pathogenic Microbiology

张国珍◎主　编
张力群　周　涛◎副主编

中国农业大学出版社
China Agricultural University Press
·北京·

内容简介

本教材在微生物学的基础上,较全面和系统地介绍了植物病原菌物、植物病原原核生物、植物病毒和植物病原线虫4大类植物病原物的概念、形态和结构、分类和命名、生物学特性以及所致主要植物病害,体现了现代微生物分类系统的新变化以及植物病原物学研究的新动向,对有益微生物和线虫的利用也进行了简要介绍。本教材还配有实验指导,便于部分教学内容的实践。书后附有微生物和线虫名称索引,方便读者快速检索植物病原物或有益微生物的相关信息。

本教材面向高等农林院校植物保护、农学、园艺和种子科学等植物生产类的本科生,也适用于其他生物学相关专业的本科生教学,或作为农业科研人员和相关专业研究生的参考书。

图书在版编目(CIP)数据

植物病原微生物学/张国珍主编. —2 版.—北京:中国农业大学出版社,2021.7
ISBN 978-7-5655-2582-7

Ⅰ.①植… Ⅱ.①张… Ⅲ.①植物-病原微生物 Ⅳ.①S432

中国版本图书馆 CIP 数据核字(2021)第 146578 号

书　　名	植物病原微生物学　第 2 版		
作　　者	张国珍　主编		
策划编辑	梁爱荣	责任编辑	韩元凤
封面设计	李尘工作室		
出版发行	中国农业大学出版社		
社　　址	北京市海淀区圆明园西路 2 号	邮政编码	100193
电　　话	发行部 010-62733489,1190	读者服务部	010-62732336
	编辑部 010-62732617,2618	出　版　部	010-62733440
网　　址	http://www.caupress.cn	E-mail	cbsszs@cau.edu.cn
经　　销	新华书店		
印　　刷	北京鑫丰华彩印有限公司		
版　　次	2021 年 8 月第 2 版　　2021 年 8 月第 1 次印刷		
规　　格	787×1 092　16 开本　14.25 印张　355 千字		
定　　价	46.00 元		

第 2 版编写人员

主　　编　张国珍

副 主 编　张力群　周　涛

参编人员　（按姓氏拼音排序）
　　　　　陈旭君　范在丰　简　恒　刘　倩
　　　　　罗来鑫　吴学宏　杨　俊　张　燕

第 1 版编写人员

主　编　张国珍

副主编　张力群　周　涛

参　编　（按姓氏拼音排序）
　　　　陈旭君　范在丰　简　恒　刘　倩
　　　　罗来鑫　吴学宏　杨　俊　张　燕

第 2 版前言

《植物病原微生物学》(第 1 版)于 2016 年 9 月出版,是国内唯一以植物病原微生物为主要内容的本科生教材。该教材出版以来,微生物的分类系统特别是关于菌物、原核生物和病毒的分类又发生了较大变动,一些植物病原物的分类地位和名称也发生了变化。为了满足新形势下高等农林院校植物保护、农学、园艺、种子科学等专业对植物病原学教学内容更新的迫切需求,教材原有编写人员对第 1 版进行了全面修订。

第 2 版中修订的主要内容是针对当前国际上微生物分类的新动态、新分类系统和命名规则,对菌物、原核生物、病毒等部分的分类学相关内容进行了修订和调整。其中菌物分类采用《菌物辞典》(第 10 版)的分类系统;依据 Index Fungorum 和 Mycobank 两个网站的数据库信息,以附表形式列出了菌物代表属的最新分类地位;按照 2012 年《国际藻类、菌物和植物命名法规》中"一个菌物一个名称"的规定,教材中涉及的菌物种名均采用合法名称,其他名称以异名列出。原核生物部分突出了 DNA 序列比较和系统发育分析在细菌分类鉴定中的重要性;依据《伯杰氏古生菌和细菌系统学手册》(2015 年)和 List of Prokaryotic Names with Standing in Nomenclature 网站所列名录,对植物病原原核微生物的分类地位和学名进行了修订,对部分重要植物病原细菌的分类地位变化过程作了说明。病毒的分类采用了国际病毒分类委员会(International Committee on Taxonomy of Viruses,ICTV)于 2020 年 3 月批准的最新病毒分类系统,首次采用了十五级分类单元;病毒的命名规则和学名书写格式按 ICTV 于 2019 年 5 月 28 日更新的要求。线虫的分类主要依据 Nemaplex 网站的信息,列表介绍了基于形态的传统分类系统和基于 18S rRNA 基因的系统进化分类系统,线虫的传统形态学分类系统仍具有广泛影响,而基于 DNA 序列的分类系统已逐渐被学界主流接受。

编者对第 1 版的部分内容和文字也进行了必要的修改、补充和纠错。希望借助第 2 版出版,能够推进国内本科生植物病原学的教学改革与实践,并恳请广大师生在使用教材的过程中,对第 2 版提出宝贵意见和建议。

第 2 版的修订得到了中国农业大学本科规划教材建设项目的资助。在教材修订过程中,得到了有关同行和专家的悉心指点,在此表示衷心的感谢!

编　者
2021 年 6 月

第 1 版前言

随着生命科学和现代生物技术的不断发展,人们对生物的认识不断深入,微生物的分类地位和分类系统发生了较大变动。为适应现代农业和植物病理学发展的需要,满足新形势下高等农业院校植物保护、农学、园艺等专业对植物病原学教学内容的需求,我们组织编写了《植物病原微生物学》,力求完整和系统地反映植物病原微生物学的基本内容,反映微生物分类系统的新变化以及植物病原物研究的新动向。

尽管线虫不属于微生物的范畴,但在植物病理学中,一直将植物线虫作为病原物的一部分。本书将植物线虫也列入其中。本书内容共分为 5 章,第一章为绪论,介绍微生物和植物病原学的基本概况,第二章至第五章依次介绍植物病原菌物、植物病原原核微生物、植物病毒和植物病原线虫。在第二章至第四章中,各有一节分别介绍有益菌物、有益原核微生物和病毒的利用,拓展学生对微生物的全面认识。书中病原物的形态图有两种形式,手绘图线条清晰、简单,模式化;显微拍摄图片自然和真实。在每章后列出了相应的思考题,便于学习者掌握知识要点和复习。书后附有实验指导,便于部分教学内容的实践。

本书面向高等农业院校植物保护、农学、园艺等专业的本科生,也适用于其他相关专业的本科生教学,或作为农业科研人员和相关专业研究生的参考书。

《植物病原微生物学》自 2010 年秋季开始编写,以讲义形式在中国农业大学植物生产类专业本科生中试用 5 年,期间经过了几次修改和不断完善。但由于编者水平所限,书中错误仍在所难免。我们殷切盼望广大读者在使用过程中提出宝贵意见和建议,以便进行更正和提高。

编　者
2016 年 6 月

目 录

第1章 绪 论

微生物是地球上最为丰富多样的生物资源，缺少了它们，生物圈的物质能量循环将中断，地球上的生命将难以繁衍生息。微生物学是植物病原学诞生的基础。本章将简要介绍微生物的概念和基本知识、植物病原学的诞生和发展历程。

1.1 微生物的基本知识

1.1.1 微生物的概念

微生物(microorganism)通常是指肉眼看不见或者看不清楚的所有微小生物的总称。"微生物"一词并非生物学上的分类单位和术语，所以也没有标准的定义。人眼的分辨力一般在$0.1\sim0.2$ mm，更小的生物则需借助显微放大设备才能观察清楚。微生物包括原核生物中的细菌和古生菌，真核生物中的菌物、单细胞藻类和原生动物，以及非细胞生物病毒、亚病毒因子等。病毒虽然没有细胞结构，但能在活细胞中完成自身复制，且形态微小，只有在电子显微镜下才能观察到，所以也被归为微生物。微生物的个体大小一般都在1 mm以下，有些微生物的繁殖体却并非微小，如生活中常见的蘑菇，即是大型真菌的子实体。中国发现的一种叫椭圆嗜蓝孢孔菌(*Fomitiporia ellipsoidea*)的子实体长约10 m，重约0.5 t，是世界上发现的最大的真菌子实体。

1.1.2 微生物的主要类群

微生物种类繁多，根据微生物细胞核以及细胞结构的有无，可以将微生物分为以下几个主要类群。

1. 原核微生物

原核微生物指没有真正的细胞核，仅有原始拟核(核区)，由细胞膜和细胞壁或只有细胞膜包围的单细胞微生物，包括细菌和古生菌。它的核区外没有核膜包围，DNA以双链闭环分子形式存在，核区中不含组蛋白。原核微生物细胞中主要的细胞器是核糖体，没有真核细胞中由质膜包被的细胞器，如高尔基体、内质网、线粒体等。许多细菌能够侵染人和动物，并导致重大疾病和灾难，如人类的鼠疫、霍乱等；也有一些细菌可侵染植物，引发植物的细菌病害，造成农作物产量和品质下降。

2. 真核微生物

真核微生物指具有真正的细胞核和核膜，能进行有丝分裂，细胞质内存在线粒体或同时存在叶绿体等多种细胞器的微生物，包括菌物(真菌、卵菌等)、原生动物、单细胞藻类等。菌物是微生物中导致植物病害最多、危害最严重的类群。人和动物的真菌病害相对较少，生活中常见的手足癣就是由真菌侵染引起的。

3. 病毒

病毒是微小的非细胞生物,是一套核酸模板分子,通常包裹在由蛋白质或脂蛋白组成的保护性衣壳中,只能在适宜的寄主细胞内完成其自身的复制。病毒能够侵染许多细胞生物,包括细菌、真菌、植物、动物等,并在动物和植物上引起多种病害,如人类的流感、艾滋病(获得性免疫缺损综合征,AIDS)、冠状病毒病(COVID-19,又称为新型冠状病毒肺炎,简称新冠肺炎)等。但每一种病毒侵染的寄主范围有明显的专化性,如侵染高等动物的病毒一般不能侵染植物,同样侵染植物的病毒一般也不能侵染高等动物。

4. 朊病毒

与病毒类似,朊病毒也是非细胞生物。但与病毒不同的是,朊病毒不含其他生物所共有的遗传物质,只是一类具有侵染性的蛋白质分子。如侵染人和动物脑部导致克雅氏病(早老性痴呆症)或疯牛病的病原即是朊病毒。

1.1.3　微生物的特征

微生物大多以单细胞形态存在,或细胞首尾相连呈串状或丝状(菌丝)。有些微生物具备了多细胞的结构,但远不能与动植物高度分化的组织和器官相比。相对简单的结构和漫长的进化演变历史,使微生物具备了以下突出的特点:

1. 个体小、比表面积大

微生物的个体微小,如杆状细菌长约 2 μm,宽约 0.5 μm,1 500 个杆菌细胞首尾相连,总长度约等于 1 个芝麻粒的长度。80 个杆菌细胞纵向排列,总宽度约等于 1 根头发丝的粗度。如果设定人的比表面积(个体的表面积与体积之比)是 1,那么大肠杆菌的比表面积为 30 万。

2. 吸收多、转化快

由于微生物比表面积大得惊人,非常有利于通过体表吸收营养和排泄废物。而且,微生物的食性非常广泛,动植物不能利用的大量物质,甚至剧毒物质,微生物照样可以当作美味佳肴。如大肠杆菌在合适的条件下,每小时可能消耗相当于自身重量 2 000 倍的糖,而人体要完成这样规模的消耗则需要 40 年之久。

3. 生长旺、繁殖快

大肠杆菌(*Escherichia coli*)在理想条件下 20 min 繁殖 1 代,理论上每昼夜可繁殖 72 代。当然,细菌数量的高速倍增只能维持几个小时,不可能无限制地繁殖。在培养液中的细菌数量一般仅能达到每毫升 1 亿～10 亿个,最多达到 100 亿个。尽管如此,它的繁殖速度仍比高等生物高出千万倍。比如在肠道中,大肠杆菌大约每 12 h 繁殖 1 代,一年可繁殖 700 多代。一个人的寿命按 75 岁计算,自出生时就栖居在人肠道的大肠杆菌可繁殖 50 000 代以上;而人类自出现以来 10 万年的历史中,大约仅繁衍了 5 000 代。

4. 适应性强、易变异

微生物对环境尤其是对极端环境有着惊人的适应能力,如多数细菌能够耐－196～0 ℃的低温,嗜盐细菌能在饱和盐水中正常生活,一些细菌能够耐受极端的酸碱度条件(pH 1～10),或耐受地表或海平面以下数千米的黑暗高压环境。产芽胞细菌和真菌孢子在干燥条件下能够存活几十年至几百年；耐缺氧、耐毒物、抗辐射等特性在微生物中也很常见。

尽管微生物的变异概率小，只有百万分之一至十亿分之一，但由于繁殖快，群体数量大，短时间即可以形成变异后代的群体，适应环境的变化。

5. 分布广、种类多

微生物分布广泛，几乎无处不在，人体皮肤表面、口腔甚至肠胃中都有许多微生物。据粗略估计，一个人的细胞总数约 10^{13} 个，而栖居在肠道、口腔、皮肤等处的微生物总和却能达到 10^{14} 个，1 mL 肠液中的微生物数量比全世界的人口数量还要多。可以说人类是生活在微生物的汪洋大海之中，微生物可谓"无处不在，无处不有"。土壤是各种微生物生长繁殖的大本营。在肥沃的土壤中，每克土约含 20 亿个微生物，即使是贫瘠的土壤，每克土中也含有 3 亿～5 亿个微生物。

1.1.4 微生物与人类的关系

微生物是最早出现在地球上的生物。在地球约 46 亿年的历史中，化石证据表明微生物已经存在了 35 亿年，而且至今也是整个地球生命的基础。微生物与人类的关系非常密切，可以简单概括为有益和有害两个方面，相应的微生物分别称为有益微生物和有害微生物。

1. 有益微生物

（1）微生物在农业上起着非常重要的作用，整个农业生态系统在许多方面都依靠微生物的活动。如固氮细菌可以把大气中的氮（N_2）转变成植物可利用的含氮化合物，根瘤菌的固氮活动显著减少了植物对肥料的需求。某些反刍动物（如牛和羊）的反刍消化过程中微生物是必需的，可以协助分解纤维素等有机物。在植物营养方面，微生物在碳、氮、硫等重要营养成分的循环中起关键作用。土壤和水中的微生物可将这些元素转化成植物容易利用的形式。而大量动植物死亡以后，其有机物又被微生物分解为简单的含碳、氮化合物，供给其他生物重新循环利用。因此，微生物在农业生产以及自然环境的生态平衡中起到举足轻重的作用。

（2）微生物在食品及其加工业方面起重要作用。利用乳酸菌发酵可以生产酸奶等奶制品，以及泡菜、酸菜等风味食品。烘焙面包和葡萄酒、啤酒等酒类的酿造都基于酵母菌的发酵活动。人们日常生活中大量使用的调料和食品添加剂，如味精、木糖醇等，也是经微生物大规模工业发酵生产获得。

（3）微生物在能源生产方面起重要作用。部分天然气是在成岩作用早期，在富含有机质和强还原环境条件下，由甲烷细菌为主的微生物群体发酵产生。随着石油、煤炭、天然气等不可再生资源的日益消耗，新能源的开发已刻不容缓。微生物是 21 世纪开发新能源的主力之一，可通过微生物发酵大豆、蔗渣、废弃食用油等得到多种脂肪酸单酯的混合物，进一步加工形成用于机动车的生物柴油。某些微生物还可以通过代谢产生氢气、乙醇等作为能源物质，甚至可将微生物产生的化学能转化为电能，进行微生物发电。

（4）微生物在环境修复中起到重要作用。人类活动产生的污染物通过各种途径进入土壤或水体，超出了土壤或水体的容纳和净化能力就会造成污染。土壤污染已经成为全球性的重要问题，主要污染物为有机污染物和重金属等。土壤和水体中的有机污染物，如农药、石油工业产物、重金属等，大部分可被微生物分泌的胞外酶降解，或将有机污染物吸收到胞内降解。细菌还对重金属有很强的吸附能力，可以通过氧化降低重金属的毒性，从而减轻其对植物的危害。

(5)在人类健康和疾病防治方面,微生物也起着积极的作用。现代医学认为人体与所携带的微生物是一个共生体。肠道微生物菌群在维持人体健康中所起的作用远远超出人们的想象,这些微生物可为人体提供自身不具备的酶和生化通路,影响人体营养、免疫和代谢,其作用相当于人体后天获得一个"器官"。用于医药的抗生素绝大多数也是微生物发酵产生的次生代谢物,如青霉菌发酵可产生青霉素,链霉菌发酵可产生链霉素、红霉素等。用于免疫接种的疫苗也来源于微生物或其代谢产物,将病原细菌或病毒灭活或减毒处理,接种人体后可激活免疫系统,再次遇到相同的病原物侵染时,就会阻止其造成危害。由于疫苗的广泛使用,由病毒引起的天花在全世界范围内得到了根除,脊髓灰质炎等疾病也得到了有效控制。据世界卫生组织统计,疫苗接种每年可减少 200 万~300 万人口的死亡。

2.有害微生物

(1)对人类的危害 在细菌、真菌、原生动物和病毒中,都有可以侵染人体导致人类疾病的病原物。有些病原微生物严重威胁人类健康甚至生命,如人类免疫缺损病毒(HIV)、近年发现的对抗生素产生耐药性的"超级细菌"等。2014—2015 年由埃博拉病毒(Ebola virus)引起的急性出血热性传染病第一次在西非暴发,造成近 3 万人感染,1 万多人死亡。2019 年年底发生的新冠病毒病(COVID-19)在世界各地流行,截至北京时间 2021 年 6 月 30 日 7 时 01 分,全球累计确诊病例超过 18 255 万例,累计死亡病例 395.3 万例。由分枝杆菌侵染造成的肺结核是严重影响人类的细菌疾病,据估计,全球每年有 1% 的人口会受到这种细菌的感染,在落后的发展中国家造成上百万人死亡。烈性细菌侵染可能在人群中造成严重的瘟疫流行,人类历史上最致命的瘟疫,称之为黑死病,是由鼠疫耶尔森氏菌(Yersinia pestis)引起的,曾数次肆虐欧洲和亚洲,造成全世界 7 500 万人死亡。

(2)对动物的危害 与人类相似,动物也会受到多种微生物的侵染发生疾病,其中烈性传染病也会造成严重损失。如病毒引起的牛瘟在 18 世纪的欧洲流行,1713—1766 年仅法国就有 1 100 万头牛病死;新中国成立前的三四十年代,每年因牛瘟病死的牛有 100 万~200 万头。很多侵染动物的病原微生物也可以侵染人类。已经证实的人与动物共患的传染病和寄生虫病超过 250 种,我国已经确认的有 90 多种。当前最重要的此类传染病有狂犬病、炭疽病、布氏杆菌病、沙门氏菌病、禽流感等。因此,对动物疾病的研究也与人类健康密切相关。

(3)对植物的危害 植物病原菌物、细菌、病毒等可以引起多种植物病害,造成农作物减产、农产品霉变等,详见后面各章对植物病原物的介绍。需要指出的是,在一般情况下,侵染植物的病原微生物并不能侵染动物和人类,但农作物(尤其是新鲜蔬菜)上有可能携带人类致病菌。近年来国际上多次发生蔬菜携带人类致病菌引发的食物中毒事件,如 1996 年 7 月日本大阪的堺市(Sakai)发生 6 000 多名小学生食物中毒事件,后查明是因为生食芽菜中带有大肠杆菌 O157 菌株。

1.2 植物病原物的概念

1.2.1 植物病原物的概念

影响植物的正常生长发育进而引起病害的生物统称为病原生物,简称为病原物(pathogen）。有些危害植物的生物，则不包括在病原物的研究范畴。如昆虫、螨类取食植物造成的危害，啮齿动物及其他大型动物取食植物造成的破坏，田间杂草影响作物的生长发育等。寄生性和致病性是病原物的两个共同属性。寄生性是指病原物在寄主植物体内获得营养物质而生存的能力，致病性是指病原物具有的破坏寄主植物和引起病变的能力。

1.2.2　植物病原物的类群

植物病原物主要包括以下几个类群：①菌物，除了真菌界的生物，还包括卵菌、根肿菌、黏菌等；②原核生物，包括有细胞壁的细菌和无细胞壁的植原体、螺原体等；③病毒、类病毒等；④线虫；⑤寄生性种子植物。

几类主要病原物在形态和大小上相差很大，它们与寄主植物细胞的相对大小关系见图1-1。

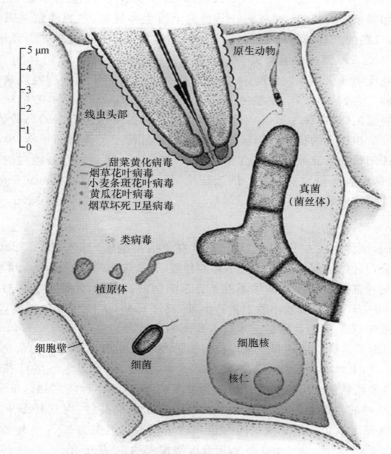

图 1-1　各类植物病原物的相对大小及与植物细胞关系的示意图

（Agrios 著，沈崇尧主译，2009）

鉴于各类植物病原物的重要性以及寄生性种子植物并非微生物的范畴，加之在植物病理学中一直将线虫视为病原物，本教材涉及的植物病原物类别包括前 4 类，其有关特征和特性将在各章中分别进行详细讲述。

1.3 植物病原物所致病害

1.3.1 植物病原物所致病害的实例

历史上,不乏因植物病害造成作物严重损失的例子。下面以马铃薯晚疫病和玉米小斑病为例进行说明。

1. 马铃薯晚疫病

发生在 1845—1850 年,历史上著名的爱尔兰大饥荒,俗称马铃薯饥荒,就是由马铃薯晚疫病造成的。

在 1800 年左右,马铃薯由中南美洲引入欧洲,成为爱尔兰人的主要口粮,当时只有少数富人吃得起面包和猪肉。1845 年,晚疫病在马铃薯上发生和蔓延,造成爱尔兰人赖以生存的马铃薯几乎绝产,口粮的产量减少约 60%。据估计,当时有 100 多万爱尔兰人死于饥荒,占到当时人口的 1/8,大约 200 万人被迫移民。

在马铃薯晚疫病毁灭性暴发后的 16 年里,"什么原因引起了马铃薯晚疫病?"这个难题一直在困扰着人们。直到 1861 年,安东·德巴利(Anton de Bary)用简单的试验证明了马铃薯晚疫病是由一种真菌(现在称为卵菌)引起的。德巴利种植了两组健康的马铃薯块茎,其中一组喷洒了来自发病植株上的孢子。未接菌的块茎萌芽后长出了健康的植株,而喷洒过病菌的块茎长出的植株却很快萎蔫死亡。德巴利重复了这个试验,都是只有处理过的块茎受到病菌侵染,长出的植株也有被侵染的症状。试验证明,致病疫霉(*Phytophthora infestans*)就是引起当年马铃薯晚疫病的病原菌。

2. 玉米小斑病

玉米小斑病,也称为南方玉米叶枯病。通常在美国不造成严重危害,但 20 世纪 60 年代,美国玉米种子公司开始使用细胞质雄性不育的种质(T 型细胞质)进行育种,到 60 年代末美国 85% 的玉米杂交种都是由 T 型细胞质雄性不育系配制的。当时,此类杂交种对玉蜀黍平脐蠕孢(*Bipolaris maydis*)的一个新小种(即 T 小种)高度感病,表现为叶片枯萎,茎秆和穗轴腐烂。T 小种的菌株对 T 型细胞质的玉米具有高度的毒性。

1970 年 2 月,美国佛罗里达州发现以前对玉蜀黍平脐蠕孢具有抗性的杂交玉米上有玉米小斑病发生。5 月,玉米小斑病在美国南部蔓延开来,同年 7—8 月天气条件利于病原菌向北扩散。7 月的热带风暴使云层从墨西哥湾移到美国中西部,T 小种随之到达玉米带中心,那里的气候适合 T 小种的侵染和繁殖。由于 85% 的玉米是感病品种,因此导致玉米小斑病大流行。南部田块损失达 100%,印第安纳州和伊利诺依州平均损失为 20%~30%。据推测美国当年玉米总产量减产 15%,约 2 000 万 t,折合经济损失约 10 亿美元。

1.3.2 植物病害造成的影响

1. 植物病害造成农产品产量和品质下降

植物病害引起损失的类型和数量随植物或植物产品的种类、病原物、地区、环境、采取的防治措施以及这些因素的综合作用变化而不同。如澳大利亚小麦生产每年因病害损失 90 亿澳元,每公顷平均损失约 75 澳元,几乎占到小麦产值的 20%。对大多数植物病害而言,产量损失主要发生在田间,部分发生在贮藏期,如水果、蔬菜、谷物和植物纤维在贮藏时发生的腐烂或霉变。据估计,我国水果采后病害造成的损失占总产量的 20%～30%。其中有些严重损失是由植物产品品质下降造成的,如出现在果实、蔬菜上的叶斑、疮痂、污斑等虽然对产量影响不大,但产品品质低劣会导致其商品价值降低。

2. 植物病害影响物种分布和工业产业

植物病害会影响一定地理区域内生存的植物种类。例如,20 世纪初,美国从佐治亚州和密西西比州的南部经缅因州和密歇根州的北部到加拿大的安大略湖,一段数百英里宽的区域内,森林中最常见的就是美洲栗树。但在 1904 年,纽约动物园的美洲栗树发生了疫病,表现为部分枝条的叶片变褐、死亡,并迅速传到了北美洲东部,以到 20 世纪 20 年代,北美的所有栗树自然生长区都有这种病害发生,给栗树带来毁灭性的危害。经病害诊断,栗疫病是由一种真菌(*Cryphonectria parasitica*)引起的。到 20 世纪中期,约有 35 亿棵美洲栗树因栗疫病死亡,美洲栗在北美几乎绝种,这不仅影响到木材经济,以板栗为食的松鼠数量也大幅度减少,甚至导致几种昆虫濒临灭绝。美洲栗成为近代第一个因一种植物真菌病害而濒临灭绝的树种。

另一个例子是发生在榆树上的一种真菌病害,因 1920 年首次在荷兰报道,故称为荷兰榆病。美国榆树树体高大,树形优美,适宜观赏,在自然界与其他阔叶树混生,后来被早期北美的住户和移民用来美化街道。1930 年,俄亥俄州克利夫兰市的一些榆树枝干的叶片开始出现枯萎、黄化,最后变为棕褐色。随后叶片脱落,枝干死亡。通常在不到一年或在几年内,整株榆树就会死亡。荷兰榆病在北美传播得非常快,1956 年跨过密西西比河,1973 年到达太平洋沿岸各州。在传播过程中,该病害毁灭了大部分庭院、公园和道路旁的美国榆树。其中还曾彻底破坏了有“榆树之城”美誉的康涅狄格州纽黑文市的榆树景观。荷兰榆病由真菌(*Ophiostoma ulmi*)侵染引起,通过两种昆虫(榆小蠹)传播到健康榆树上。病原菌在榆树木质部导管中扩展和繁殖,从而引起导管堵塞,水和矿物质便无法从根部运输到堵塞处之上的部位,最终导致整棵树死亡。至 20 世纪末,北美榆树的数量较 20 世纪初减少了 75%。

柑橘产业是美国佛罗里达州的支柱产业,佛罗里达州是除巴西以外世界上第二大柑橘产地。由细菌引起的柑橘溃疡病曾多次重创佛罗里达的柑橘产业,病原菌侵染危害叶片、枝梢、果实和萼片,形成木栓化稍隆起的病斑,造成落叶、落果、影响树势、枝梢干枯、果实商业品质降低等。1984—1986 年该病害暴发导致大约 2 000 万株柑橘树的销毁,价值 2 500 万美元。为防止该病害的蔓延,佛罗里达州立法要求将距离病树 1 900 英尺(等于 579 m)以内的所有柑橘树全部铲除。目前佛罗里达每年要花费 1 200 万美元和 600 多人用于柑橘溃疡病的防控工作。

3. 植物病原菌产生有毒物质

曾被人们称为“圣·安东尼之火”的麦角中毒,是因为人畜食用了麦角菌侵染的谷物。麦角病能够明显降低谷物产量,但对粮食生产的主要影响是受侵染的部分不再适合食用。麦角含有许多生物碱等活性物质,主要损害脑部和循环系统。受气象因素、寄主和产麦角的真菌种类、麦角病发生程度等多种条件的影响,麦角中毒症的严重程度和发病率各有不同。赤霉病是小麦和玉米的主要病害之一,病原菌(镰孢菌)侵染小麦和玉米后不仅造成减产,还产生一种叫作脱氧雪腐镰孢烯醇(DON)的真菌毒素。DON 毒素能造成人畜急慢性中毒,如呕吐、反应迟钝、站立不稳等,严重时可引起死亡。还有报道认为 DON 毒素可以致癌。1989 年,在印度因食用受赤霉病菌侵染的小麦造成 5 万人中毒。我国在 20 世纪也有多起镰孢菌毒素污染粮食和动物饲料引起中毒事件的报道。因此,世界各国都对镰孢菌毒素在粮食和饲料中的含量上限做了明确规定,并在粮食加工和国际贸易中要进行严格检验。

4. 植物病害间接污染环境、增加农业生产成本

植物病害除了直接影响产量和品质外,还会间接引起许多其他方面的经济损失。例如,农民可能会迫不得已种植一些相对产量低、生产成本高或盈利少的抗病品种。他们可能不得不使用化学防治,因而增加了农药、器械、劳动力费用的支出。植物病害还会缩短农产品储存和货架时间,因而即使在市场饱和、价格低廉的时候,种植者也不得不尽快出售农产品。

大量使用化学农药也会造成土壤和水源污染,人畜受害,后期的修复治理工程投入巨大,得不偿失。例如,20 世纪中叶大量使用有机汞杀菌剂防治植物病害,有机汞杀菌剂半衰期为 10～30 年,进入土壤后分解为无机汞,再以甲基汞的形式被植物吸收后,可引起人畜的慢性中毒。大量使用硫酸链霉素和土霉素等抗生素防治植物的细菌性病害,给环境中自然形成的细菌群落施加了巨大的抗生素压力,造成抗生素抗性菌株的大量出现,不仅使植物病害的防治愈加困难,也给人畜病害的抗生素治疗带来隐患。

1.4　植物病原学的发展历程

1.4.1　植物病原学的历史

植物病原学是研究植物病害发生原因的学科。植物病原学诞生的基础是微生物学,植物病原物中的绝大多数成员是微生物。

1676 年,荷兰人列文虎克(Antony van Leewenhook,1632—1723)对显微镜的镜片和构造做了重大改进,他用自制的显微镜第一次观察到了细菌,从而揭示出一个过去从未有人知晓的微生物世界,列文虎克被称为微生物学的鼻祖。显微镜的发明燃起了人们用显微镜观察微生物的极大兴趣,使得人们将微生物与植物病害联系起来成为可能。

1729 年,意大利植物学家安东尼奥·米奇里(Pier Antonio Micheli,1679—1737)出版了《植物新属》,其中描述了许多真菌的新属,阐明了它们的繁殖结构。他最先将葡萄孢属(*Botrytis*)、曲霉属(*Aspergillus*)和毛霉属(*Mucor*)的孢子置于新切的瓜片上,会长出与原先相同的真菌。因此,他推测真菌个体是由自身孢子长出的,而非自然发生的。他的工作为后来的真菌分类学及真菌形态学奠定了基础。《植物新属》的发表被认为是真菌学建立的起点。

路易斯·巴斯德(Louis Pasteur,1822—1895)是法国的化学家、近代微生物学奠基人。他证明大多数侵染性病害是由微生物引起的。巴斯德的"病害的病原理论"(Germ Theory of Disease)是一个巨大的进步,改变了科学家们的思维方式。他始创并首先应用疫苗接种来预防狂犬病、炭疽病等。1796 年,英国的詹纳(Edward Jenner)通过接种牛痘成功预防了天花,但当时并不了解这个免疫过程的机制。巴斯德研究了鸡霍乱病,发现钝化病原体能诱发免疫反应,从而预防鸡霍乱病。随后他又研究了狂犬病和炭疽病,均证实了免疫学说。预防接种法的发现和完善对人类健康有重要的意义。巴斯德对发酵也做了深入研究,证明糖在不同微生物的作用下可以转化成酒精、乳酸或其他产物。不同微生物所要求的条件不同,发酵过程不同,因而产物也不同。他证明了酵母菌的发酵作用是厌氧发酵。巴斯德还发明了巴氏消毒法。

他发现葡萄酒变质是由微生物引起的,如将瓶装酒在 60～65℃ 下做短时间加热处理,就可以杀死这些有害的微生物,达到防腐的目的。直到今天他的方法在乳制品和酒制品等食品工业上仍被广泛采用。

英国细菌学家亚历山大·弗莱明(Alexander Fleming,1881—1955)在 1928 年发现了青霉素,并于 1929 年发表了学术论文,报道了他的发现,但当时未引起重视,而且青霉素的提纯问题也没有解决。1939 年,英国生物化学家恩斯特·鲍里斯·钱恩(Ernst Boris Chain)和澳大利亚的药理学家霍华德·弗洛里(Howard Florey)对弗莱明的发现很感兴趣。钱恩负责青霉的培养和青霉素的分离和提纯,使其抗菌能力提高了几千倍;弗洛里负责动物试验观察。两人有力地证明了青霉素的功效。青霉素的发现和大量生产,拯救了千百万肺炎、脑炎、败血病患者的生命,战争中救治了大量伤病员。为了表彰弗莱明等发现青霉素及其临床效用而对人类做出的杰出贡献,弗莱明、钱恩、弗洛里共同荣获了 1945 年诺贝尔生理学或医学奖。

安东·德巴利(Anton de Bary,1831—1888)是植物病原学说的创始人。1853 年,他最早描述并确定了黑粉病和锈病是由真菌引起的病害。1861—1863 年,德巴利证明引起爱尔兰大饥荒的马铃薯晚疫病是由一种疫霉所致。后来,他又研究了锈病的发生规律,发现了小麦秆锈病菌需先后分别在小麦和小檗两种寄主植物上寄生才能完成其生活史。提出秆锈病菌有“转主寄生”现象,在其生活史中产生多种类型的孢子,被称为“多型现象”。德巴利被称为“植物病理学之父”。

罗伯特·柯赫(Robert Koch,1843—1910)在细菌研究方面,特别是在病原细菌研究方面做出了卓越贡献。他和巴斯德被公认为近代病原细菌学的奠基人。柯赫建立了微生物研究基本技术,并于 1876 年第一个证实了人和绵羊等动物的炭疽热是由一种炭疽芽胞杆菌(*Bacillus anthracis*)引起的。他又于 1882 年和 1883 年分别发现肺结核和霍乱是由不同细菌引起的。这些发现证实了病害的病原学说。柯赫于 1905 年获得诺贝尔生理学或医学奖。柯赫根据自己的工作经验,提出了一套用于证实细菌与病害关系的科学验证方法,并逐步发展为确认分离自发病动植物上的微生物是否为引起病害的病原物的 4 条标准。这种方法被称为“柯赫氏法则(Koch's Postulates)”,一直沿用至今。具体内容为:①在每个被检查的罹病生物(如植物)上必须存在疑似病原物(细菌或其他微生物);②这种疑似病原物(细菌或其他微生物)必须能从寄主(植物)上分离得到,并能被纯培养;③当把纯培养的疑似病原物接种到健康的寄主(植物)上以后,寄主必须再现特定病害;④在接种和发病的寄主上必须能重新得到相同的病原物,即重新得到的病原物必须具有和第 2 步中的生物相同的特征(图 1-2)。

德国科学家阿道夫·迈尔(Adolf Mayer,1843—1942)于 1886 年证实烟草花叶病病株的汁液具有传染性。用显现花叶症状的烟草汁液注射健康植株,会显现出类似的花叶症状。由于在发病植株上和过滤的汁液中均未发现真菌存在,当时认为该病可能是由细菌引起的。

俄国植物学家伊凡诺夫斯基(Dmitrii Ivanowski,1864—1920)在 1892 年证明了烟草花叶病的“致病因子”能通过细菌滤器,所以他认定这种“致病因子”可能是细菌分泌的毒素或可能是一种能通过滤孔的更小的细菌。1898 年,荷兰微生物学家贝耶林克(Martinus Beijerinck,1851—1931)重复了此类实验,最终确定,烟草花叶病的病原物不是真菌和细菌,而是一种“具有传染能力的活性液体”,他称之为病毒(virus)。有关病毒形态的详细描述是在电子显微镜发明以后。德国科学家考斯奇(Kausche)于 1939 年第一次在电子显微镜下看到了烟草花叶病毒(TMV)的粒体。

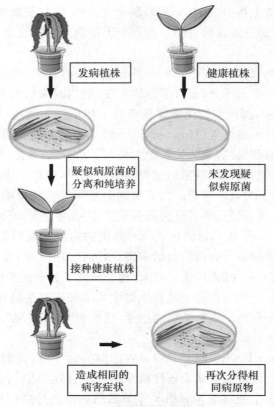

图 1-2　柯赫氏法则示意图

1743 年，尼达姆（Needham）在英国发表了全世界第一篇与植物病害有关的线虫报告。他在小而圆的异常小麦籽粒（小麦虫瘿）中观察到了线虫，这是植物寄生线虫的首次记录。直到 1855 年，才在黄瓜的根部小瘤中发现了第二种植物线虫——根结线虫。此后，报道了植物寄生线虫——甜菜孢囊线虫（*Heterodera schachtii*）。德曼（de Man）在 1880 年出版了《土壤、植物和淡水线虫的》专著，并创立了测量与描述线虫形态的德曼氏公式。科布（Nathan Augustus Cobb）是第一个对线虫病害和病原线虫的形态、分类做出卓越贡献的线虫学家，是植物线虫学的奠基人。

1.4.2　现代生物分类系统

微生物分类的主要依据包括形态特征、生理生化特征、生态习性、免疫反应、细胞壁成分、核酸序列一致性、GC 含量等。随着 DNA 测序技术的快速发展，微生物的分类鉴定工作越来越多地依据保守基因序列（甚至是全基因组序列）的系统进化分析。目前常见的微生物分类系统简介如下：

1. 卡尔·伍斯（Carl Woese，1977）的三域系统

1977 年，伍斯基于对不同生物 16S rDNA 序列的同源性分析，发现了地球上的第三种生命形式即古生菌，并把古生菌从细菌中划分出来，作为与细菌域和真核生物域并列的一个独立的域。自此，自然界的生物被划分为三个域：细菌域（Domain Bacteria）、古生菌域（Domain

Archaea)和真核生物域(Domain Eukarya)(图 1-3)。这是目前被国内外广泛接受的生物三域分类系统。菌物属于真核生物域。

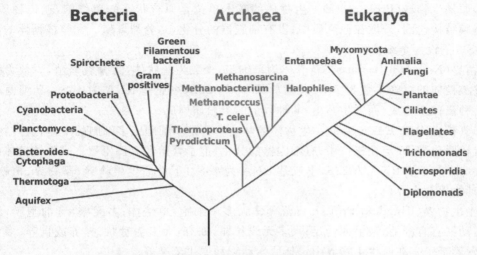

图 1-3 伍斯等基于生物 16S rDNA 序列分析建立的系统发育树

2. 卡瓦尼-史密斯(Cavalier-Smith,1988—1989)的八界系统

卡瓦尼-史密斯 1988—1989 年提出了生物八界分类系统,将生物分为原核的细菌总界和真核总界两个总界。原核的细菌总界包括细菌界和古生菌界,真核总界中包括 6 个界。

Empire Bacteria   **细菌总界**
    Eubacteria   真细菌界
    Archaea   古生菌界
Empire Eukaryota   **真核总界**
    Archezoa   原始动物界
    Protozoa   原生动物界
    Plantae   植物界
    Animalia   动物界
    Fungi   真菌界
    Chromista   藻物界(假菌界)

与过去的分类系统相比,八界系统的变动主要是:古生菌从细菌中划分出来独立成界;过去比较混乱的原生生物界被拆散,分别归于原始动物界、原生动物界和藻物界;过去划分在真菌界中的黏菌和卵菌分别归于原生动物界和藻物界。

3. 三域七界系统

在原核生物域和真核生物域之外,另设立一个无胞生物域(Domain Acytota),其下设一个病毒界(Kingdom Vira)。三域七界的简要特征如下:

(1)无胞生物域(Acytota) 生物体的基本单位是非细胞结构的粒体,是由核酸和(或)蛋白质组成的核蛋白分子。下设一个病毒界。

— 11 —

病毒界(Kingdom Vira):病毒粒体的基本结构是核酸芯子与蛋白质亚基组成的核蛋白。核酸为核糖核酸(RNA)或脱氧核糖核酸(DNA)。具有寄生性和致病性。

(2)原核生物域(Prokaryota)　生物体的基本单位是原核状态的单细胞,遗传物质(核酸等)没有膜结构包围,分散在原生质中;没有细胞器的分化,二分裂繁殖。完整核糖体的沉降系数为 70S。下设一个细菌界。

细菌界(Kingdom Bacteria):营养体为单细胞,少数为丝状体,二分裂繁殖,少数为孢子繁殖;完整核糖体的沉降系数为 70S,大亚基 RNA 为 23S,小亚基 RNA 为 16S。真细菌的核糖体由 55 种蛋白质构成,而古生菌由 66 种以上的蛋白质构成。

(3)真核生物域(Eukaryota)　生物体的基本单位是单细胞或多细胞的个体,遗传物质(核酸等)有核膜包围,固定在核仁中;有细胞器的分化;孢子繁殖和有性生殖。完整核糖体的沉降系数为 80S,大亚基 RNA 为 28S,小亚基 RNA 为 18S。下设原生生物界、藻物界、植物界、真菌界和动物界 5 个界。

原生生物界(Kingdom Protista):营养体大多单细胞,单倍体;多无壁,有细胞膜,细胞分化少,运动器官有纤毛、鞭毛或伪足;大多无线粒体,如有,大多为管状;异养或自养;多为无性繁殖和营养繁殖。在原生生物界中包括原生动物和原生藻类等。

藻物界(Kingdom Chromista):营养体单细胞或多细胞,二倍体;细胞壁含纤维素和纤维质,少数有几丁质,细胞分化,配子的运动器官有纤毛和鞭毛(茸鞭);含叶绿素,有线粒体,线粒体嵴多为管状;异养或自养;多无性繁殖和营养繁殖,也有有性生殖。

植物界(Kingdom Plantae):营养体单细胞或多细胞,二倍体;细胞壁含纤维素和纤维质,有细胞和组织分化,配子无鞭毛;含叶绿素,有线粒体,线粒体嵴多为管状;多自养;多无性繁殖和营养繁殖,有性生殖产生种子。

真菌界(Kingdom Fungi):营养体单细胞或多细胞,单倍体;细胞壁含几丁质,少数有纤维素,有细胞和组织分化,配子有鞭毛(尾鞭);不含叶绿素,有线粒体,线粒体嵴多为片层状;异养;多无性繁殖(孢子繁殖),有性生殖产生有性孢子。

动物界(Kingdom Animalia):营养体单细胞和多细胞;无细胞壁;有细胞和组织分化;不含叶绿素,有线粒体,线粒体嵴多为片层状;异养;有性生殖产生胚。

1.4.3　植物病原学的发展

植物病原学自 19 世纪诞生至今经历了 100 多年的历程,在植物病原学研究的各个领域都有很大发展。尤其是近些年来,随着分子生物学技术和基因组测序技术的发展和应用,其发展更是突飞猛进。

1. 植物病原物的鉴定和检测技术

植物病原物种类繁多,明确病原物的种类对于植物病害的诊断和有效防控具有重要指导意义。检测植物及植物产品中是否携带有检疫性病原物在植物检疫中具有重要作用。植物病原物的传统鉴定方法主要是依据病原物的形态学特征、生理生化特性、生物学特性,利用免疫分析技术、电镜技术,有时也结合致病性测定等。随着分子生物学技术的发展,新技术越来越多地应用于植物病原物的准确鉴定和快速分子检测,如聚合酶链式反应(polymerase chain reaction,PCR)技术以及在 PCR 基础上衍生出的一系列 PCR 技术,如巢式 PCR(nested PCR)、多重 PCR(mutiplex PCR)、反转录 PCR(reverse transcription PCR)、实时荧光定量 PCR (quantitative real time PCR)、环介导等温扩增(loop-mediated isothermal amplification, LAMP),还有核酸分子杂交技术、核苷酸序列测定技术、DNA 条形码(DNA barcoding)、DNA 芯片(DNA chip)等,为植物病原物的准确鉴定和快速灵敏检测提供了有力的技术支撑。此外,还有高通量测序技术及序列分析、现代信息技术等,都在发挥重要作用。

2. 植物病原物致病机制的研究

植物病原物的种类繁多,不同病原物以不同方式和机制引发寄主植物的病害,概括起来主要有以下几种机制。

(1)酶类 一些病原物(如真菌、细菌等)分泌角质酶、果胶酶、纤维素酶、半纤维素酶、蛋白酶等酶类,降解植物的角质层、细胞壁等,导致植物组织的解体,引起腐烂等。

(2)毒素 一些病原物(如真菌、细菌等)分泌或产生多糖、多肽或杂环类有机化合物的毒素会毒害植物细胞,引起植物的萎蔫、坏死等。

(3)生长调节因子 病原物产生过量的生长调节因子如生长素、赤霉素、脱落酸、细胞分裂素、乙烯等或产生生长调节因子的抑制子,引起植物激素的不平衡,从而导致植物生长异常,如刺激植物产生瘿瘤、徒长或矮化、根过度分枝、癌肿等症状。

(4)病原物外泌的效应子 病原细菌、菌物和线虫都可通过特殊途径(如细菌的 III 型和 IV 型分泌系统)将一系列称作效应子的蛋白分泌到植物细胞内。这些效应子有多种功能,其中多数效应子可以抑制植物细胞的基础免疫功能,破坏或减弱植物细胞对病原物侵染的抵抗反应,有利于病原物的侵染。

(5)生理生化水平的研究 研究病原物侵染植物后导致病害发生、发展,对植物生理生化功能的影响。如病原物对植物光合作用、水分和养分转运、呼吸作用、细胞膜渗透性、植物生长发育等的影响。

3. 病原微生物的全基因组测序和组学研究

1995 年国际上第一个细菌流感嗜血杆菌(*Haemophilus influenzae*)全基因组测定完成,在随后的几年中,微生物的全基因组序列测定进展很快。近几年来,随着基因组测序技术的快速发展,微生物基因组的测序变得更加简单,已完成数千种微生物的全基因组测序。

1997 年,酿酒酵母(*Saccharomyces cerevisiae*)成为第一个完成全基因组序列测定的真核生物。截至 2021 年 3 月在 GenBank 网站上公布的真菌界中完成全基因组测序的物种已有2 700 余个。其中有比较重要的植物病原真菌,如稻梨孢(*Pyricularia oryzae*)、禾谷镰孢(*Fusarium graminearum*)、禾柄锈菌(*Puccinia graminis*)等。植物病原细菌和病毒的基因组相对较小,大量病原细菌和病毒的全基因组测序也已经完成。在此基础上,转录组学、蛋白组学、代谢组学等一系列新型的交叉学科已广泛应用于植物病原学研究,推动植物病原学进入后基因组时代。

4. 植物病原物在转基因工程中的利用

随着分子生物学技术的发展,一些植物病原物也被用于植物的转基因工程,如用作转基因载体。根癌土壤杆菌(*Agrobacterium tumefaciens*)中存在一种 Ti 质粒,这种细菌侵染植物细胞时,质粒上的部分致病基因插入到植物细胞的基因组中,引发根癌病。Ti 质粒是根癌土壤杆菌侵染植物导致肿瘤的主要致病因子。用 Ti 质粒作载体也可人为将外源目的基因转入植物,构建转基因植物。目前植物基因工程中使用最多的双元载体就是由 Ti 质粒改造而来的。

植物病毒也常用作载体在植物细胞中瞬时表达外源性状。病毒的基因组小,遗传和感染操作简单,很多病毒载体可通过摩擦接种感染植物,一旦感染成功可很快观察到所携带基因产生的表型。植物病毒载体现已广泛用于植物病理学研究、植物学研究,甚至可能用于生产疫苗或药用蛋白。

思考题

1. 什么是微生物? 微生物具有哪些主要特征?
2. 植物病原物主要包括哪些生物类群?
3. 柯赫氏法则的基本内容是什么?
4. 植物病原学的诞生历史中有哪些著名的历史人物?
5. 三域分类系统包括哪三个域?

第2章 植物病原菌物

菌物是一个非常庞大的生物类群,是除昆虫之外种类最多的一类生物,分布在地球的每个角落。据 Hawksworth(1991)估计,全世界的菌物种类至少有 150 万种,也有人认为有 350 万~510 万种(O'Brien et al.,2005),有人保守估计有 71.2 万种(Schmit and Mueller,2007)。迄今,已知的菌物数量仅 10 余万种,还有大量的菌物有待人们去发现和研究。菌物与人类关系密切,在农业、食品、医药卫生以及生物技术等领域都有着广泛的应用。但是,也有相当多的菌物引发人和动物的疾病、植物病害以及农产品及食品的霉变。在植物病害中由菌物引起的病害占 70%~80%,历史上曾给人类带来巨大灾难。如 19 世纪 40 年代,由致病疫霉(*Phytophthora infestans*)引起的马铃薯晚疫病造成的爱尔兰大饥荒。由其他菌物引起的重要病害如小麦锈病、小麦白粉病、小麦赤霉病、水稻稻瘟病、水稻纹枯病、玉米大小斑病、苹果轮纹病、葡萄霜霉病等,对农业生产也都造成过不同程度的危害和损失。

2.1　菌物的概念和一般特征

菌物不是生物分类学的分类单位和术语,正如微生物不是分类学上的单位和术语一样。在现代生物分类系统中,生物被划分为 8 个界。1995 年出版的《菌物辞典》(Ainsworth & Bisby's Dictionary of the Fungi)第 8 版中,过去传统意义上的真菌不再属于 1 个界,而是分别归属于真核生物域中的 3 个界,即原生动物界(Protozoa)、藻物界(也称假菌界)(Chromista)和真菌界(Fungi)。卵菌现在被划分在藻物界,不再属于真菌界,而根肿菌、黏菌等被划分在了原生动物界。菌物不仅包括真菌界的全部物种,还包括原生动物界和藻物界的部分生物,是广义上的真菌(union of fungi 或 fungi),而在分类学上属于真菌界(有人称为新真菌界)的生物,才称为真菌或真正的真菌(fungi 或 true fungi),是狭义上的真菌。因此,菌物是包括真菌、卵菌、黏菌、根肿菌、菌根菌等多种生物的统称,是由菌物学家研究的生物。

菌物是一个庞大的生物类群,要对菌物给出一个准确的定义是非常困难的。乔治·N. 阿格里斯(George N. Agrios)所著《植物病理学》(2004 年第 5 版)中将菌物定义为"是一类个体微小通常要借助显微镜才能看到的真核、丝状、具分枝、缺乏叶绿体的产孢子生物"。近年来,超微结构、生物化学及分子生物学的研究表明,菌物是多起源和演化的。菌物的主要特征可概括为:①有真正的细胞核,为真核生物;②有细胞壁,真菌细胞壁的主要成分是几丁质,卵菌为纤维素;③营养体通常为丝状、多细胞的菌丝体,少数为单细胞;④异养,通过细胞壁以渗透方式吸收营养,对于复杂的多聚化合物,先分泌胞外酶将其降解为简单的化合物之后再吸收,腐生或寄生;⑤以有性和无性两种方式进行繁殖,产生各种类型的孢子。

2.2 菌物的形态和细胞结构

菌物在营养生长阶段的结构称为营养体。多数菌物的营养体是丝状的,单根丝状体称为菌丝(hypha, pl. hyphae)。菌丝不断生长而成为一团菌丝,叫作菌丝体(mycelium, pl. mycelia)。在菌物中还有一些营养体是单细胞类型,如酵母和低等壶菌的单细胞;黏菌的营养体为原生质团,无细胞壁,且形状可变。菌物的营养体具有吸收、运输、贮存养分的功能。

2.2.1 营养体的形态

1. 有隔菌丝和无隔菌丝

丝状菌物的营养体是由菌丝构成的。菌丝是由硬壁包围的管状结构,内含可流动的原生质。菌丝可无限生长,其顶端呈圆锥形,但直径有限,一般为 $2\sim10~\mu m$,个别可达 $100~\mu m$。不同环境条件下菌丝粗细略有差异,但对菌丝直径影响不大。有的菌丝具有隔膜(septum),将菌丝分为各个细胞,这种菌丝称为有隔菌丝(图 2-1)。子囊菌和担子菌的营养体都是有隔菌丝。另一类菌丝没有隔膜,只在繁殖器官基部或较老的、形成液泡的部分才形成隔膜。这类菌丝在繁茂生长的部位缺少隔膜,称为无隔菌丝(图 2-1)。比较低等的菌物如卵菌和接合菌的菌丝为无隔菌丝。隔膜具有防止机械损伤后细胞质流失的作用,此外,隔膜还起着支撑菌丝强度的作用。隔膜在菌丝中有规律地存在,增加了最大的机械强度而对细胞内含物的运动起着最小的阻碍。

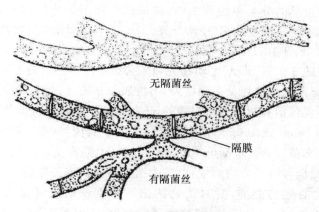

无隔菌丝

隔膜

有隔菌丝

图 2-1 菌丝的类型

2. 隔膜类型

隔膜由菌丝细胞壁向内做环状生长而形成。超微结构研究表明,隔膜的结构多种多样,隔膜上具小孔,使得相邻菌丝细胞的原生质通过小孔连接在一起,细胞器和细胞核可以自由通过。不同菌物的隔膜类型不同。隔膜中央只有一个孔口的为单孔型隔膜(图 2-2),常见于子囊菌。隔膜上有多个小孔的称为多孔型隔膜(图 2-2),小孔的排列因不同菌物类型而异。如镰孢菌的菌丝隔膜除中央有一个较大的孔外,周围还有一圈小孔。在担子菌中,孔周围的隔膜膨胀呈"琵琶桶"状,外面覆盖一层由内质网形成的弧形的膜,膜上有穿孔,叫作桶孔覆垫,这种隔膜称为桶孔隔膜(dolipore septum)(图 2-2)。

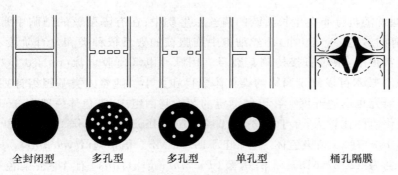

| 全封闭型 | 多孔型 | 多孔型 | 单孔型 | 桶孔隔膜 |

图 2-2　菌丝的隔膜类型

3. 菌落及颜色

丝状菌物可以在实验室内用不同的培养基培养。在固体培养基上,菌丝体从接种点呈放射状生长,不断产生分枝,最后形成圆形的具有一定特征的菌落(colony)。长在培养基表面的菌丝称为气生菌丝,长在培养基内的菌丝称为基内菌丝。寄生在植物中的菌物往往以菌丝体在寄主的细胞间或穿过细胞扩展蔓延。

大多数菌物的菌丝是透明的,有些能够产生色素,使菌丝呈暗褐色至黑色,或呈鲜艳的颜色。真菌的孢子具有色素,因而菌落会呈现各种各样的颜色。如有些青霉和木霉的菌落呈绿色、蓝绿色、黄绿色等,根霉是灰黑色的。不同菌物的菌落除了有颜色的差异,在气生菌丝的疏密、质地上也有差异。如腐霉的菌落呈白色、棉絮状,丝核菌的菌落呈浅褐色,气生菌丝比较稀疏。

酵母是单细胞的真菌,以出芽或分裂的形式进行无性繁殖,单个细胞长 $2\sim50~\mu m$,宽 $1\sim10~\mu m$。酿酒酵母(Saccharomyces cerevisiae)的细胞一般为椭圆形。酵母在培养基上的色泽、质地、形状表现多样,有的具有色素,菌落表面呈现奶油色、白色、粉色、红色等不同颜色。

2.2.2　菌物的细胞结构

菌物的菌丝细胞主要由细胞壁、原生质膜、细胞质、细胞核和多种细胞器组成。

1. 细胞壁(cell wall)

细胞壁位于细胞的外层,作为菌物与周围环境的界面,起着保护细胞的作用,保持菌丝的形状,同时细胞壁是一些酶的保护场所,调节营养物质的吸收和代谢产物的分泌。细胞壁具有抗原的性质,并以此调节菌物与其他生物间的相互作用。菌物细胞壁干重的 80% 由碳水化合物组成,其成分与菌物类群有关:真菌的细胞壁主要成分是几丁质,酵母的细胞壁成分主要为葡聚糖和甘露聚糖,卵菌的细胞壁成分以纤维素为主。细胞壁还含有蛋白质、糖蛋白、类脂及无机盐等。所有菌物的细胞壁都具有无定形的和纤维状的组分。纤维状的组分包括几丁质和纤维素,由 β-(1,4)多聚物形成的微纤丝。无定形的组分包括蛋白质、甘露聚糖和 β-(1,3)、β-(1,6)和 α-(1,3)葡聚糖,常混杂在纤维网中。

2. 细胞核(nucleus)

菌物的细胞核比其他真核生物的细胞核小,直径一般为 $1\sim3~\mu m$,在光学显微镜下不易观察到。细胞核一般为球形至卵圆形,有很强的弹性,使其可以穿过非常小的隔膜孔。在无隔菌丝中,细胞核通常随机分布在生长活跃的菌丝原生质中;在有隔菌丝的细胞中常含有1～2个核或多个核,有的多达20～30个,菌丝细胞中细胞核的数目依种类和发育阶段不同而异。菌物的染色体通常很小,很难直接检测其数目。用脉冲电场凝胶电泳(pulsed field gel electrophoresis,PFGE)技术可以测定菌物的染色体数目和大小。随着人类基因组计划的全面展开,菌物的基因组研究也迅速开展。在已经测定的菌物基因组中,染色体一般在3～32条范围内,基因组大小变化范围比较大,介于3.3～2 054 Mb(million base pairs)之间。如玉蜀黍黑粉菌(*Ustilago maydis*)有23条染色体,基因组为19.66 Mb。稻梨孢(*Pyricularia oryzae*)有7条染色体,基因组为42.87 Mb。禾柄锈菌(*Puccinia graminis*)有18条染色体,基因组为88.72 Mb。有的卵菌基因组较大,如大豆疫霉(*Phytophthora sojae*)的基因组为85.88 Mb,致病疫霉的基因组为230.94 Mb。

3. 原生质膜(plasma membrane)

菌物细胞的原生质膜与其他真核生物的原生质膜相似,主要由脂类和蛋白质构成。脂类的成分主要是磷脂和鞘脂类。在原生质膜上也有糖类存在,位于质膜外表面,主要作用是参与细胞识别。原生质膜主要在物质传送、能量运转、激素合成、核酸复制等方面起主导作用。

4. 细胞器(organelle)

在菌物细胞质中可以找到真核生物细胞中的常见细胞器,如线粒体、内质网、核糖体、高尔基体、液泡、泡囊、脂体、微体等,以及组成细胞骨架的微管和微丝。

线粒体(mitochondrion):菌物线粒体的功能与动物和植物的相似。直径约1 μm,长度变化大。线粒体具有双层膜,外膜光滑与质膜相似,内膜较厚,常向内延伸成不同数量和形状的嵴,嵴的外形有片状和管状,与菌物的类群有关。具有几丁质细胞壁的真菌如壶菌、接合菌、子囊菌和担子菌为片状嵴,而具有纤维素细胞壁的卵菌和黏菌为管状嵴。

核糖体(ribosome):有细胞质核糖体和线粒体核糖体。线粒体中的核糖体体积小,含有比较小的分子,碱基组成也不一样。

内质网(endoplasmic reticulum):形状和大小与环境条件、发育阶段和生理状态有关。菌丝顶端的内质网圆形,菌丝成熟部分的为椭圆形。生长旺盛的细胞中内质网数目多。内质网上常附着有大量的核糖体。

高尔基体(Golgi apparatus):在根肿菌、卵菌中有高尔基体的存在。它由一叠具有管状的扁平囊及其外围的小囊泡构成,扁平囊称为潴泡,一叠潴泡构成一个高尔基体。菌物中高尔基体的发现,进一步肯定菌物是真核生物,并与原核生物有质的区别。

膜边体(lomasome):许多真菌菌丝细胞中有一种由单层膜包被的细胞器叫作膜边体或须边体,通常位于细胞膜与细胞壁之间,因位于细胞的周围而得名,是真菌特有的细胞器,在其他生物中还没有发现膜边体的存在。膜边体形状变化很大,有球形、卵球形、管状或囊状等多种形态(图2-3),内含泡状物或颗粒状物。对于膜边体的功能目前还不十分清楚,可能与分泌水解酶和或合成细胞壁有关。

伏鲁宁体(Woronin body):也是真菌特有的一种细胞器。在子囊菌和一些无性型真菌(anomorphic fungi)的菌丝中,伏鲁宁体是一种由单层膜包围的电子致密的蛋白质结构,呈球形,直径约0.2 μm,通常靠近菌丝的隔膜处,具有塞子的功能(图2-4)。当菌丝受伤或衰老时,它可以将隔膜孔堵住,防止原生质流失,平时可以调节两个相邻细胞间细胞质的流动。伏鲁宁体源于过氧化物酶体,主要成分是六边形过氧化物酶体蛋白。据报道,稻瘟病菌中伏鲁宁体具有双重的重要作用,最初是附着胞发育和行使正常功能所需要的,之后是侵染性菌丝在侵染生长和在定殖寄主过程中的存活所必需的。

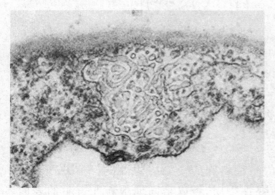

图 2-3　膜边体

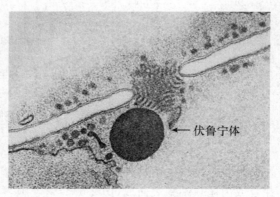

← 伏鲁宁体

图 2-4　伏鲁宁体

泡囊(vesicle):是由一层单位膜包围而成的小泡状结构,由内质网或高尔基体产生,位于菌丝细胞的顶端。泡囊中含有蛋白质、多糖、磷酸酶等,与菌丝的顶端生长、对各种染料和杀菌剂的吸收、胞外酶的释放等有关。

微管和微丝(microtube and microfilament):构成了菌物细胞质的骨架。微管是微细的中空的圆筒状结构,由 13 条微管原纤维组成,每条原纤维由 α 微管蛋白和 β 微管蛋白二聚体首尾相接形成细长的纤维。微管与菌丝的长轴平行排列。在细胞质内微管紧密地邻接细胞质内的细胞器,如线粒体、核、泡囊等。所有细胞器的运动都与微管有关。微丝比微管的直径更小,由肌动蛋白构成。

液泡(vacuole):是一种单层膜围成的囊状结构,它的体积和数目随着菌龄和细胞的老化程度而增加。液泡可贮存代谢物和阳离子,调节 pH 和离子平衡,含有多种溶解酶。

2.2.3　菌丝在形态上的变化

如前所述,典型菌物的菌丝是细线状或管状的。在长期适应外界环境条件和演化过程中,不同菌物的菌丝形成了多种具有特殊功能的营养结构,其形态也发生了变化,主要变化形态有以下几种类型:

1. 吸器(haustorium)

吸器是寄生菌物侵入寄主植物细胞内用于吸收养分、由菌丝分化出的一种膨大或分枝状的结构。寄生菌物,特别是活体寄生的菌物,菌丝在寄主细胞间生存,以短小分枝穿过寄主细胞壁伸入寄主细胞内形成吸器。一般活体寄生的菌物都具有吸器,表面寄生的菌物如白粉菌在寄主表皮细胞内形成吸器。不同菌物形成的吸器形状不同,有丝状、指状、球状、掌状等多种不同形状(图 2-5),以扩大养分吸收的表面积。白粉菌的吸器为掌状,霜霉的吸器为菌丝状,锈菌的吸器为指状,白锈菌的吸器为小球状。

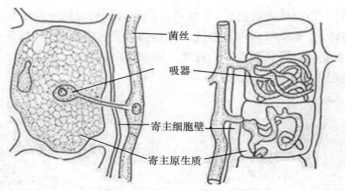

菌丝

吸器

寄主细胞壁

寄主原生质

图 2-5　不同形状的吸器

2. 附着胞(appressorium)

附着胞是寄生菌物在穿透植物组织之前产生的一种特殊的侵染结构,由孢子萌发形成的芽管或菌丝顶端膨大而成(图 2-6)。附着胞表面有黏性物质,可以牢固地附着在寄主的表面。成熟的附着胞内壁有黑色素沉积,内有甘油溶液等产生强大的膨压,在附着胞下方产生侵染钉穿透寄主植物的角质层和表层细胞壁,在寄主细胞内形成侵染菌丝并进行扩展。目前对锈菌和稻瘟病菌所产生的附着胞已有广泛而深入的研究。

3. 匍匐菌丝(stolon)和假根(rhizoid)

假根是真菌产生的一种类似植物根的结构,深入基质吸收营养,固定并支撑菌体。接合菌毛霉目的真菌常形成延伸的匍匐状菌丝,延伸到一定距离后在基物上生成根状菌丝即假根,可以伸入基质内吸取养分并固着菌体,菌丝再向前延伸形成新的匍匐菌丝(图 2-7)。

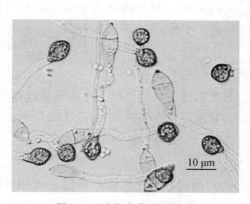

图 2-6　稻瘟病菌的附着胞

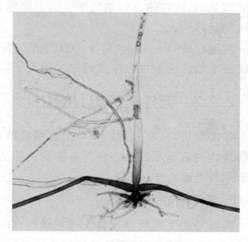

图 2-7　匍匐菌丝和假根

4. 菌环(constricting ring)和菌网(network loop)

捕食性菌物为了捕食微小原生动物或线虫,常由一些菌丝分枝特化形成环状或网状的捕食结构,如形成菌环和菌网(图 2-8),用于套住或粘住捕食的对象,从环上或网上长出菌丝侵入捕食对象体内吸收养料,致其死亡。

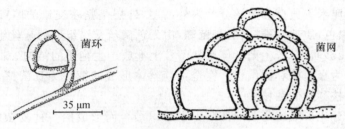

图 2-8　菌环和菌网

5.附着枝(hyphopodium)

附着枝是菌丝体上一个或两个细胞的短小分枝,有头状或具短尖状(图 2-9),常见于煤炱目等真菌。附着枝也是真菌附着和吸收养分的特殊结构。

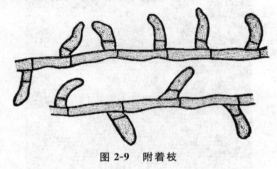

图 2-9　附着枝

2.2.4　菌组织

正常的、正在发挥营养功能的菌丝体一般是疏松的,但有时菌丝体生长到一定阶段,由于适应一定的环境条件或抵御不良的环境,疏松的菌丝体能够密集地纠结在一起形成菌核(sclerotium)、子座(stroma)和菌索(rhizomorph)等各种特殊的组织结构。

菌核是真菌生长到一定阶段,由菌丝体相互纠结在一起而形成的一种坚硬的菌丝体组织。菌核既是一种休眠结构,又是糖类和脂类等营养物质的储藏体,对高温、低温和干燥等具有很强的抵抗力。菌核的形状、大小、色泽、质地和结构各异(图 2-10)。小的菌核直径只有几毫米,

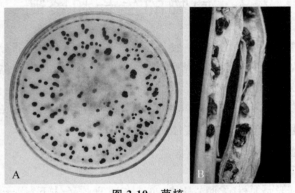

图 2-10　菌核

A.灰葡萄孢在培养基上形成的菌核　B.核盘菌在植物茎秆中形成的菌核

大的菌核可达几十厘米。典型的菌核分为内外两层,外层是紧密交错的厚壁细胞组成的拟薄壁组织,黑褐色至黑色,质地坚硬;内层是菌髓,由无色菌丝交错组成的疏丝组织组成。当环境条件适宜时,菌核能够萌发,产生菌丝体或从菌核上形成产生孢子的结构。根据形成菌核的组织来源可将菌核分为真菌核和假菌核。完全由菌丝体形成的菌核为真菌核,由菌丝体和寄主组织一起形成的菌核称为假菌核。

子座是由菌丝分化形成或是菌丝体与寄主组织结合而形成的一种复杂的营养结构,形状变化大,呈垫状、柱状、棒状、头状等(图2-11)。子座成熟后在其内部或上面形成子实体。子座是真菌的休眠结构和产孢结构,后者更为重要。

图2-11 蛹虫草的子座

菌索是一种根状菌组织,由营养菌丝集结而成,外形与高等植物的根相似。有的菌索很粗、很长。一般生于树皮或地下,是营养运输和吸收的组织结构。菌索捕获养分之后通常将其运送到距离较远的菌丝体的不同部位。菌索可以抵抗不良环境,在引起树木病害和林木腐烂的高等担子菌中最为常见。菌索的生长使这类真菌在基质上蔓延,菌索还可以作为侵入结构。

2.3　菌物的生长和繁殖

菌物因种类不同表现不同的形态,一般包括营养体和繁殖体两部分。菌物生长到一定时期后,从营养结构分化出繁殖结构,产生各种类型的孢子,构成了菌物的繁殖体。菌物中任何产生孢子的结构,包括有性的、无性的、形态简单的或复杂的,统称为子实体(fruiting body)。但子实体通常多指子囊菌和担子菌这些高等真菌中高度组织化的产生有性孢子的结构。子囊菌的子实体特称为子囊果,担子菌的子实体特称为担子果。

2.3.1　菌丝生长的特点

丝状菌物的生长一般是从孢子萌发开始的。在适宜的条件下,孢子吸水膨胀后长出芽管,芽管伸长后长成菌丝。丝状菌物的生长表现为顶端生长,即通过顶端细胞延长的方式进行,顶端之后的菌丝细胞壁变厚不能延长。菌丝在生长过程中不断产生繁茂的分枝,最终形成圆形的菌落。

非丝状真菌如酵母的生长借助裂殖和芽殖两种方式来增加细胞的数目。

有些真菌依环境条件的不同而改变其形态,可以从菌丝型转变为类似酵母型,这种现象称为两型现象(dimorphism)。例如,少数植物病原真菌,因为被淹没在植物的体液中,以产生单细胞的孢子或营养细胞而适应于在木质部的导管中传导。昆虫寄生真菌如球孢白僵菌(*Beauveria bassiana*)在昆虫的血淋巴中形成酵母型的芽孢子,昆虫死亡后又恢复为菌丝型。

有些担子菌的菌丝体在土壤中呈辐射状扩展,随着时间的推移,在地下形成一个大的圆形菌落。当子实体发生的季节来临时,子实体便在菌落的外缘破土而出,从而在草地上形成一个由子实体构成的环。这种现象称为蘑菇圈现象或仙人环(fairy ring)。地上部的子实体枯萎后,地下的菌丝体仍然存活,会在土壤中年复一年地扩展,从而地面上的蘑菇圈也随着不断扩大。

2.3.2　无性繁殖和无性孢子

菌物的无性繁殖有时也叫营养繁殖,是不经过两性细胞的结合产生新个体的过程。营养体菌丝直接通过断裂、裂殖、芽殖、原生质割裂等方式产生孢子。无性繁殖产生的各种孢子称为无性孢子。孢子通常萌发形成芽管,芽管长成菌丝。常见的无性孢子主要有游动孢子(zoospore)、孢囊孢子(sporangiospore)、分生孢子(conidium)和厚垣孢子(chlamydospore)。产生内生无性孢子的器官称为孢子囊,孢囊孢子和游动孢子都产生在孢子囊内。孢子囊着生在菌丝的顶端或生于特殊分化的孢囊梗的顶端。孢子囊成熟后破裂散出孢子,无鞭毛的为孢囊孢子,有鞭毛的为游动孢子。菌物的无性孢子从无色透明、绿色、黄色、橙色、褐色至黑色,颜色各异。孢子的大小差别也很大。孢子的细胞数从单细胞、双细胞到多细胞,细胞的排列以及孢子产生的方式也都有所不同。有些菌物只产生一种孢子,而有些菌物则产生 2 种或 2 种以上的孢子。

1. 游动孢子(zoospore)

游动孢子是一种产生在孢子囊内的具有鞭毛、可以在水中游动的孢子,是卵菌和壶菌的一种无性孢子。游动孢子无细胞壁,呈球形、梨形或肾形。游动孢子经一定时期的游动后休止,鞭毛收缩,产生细胞壁,变为休止孢。休止孢萌发产生芽管侵入植物。能产生游动孢子的菌物多为水生。游动孢子的鞭毛有尾鞭式和茸鞭式两种类型。一般后生的单鞭毛为尾鞭式,前生的单鞭毛为茸鞭式。具双鞭毛的游动孢子游动时,两根鞭毛一前一后,前鞭毛是茸鞭式,后鞭毛是尾鞭式(图 2-12)。菌物的鞭毛属于"9+2"型鞭毛,即在电镜下观察,每根鞭毛的外面有一层膜,膜内有 11 根纤丝,其中外围有 9 根较大的周围纤丝,每根周围纤丝有 2~3 根附纤丝,2 根较细的中心纤丝被包围在中心,每根中心纤丝有 2 根附纤丝。

2. 孢囊孢子(sporangiospore)

孢囊孢子以原生质割裂的方式产生在孢子囊内,是接合菌的无性孢子。孢子囊长在分枝或不分枝的孢囊梗顶端。在孢子囊与孢囊梗的中间有一分隔,分隔平直或突出。突出的部分深入到孢子囊中,称为囊轴。囊轴基部与梗相连处称为囊托。孢子囊成熟后内部原生质逐渐变稠密,原生质分割成若干小块,每一小块形成一个圆形的孢囊孢子。大型孢子囊中可形成数量众多的孢囊孢子,小型孢子囊中只有 1 个或几个孢囊孢子。孢子囊的形状有多种,主要有圆筒形、椭圆形、柠檬形和球形(图 2-13)。

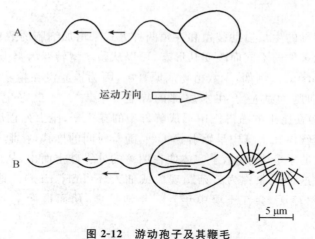

图 2-12   游动孢子及其鞭毛

A. 具 1 根尾鞭的游动孢子   B. 具 1 根尾鞭和 1 根茸鞭的游动孢子

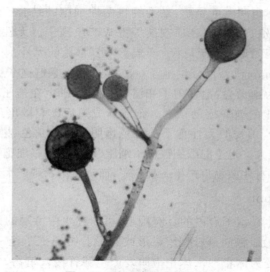

图 2-13   孢子囊和孢囊孢子

3. 分生孢子(conidium)

分生孢子是一种不活动的无性孢子,常易脱落,是子囊菌、担子菌及无性型真菌产生的无性孢子。分生孢子可直接由菌丝产生,但更常见的是产生在分生孢子梗的顶端或侧面。分生孢子梗由菌丝分化而成,不分枝或有分枝,有单生、簇生和束生。有些真菌的分生孢子产生在一定的产孢结构中,如呈盘状的分生孢子盘、呈球形的分生孢子器以及分生孢子座等。分生孢子个体发育的基本形式有芽殖型和菌丝型两种。菌丝型分生孢子又称节孢子,由营养菌丝细胞以断裂的方式形成。芽殖型分生孢子由产孢细胞的一部分通过膨大生长而形成。分生孢子的形状、大小、结构、颜色、细胞的数目和排列以及孢子的产生方式多种多样(图 2-14)。在无性型真菌中,分生孢子的这些特征以及产孢结构是其重要的分类依据。

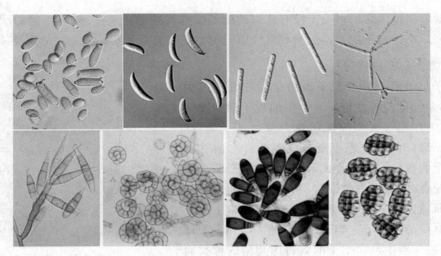

图 2-14　不同形态的分生孢子

4. 厚垣孢子(chlamydospore)

厚垣孢子是由菌丝体中个别细胞膨大、细胞壁增厚、原生质浓缩而形成的孢子,是一种休眠孢子,可抵抗不良环境,如高温、低温、干燥和营养缺乏等。厚垣孢子单生或多个连接在一起(图 2-15)。有的分生孢子的部分细胞也可形成厚垣孢子,如有些镰孢菌大型分生孢子中的 1 个或数个细胞可形成厚垣孢子。许多土传的植物病原真菌以其厚垣孢子度过作物休闲期或进行越冬,当环境条件适宜时再萌发侵染植物,引起病害。

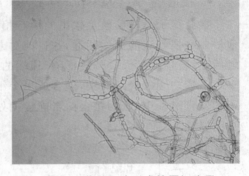

图 2-15　由菌丝细胞形成的厚垣孢子

菌物的无性繁殖过程短,重复次数多,产生的后代个体也多。植物病原菌物的无性繁殖在作物的一个生长季节中往往连续重复多次产生无性孢子,造成对植物的多次侵染,在植物病害的传播、蔓延和流行中起重要作用。

2.3.3　有性生殖和有性孢子

除了有些无性型真菌只进行无性繁殖产生无性孢子以外,很多菌物还可以进行有性生殖。有性生殖过程以两个可亲和的细胞核融合再进行减数分裂为特征,包括 3 个不同的阶段:第一阶段为质配,两个带细胞核的原生质融合处于同一细胞中。第二阶段是质配后的两个细胞核融合,这一阶段为核配。在许多低等的菌物中,质配后紧接着进行核配,而在较高等的真菌中,两个过程是分开的,质配后的双核直到生活史后期才发生融合。其间,在双核细胞的生长和有丝分裂过程中,这两个紧密相连的核同时发生分裂,分裂后的核分别进入两个子细胞中,从而使双核状态从一个细胞传递到另一细胞。第三阶段是减数分裂,双核细胞进行核融合,而后发生减数分裂,使染色体数目减半。

大部分菌物在有性生殖过程中都有特化的孢子即有性孢子形成。有性孢子一般有 4 种类型,即卵孢子(oospore)、接合孢子(zygospore)、子囊孢子(ascospore)和担孢子(basidiospore)。

菌物的性器官叫配子囊。形态上没有区别的配子囊称为同型配子囊,形态不同的配子囊称为异型配子囊。有性孢子的产孢结构和有性孢子的形态特征是菌物形态分类的重要依据。

1. 卵孢子(oospore)

卵孢子是由两个异型配子囊结合后发育形成的(图 2-16),是卵菌的有性孢子。小型的配子囊为雄性配子囊,称为雄器。大型的配子囊为雌性配子囊,称为藏卵器。藏卵器中的原生质与雄器配合之前往往收缩成一个或数个原生质小团,叫作卵球。当两个异型配子囊配合时,雄器中的细胞质和细胞核通过授精管进入藏卵器,与其中的卵球配合,此后卵球生出外壁发育成厚壁的卵孢子。卵孢子为二倍体,大多为球形,被包在藏卵器中。卵孢子的数目因卵菌的种类而异,一般低等卵菌藏卵器中的卵孢子数目多,高等卵

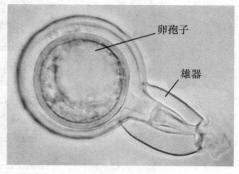

图 2-16　卵孢子

菌只有一个卵孢子。卵孢子通常经过一段时间的休眠后才萌发,萌发时产生 1 至多根芽管。

2. 接合孢子(zygospore)

接合孢子是由菌丝上生出的形态相同或略异的两个配子囊接合而成的,是接合菌的有性孢子。两根邻近的菌丝相遇,各自向对方生长出极短的侧枝,称为原配子囊。两个原配子囊接触后,各自顶端膨大并形成横隔,顶端的部分称为配子囊,与菌丝相连的部分称为配囊柄。两个配子囊之间的横隔消失,融合成一个细胞,由该细胞发育形成接合孢子(图 2-17)。在接合孢子的发育过程中,有的接合菌自配囊柄处长出丝状或枝状附属物包在接合孢子周围,有的则没有附属物。

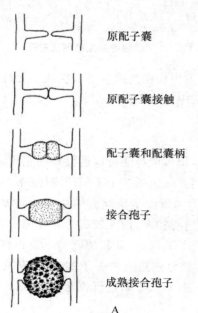

原配子囊

原配子囊接触

配子囊和配囊柄

接合孢子

成熟接合孢子

A

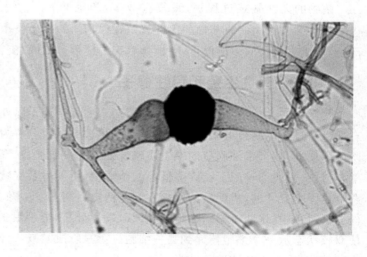

B

图 2-17　接合孢子形成过程及形态

A. 接合孢子形成过程(《菌物辞典》第 10 版)　B. 接合孢子形态

3. 子囊孢子 (ascospore)

子囊孢子是由雄器和产囊体两个异型配子囊结合后形成的,是子囊菌的有性孢子。产囊体较大,呈圆柱形或圆形,顶端有受精丝,受精丝或为长形细胞,或为丝状。雄器较小。两个性器官接触后,雄器中的细胞质和细胞核通过受精丝进入产囊体。此时只进行质配。质配后产囊体生出许多丝状分枝的菌丝,称为产囊丝。产囊丝顶端细胞伸长并弯曲形成产囊丝钩,而后条件适合时双核融合,形成一囊状的子囊母细胞。子囊母细胞发育成子囊。典型的子囊棒状,每个子囊通常含有 8 个子囊孢子,并列排成一排(图 2-18)。8 个子囊孢子是子囊中经核配的二倍体核经减数分裂为 4 个单倍体的核,再经一次有丝分裂后形成 8 个核,并为子囊中的分泌物所包覆,因此一个子囊中通常有 8 个子囊孢子。子囊的形状有球形、棒形、圆筒形等。子囊孢子的形状差异很大,细胞个数有单胞、双胞和多胞。

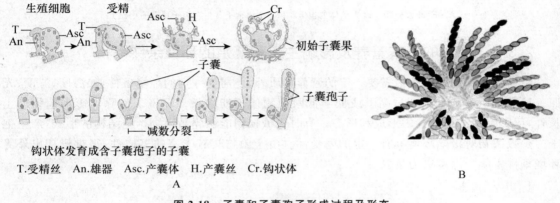

图 2-18　子囊和子囊孢子形成过程及形态

A.子囊和子囊孢子形成过程　B.子囊和子囊孢子形态

在子囊和子囊孢子发育过程中,原来的雄器和雄器下面的细胞生出许多菌丝,有规律地将产囊丝包围,于是形成子囊果。

4. 担孢子 (basidiospore)

担孢子是担子菌的有性孢子。在担子菌中,两性器官退化,以菌丝结合的方式产生双核菌丝。双核菌丝细胞中的两个细胞核分裂前产生钩状分枝,形成锁状联合(clamp connection)。双核菌丝顶端膨大为担子,其中的两性细胞核核配以后形成一个二倍体的核,经减数分裂后形成 4 个单倍体的核。同时在担子顶端长出 4 个小梗,小梗顶端稍膨大,最后 4 个单倍体的核分别进入小梗的膨大部位,形成 4 个外生的担孢子(图 2-19)。担孢子多为球形、椭圆形、肾形和腊肠形等。

菌物的有性孢子大多在侵染植物的后期或经过休眠期后产生,有的有性孢子如接合孢子、卵孢子具有度过不良环境的作用,是许多植物病害的主要初侵染来源。

菌物进行有性生殖的生物学意义在于:有性生殖产生的有性孢子具有度过不良环境的作用,有性生殖过程中产生遗传物质的重组,形成多样性的后代群体,有益于增强菌物物种的生活力和适应性。

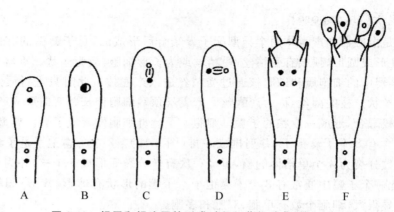

图 2-19　担子和担孢子的形成过程(《菌物辞典》第 10 版)

A－E. 减数分裂　E. 二倍体的担子　F. 4 个担孢子着生在担子顶端的小梗上

2.3.4　菌物的基本营养及影响生长和繁殖的环境条件

菌物的生长和繁殖除了需要一定的营养物质外,还需要一定的环境条件,如温度、湿度、光照、pH 和通气等。如果超过高限或低于低限菌物便不能生长。环境条件除了影响菌物的生长外,还影响其产孢结构的形成和形态。有时机械损伤能够刺激菌物产孢结构的形成,产生孢子。少数菌物对极端环境具有一定的耐受性。由于菌物具有丰富的多样性,很难概括出外界环境条件中哪个因素更为重要。

1. 基本营养

菌物所需要的基本营养包括碳源、氮源、矿质元素、维生素、生长因子(如激素等)和水。一般来说,丰富的营养有利于菌丝体的生长而不利于有性器官的形成。菌物利用碳水化合物作为能源,几乎所有的菌物都能利用葡萄糖、麦芽糖、蔗糖和淀粉,也能利用其他的己糖、戊糖以及糖的衍生物等。脂肪、蛋白质和多聚糖,如纤维素、半纤维素等也能被有些菌物利用,但必须先产生解聚酶把这些物质降解后才可利用。不同菌物在有性生殖期间所需要的碳源并不一致。形成产孢结构所需要的碳源常常不是营养生长所需要的。用双糖和多糖作为碳源比用单糖对生殖更为有利。纤维素对有些菌物产孢结构的形成很有利。大多数菌物喜欢利用无机氮,其中以铵盐和硝酸盐为好。氮源浓度过高抑制孢子形成。一般认为繁殖器官的形成需要高浓度的矿质元素和维生素。关于各种营养元素对菌物的生理作用可参考裘维蕃主编的《菌物学大全》(1998)。

活体营养寄生菌如霜霉、白粉菌、锈菌等只能在活的寄主植物组织中生活,要求存在于植物组织汁液中的一些未知化合物,一般很难进行人工培养。

2. 温度

根据菌物对温度的需求,可以将其分为 3 种类型。嗜冷菌在 10℃ 以下生长良好,有的菌物种类甚至可以在冰点以下生长;适温菌的最适温度一般为 25～30℃;嗜热菌的最适生长温度为 40～60℃。人们可以利用菌物对低温的耐受性进行菌种保存,如液氮保存、低温冷冻保存等。

不同种类的菌物以及同一种菌物的不同菌株对温度通常有其独特的要求,甚至同一菌物在无性孢子和有性孢子的产生过程中要求的温度也不相同。产生无性孢子的温度与营养生长的温度一般差异不大,而产生有性孢子对温度的要求比较严格。如引起多种经济作物菌核病的核盘菌(*Sclerotinia sclerotiorum*),菌核萌发形成子囊盘,一般需要在 10℃ 或 16℃ 低温黑暗条件下诱导产生子囊孢子。

3. 湿度

菌物一般在 95%～100% 的相对湿度条件下生长良好,少数菌物能在高渗透压的基质上生长,如高盐和高糖浓度的基质。在淹没培养中,菌物大多不能形成孢子,在干燥条件下也极难生长。孢子的萌发需要有水的存在。有的真菌,如某些葡萄孢(*Botrytis*)和青霉(*Penicillium*),在饱和空气中分生孢子梗长且无限分枝,产孢较少,如果在较干燥的环境中,分生孢子梗较短,但数量多。

4. 光

可见光对菌丝生长一般影响不大,但对孢子形成有重要意义。光照往往对菌物无性和有性产孢结构的诱导和形成十分必要,如光照有利于一些镰孢菌(*Fusarium*)、平脐蠕孢菌(*Bipolaris*)等分生孢子的形成。有些真菌的子实体具有向光性,如一些子囊菌的子囊壳颈、担子菌的菌柄向光弯曲,接合菌水玉霉(*Pilobolus*)的孢子囊趋向光生长,并受光的感应强力释放孢子囊。近紫外光(320～400 nm)对诱导孢子形成非常有效。在实验室培养真菌时,可用黑光灯进行照射以诱导孢子形成。

5. pH

不同类型菌物的最适 pH 变化较大。但总的来说,多数菌物在 pH 4～7 范围内生长较好。植物病原菌物适宜的 pH 为 5～6.5。皮肤真菌生长的 pH 为 4～10。利用植物病原菌物对 pH 的要求,可以适当调节培养基的 pH 为偏酸性,以抑制细菌的生长。

2.3.5 菌物的生活史

菌物的生活史(life cycle)是指菌物的孢子经过萌发、生长和发育,最后再产生同一种孢子的整个生活过程。典型的生活史包括无性阶段和有性阶段。在适宜条件下,菌物的无性阶段在其生活史中可以多次重复循环,而且完成一次无性循环所需时间较短,产生无性孢子的数量大,对植物病害的传播、蔓延作用大。有性阶段在生活史中往往只出现一次。一般在营养生长后期、寄主植物休闲期或缺乏养分、条件不适宜的情况下,菌物进行有性生殖产生有性孢子。但并非所有的菌物都具有无性和有性两个阶段,有些菌物只存在无性阶段,没有有性阶段或人们尚未发现其有性阶段。植物病原菌物的有性孢子有助于度过不良环境,成为翌年病害的初侵染来源。

2.4 菌物的生活方式

菌物种类繁多,为了适应不同的环境,具有不同的生活方式。根据菌物与其他生物之间的关系,菌物的生活方式可以分为寄生、腐生和共生 3 种类型。

2.4.1 寄生(parasitism)

寄生菌物从其他活的生物中吸收有机物质,在其中进行生长和繁殖,在某种程度上对被寄生的生物是有害的。供给寄生物以必要生活条件的生物就是寄主(host)。寄生菌物的寄主多种多样,包括真菌、植物、动物、人以及单细胞的硅藻等。寄生菌物在各种生物上寄生后可以引起不同的病害。如寄生在植物体内的植物病原菌物,对植物的生长造成不良影响,引起多种植物病害,给农业生产造成严重的经济损失。多种真菌能侵染人的心、肝、脾、胃、肾、肺、胰、骨髓甚至大脑等。如少根根霉(*Rhizopus arrhizus*)和毛霉(*Mucor* sp.)等可侵染大脑和神经系统。

2.4.2 腐生(saprophytism)

腐生菌物从死的有机物中获得营养。腐生菌物与细菌等共同承担分解动植物残体的任务,尤其是分解纤维素、半纤维素、甲壳质和木质素,使得大分子有机物变成小分子有机物和简单无机物质或矿质元素,使之回归大自然。因此,腐生菌物在物质分解、循环利用方面起着重要的作用。但腐生菌物对人类的经济生活也会造成一定的危害,如造成物质霉变、食品腐败变质,这在日常生活中都是显而易见的。能被菌物腐败的物质很多,如纸张、木材、棉毛纺织品、皮革、谷物和食品等。

2.4.3 共生(mutualism)

有些菌物与其他生物形成一种互惠互利的关系,称为共生关系。菌物与高等植物的根共生形成菌根,这类菌根菌可用于植树造林、绿化、促进植物生长、提高植物抗性等方面。有些美味的食用菌属于菌根真菌,如牛肝菌、红乳菇、松口蘑等。真菌与藻类共生形成的共生体称为地衣。菌物还可以与昆虫共生,昆虫共生菌可以位于昆虫体内,也可以位于昆虫体外。

2.5 菌物的遗传变异

真菌是第一个用遗传学进行科学研究的生物。尽管用豌豆和果蝇做材料提供了基因和遗传连锁的初始证据,但最初对生物的遗传结构进行的基本研究是以真菌系统进行的。

美国遗传学家比德尔(G. W. Beadle)和塔特姆(E. L. Tatum)用 X 射线照射粗糙脉孢霉(*Neurospora crassa*)的分生孢子,诱变产生了大量的营养缺陷型突变体,并对不同的突变体进行筛选、鉴定和杂交试验。他们不仅发现每一种营养缺陷在杂交试验中都呈现孟德尔式的分离,而且生物化学分析还表明,合成主要代谢物质如维生素、氨基酸和构成核酸的基本成分的酶促反应,都是由可鉴别的基因控制的。他们于 1941 年提出了"一个基因一个酶假说"(one gene one enzyme hypothesis):一个基因仅仅参与一个酶的生成,并决定该酶的特异性和影响表型。二人于 1958 年获得了诺贝尔生理学或医学奖。

菌物被作为遗传学研究的理想生物材料,具有以下优点:

(1)除卵菌外,绝大多数真菌的营养体为单倍体。在单倍体生物中,每个基因是显性的。一旦发生基因突变,容易筛选出突变体。

(2)真菌易于培养,生长周期短,且易于操作和保存,便于研究和利用。

(3)在子囊菌中,减数分裂后产生的单倍体核以一定顺序排列于子囊内,一个核形成一个子囊孢子,在子囊中呈线性排列,可以判断是属于减数分裂的第一次分裂分离还是第二次分裂分离。

（4）在真菌中，除了正常的有性重组外，异核现象和准性生殖也是遗传变异的途径。

2.5.1　异核现象（heterokaryosis）

许多真菌菌丝体中的细胞核属于同一种遗传特性，称为同核体。但有些菌丝体中也可能存在两种或两种以上遗传物质不同的细胞核，称为异核体。异核体的形成可能有两种来源：一是两个不同核型的菌丝体细胞之间发生融合，一个细胞的细胞质和细胞核进入另一细胞中；二是菌丝体内的细胞核发生突变导致异核体。异核体的形成为菌丝体提供了遗传变异的机会。

在异核体内，两个遗传性状不同的细胞核偶尔融合成一个二倍的杂合核，称为杂合二倍体。在自然界中，自发形成杂合二倍体的概率非常低，约为 10^{-7}。因此，常用化学或物理因素诱发细胞核变异。

在杂合二倍体无性繁殖系中，有极少数的细胞核在有丝分裂过程中能够发生体细胞染色体交换、分离而产生二倍体或单倍体分离子，即重组体（recombinant）。

2.5.2　准性生殖（parasexuality）

准性生殖是真菌中一种由有丝分裂导致基因重组的过程，具有有性生殖同样的遗传现象，如核融合、杂合二倍体的形成、染色体的再分离、同源染色体间的交换和重组。其过程分三步完成，即异核体的形成、核的二倍体化（杂合二倍体的形成）和有丝分裂分离。这些过程很像减数分裂和染色体交换过程的结果，但这些过程都是在同一菌丝体中完成的，不涉及有性生殖过程。

准性生殖与有性生殖的区别在于，有性生殖的细胞核融合发生在特殊的结构中，准性生殖的核融合是在营养体细胞中，机会很少，难以识别；有性生殖中的结合子常常只能存在一个核周期，准性生殖中的结合子可以经过多次有丝分裂而存在；有性生殖是通过减数分裂进行遗传物质重组和产生单倍体，而准性生殖是通过偶尔发生的二倍体细胞核的有丝分裂交换进行遗传物质的重组，并通过产生非整倍体后不断丢失染色体来实现单倍体化的；有性生殖减数分裂的产物易于识别，准性生殖在营养细胞中发生的重组体，用适当的遗传标记才能识别。在一些无性型真菌、子囊菌和少数担子菌中发现有准性生殖，如曲霉属（*Aspergillus*）、青霉属（*Penicillium*）、镰孢属、轮枝菌属（*Verticillium*）、脉孢霉属（*Neuropara*）、梨孢属（*Pyricularia*）、黑粉菌属（*Ustilago*）等真菌。

准性生殖对于那些以无性繁殖为主或缺乏有性生殖，产生大量分生孢子的无性型真菌而言，是产生遗传变异的有效方式。

2.5.3　菌物的交配型和有性生殖类型

菌物的有性生殖过程中有性别调控机制。很多菌物不产生可识别的性器官，其"性别特征"（sexual identity）由交配型（mating-type，MAT）位点控制。根据交配型基因在菌物单倍体细胞中的分布和性的亲和性表现，可将菌物的有性生殖类型分为以下 3 种：

异宗配合（heterothallism）：单倍体细胞核中仅携带一种交配型基因，表现为单个菌体都是自交不育（self-sterile），必须有两个可亲和的不同交配型的菌株才能完成有性生殖。

同宗配合（homothallism）：单倍体细胞核中携带有两种亲和的交配型基因，位于相同或不同的染色体上,表现为单个菌体自交可育(self-fertile),能独立完成有性生殖。

假同宗配合(psuedohomothallism):又称次级同宗配合(secondary homothallism),也表现为自交可育,但与同宗配合的菌物不同,其单个细胞中同时含有两种不同交配型的单倍体细胞核,表现为可以"自发"地进行有性生殖。

不同菌物其交配型的表示方式不同。如粗糙脉孢霉的交配型分别为 MAT A 和 MAT α,酿酒酵母和构巢曲霉(*Aspergillus nidulans*)的交配型为 MAT a 和 MAT α,其他子囊菌一般以 MAT1-1 和 MAT1-2 表示。致病疫霉的交配型用 A1 和 A2 表示,接合菌的交配型则以"+"和"一"表示。不同交配型的菌株在形态上没有差异。

在异宗配合的菌物中,交配型由 1 个或 2 个基因位点决定。多数子囊菌的交配型由单位点(*MAT*)决定:*MAT1-1* 一般包括 3 个紧密相连的基因,即 *MAT1-1-1*、*MAT1-1-2* 和 *MAT1-1-3*;*MAT1-2* 一般只有一个基因 *MAT1-2-1*。*MAT1-1* 和 *MAT1-2* 位点在基因组上的位置对应,缺少同源性,而基因的旁侧序列高度同源。通常将交配型基因位点称为"idiomorph",以区别于等位基因(allele)。即使关系近缘的子囊菌,同一交配型位点的基因结构也不一定相同。如罗伯茨绿僵菌(*Metarhizium robertsii*)*MAT1-1* 位点含有 3 个基因,而球孢白僵菌(*Beauveria bassiana*)和蛹虫草(*Cordyceps militaris*)*MAT1-1* 位点不含 *MAT1-1-3* 基因。异宗配合菌物单倍体中,通常只有两种交配型基因中的任一种。同宗配合菌物的两种交配型基因在一个位点或位于同一单倍体细胞内的不同染色体上。交配型位点在真菌的有性生殖过程和遗传进化中起着决定性作用。具有转录因子活性的交配型基因负责调控交配时的细胞识别、细胞融合、核融合以及减数分裂等。很多担子菌的交配型由两个位点决定,基因结构比较复杂,在一个位点上通常含有几个甚至多个基因。位于 A 位点的基因通常编码一些调控基因表达的蛋白质因子,位于 B 位点的基因编码脂质蛋白类的信息素和它的受体。

2.6　菌物的分类、命名和鉴定

菌物的种类繁多、形态各异。要想区分形形色色的菌物,就要对其进行分类,按国际上公认的分类系统和命名规则,明确不同菌物所处的分类地位和彼此的亲缘关系,给每种菌物一个科学和正确的名称,以便于国际和国内的相互学术交流。

2.6.1　分类单元

菌物的分类与其他生物的分类一样,按照界、门、纲(-mycetes)、目(-ales)、科(-aceae)、属、种这些分类单元(或分类阶元)由高到低依次排列。一般来说,界是一级分类单元,是分类单元的最高级,有时在界以上设域(Domain)、总界或超界(Superkingdom),界下设亚界(Subkingdom)。同样,必要时,在界以下的两个分类单元之间也可增加一个亚单元,如亚门、亚纲等。属以上的单元都有固定的拉丁词尾,如上述分类单元括号内的词尾。属和种没有标准的词尾。种是基本的分类单元。生物学种是基于可交配繁殖的个体。菌物种的建立主要以形态特征为基础,种与种之间在主要形态特征上有明显而稳定的差别。但某些寄生菌物的种是根据寄主范围的不同划分的。近年来,分子生物学技术应用于菌物的分类和系统发育研究,根据 DNA 序列分析来划分物种,即系统发育种(phylogenetic species)。

各分类单元及其拉丁名词尾和英文名称表示如下：

分类单元的中文名称（拉丁名词尾）　　　　　　英文名称

界 Kingdom

门（-mycota）　　　　　　　　　　　　Phylum（Division）

亚门（-mycotina）　　　　　　　　　　Subdivision

纲（-mycetes）　　　　　　　　　　　Class

亚纲（-mycetidae）　　　　　　　　　Subclass

目（-ales）　　　　　　　　　　　　Order

亚目（-ineae）　　　　　　　　　　Suborder

科（-aceae）　　　　　　　　　　Family

亚科（-oideae）　　　　　　　　　Subfamily

属　　　　　　　　　　　　　　Genus

种　　　　　　　　　　　　　Species

植物病原菌物的种由许多在某些生物学特性上一致的个体所组成，这些个体在形态上一致，但其他生物学特性（尤其是致病性）却不相同。因此，在一个种内，还可以根据其他生物学特性进一步划分为不同的类型或类群。根据实际需要，有时在植物病原菌物的种下又划分出其他单元，如变种、专化型、生理小种和营养体亲和群等。

变种（variety，简写 var.）：是种以下的具有一定形态差异的类群。

专化型（forma specialis，简写 f.sp.）：同一种内的不同类群只能侵染特定属或种的寄主植物，即同一种菌物对不同属或种的寄主植物具有不同的致病性。如危害多种禾谷类作物的禾柄锈菌（*Puccinia graminis*）中有小麦专化型 *P. graminis* f.sp. *tritici*、燕麦专化型 *P. graminis* f.sp. *avenae*、黑麦专化型 *P. graminis* f.sp. *secalis* 等。不同的专化型在形态上没有明显差异。

生理小种（physiological race）或小种（race）：同一种病原菌物在形态特征上没有明显差异，但对不同寄主植物的品种具有不同的致病性，因此，同一种下有时又可划分为不同的生理小种。生理小种的鉴定通常是在一套鉴别寄主上接种，根据对鉴别寄主的不同反应划分不同的生理小种，一般用数字表示。如香蕉枯萎病菌（*Fusarium oxysporum* f.sp. *cubense*）4 号小种。不同生理小种在形态上也没有明显差异。

营养体亲和群（vegetative compatibility group，VCG）或菌丝融合群（anastomosis group，AG）：营养体亲和性是指不同营养体菌丝之间相互融合的能力，菌丝之间能够发生融合并形成稳定异核体的即为可亲和的，属于同一营养体亲和群。根据营养体的亲和性，在种下或专化型下可划分为不同的菌丝融合群。如立枯丝核菌（*Rhizoctonia solani*）至少包括 14 个菌丝融合群，如 AG-1、AG-4 等。

2.6.2　几个重要的分类系统

随着菌物学家对菌物的形态、生理、生态、遗传、显微结构及分子生物学方面的不断深入研究，菌物的分类系统不断得以修改、补充和完善。因此，菌物的分类系统是不断变化的。在菌物学的发展史中，不同的菌物学家根据自己对菌物的各主要类群在演化上的亲缘关系的见解，提出了不同的分类系统。早期的分类系统以形态特征为依据，20 世纪 60 年代以后，菌物分类除以形态特征为主要依据外,还参照菌物的系统发育、细胞遗传和分子生物学等性状。特别是近些年来,分子生物学技术的发展及其与系统学和分类学的有机融合,为菌物的分类和系统发育研究带来了革命性的变化。最新的分类系统主要是依据分子系统发育的分析而建立的。以下简要介绍自20世纪50年代以来被普遍采用的几个菌物分类系统及其演变。

1.马丁(Martin)分类系统(1950—1961)

菌物属于植物界的真菌门。真菌门下设藻状菌纲、子囊菌纲、担子菌纲和半知菌类,简称为"三纲一类"的分类系统。这一系统一直沿用到20世纪50年代,在国内外菌物学教科书中曾被广泛采用。

藻状菌纲(Phycomycetes):菌丝体无隔,或者不形成真正的菌丝体,有性阶段形成休眠孢子囊或接合孢子。

子囊菌纲(Ascomycetes):菌丝有隔,有性阶段形成子囊孢子。

担子菌纲(Basidiomycetes):菌丝有隔,有性阶段形成担孢子。

半知菌类(Imperfect fungi,Deuteromycetes):菌丝有隔,未发现有性孢子。

2.阿历索保罗(Alexopoulos)分类系统(1962)

菌物归于植物界的真菌门。在真菌门下设立了黏菌亚门和真菌亚门。黏菌亚门下设黏菌纲,真菌亚门下有9个纲。其中,将以往的藻状菌纲分为6个纲,包括根肿菌纲、壶菌纲、丝壶菌纲、接合菌纲、毛菌纲。其他3个纲为子囊菌纲、担子菌纲和半知菌纲。这一系统为后来的菌物分类系统演变奠定了基础,为其他菌物分类系统的建立提供了参考依据。

3.惠特克(Wittaker)分类系统(1969)

1969年,Whittaker提出了生物的五界系统,将生物划分为5个界,即原生生物界、原生动物界、植物界、动物界和真菌界。该系统第一次将真菌从植物界中划分出来,独立成为真菌界。五界系统反映了生物从原核到真核的进化,显示了生物演化的三大方向(植物的光合作用、菌物的吸收和动物的摄食),是一个比较完整的纵横统一的系统,为世界广泛接受。

4.安斯沃斯(Ainsworth)分类系统(1971,1973)

采用了生物的五界系统,在真菌界下设黏菌门和真菌门;将藻状菌进一步划分为鞭毛菌和接合菌,新建立了鞭毛菌门和接合菌门;将原来属于真菌门的几个纲,升级至亚门。真菌门中共包括5个亚门,其主要特征如下:

鞭毛菌亚门(Mastigomycotina):营养体为原生质团或没有隔膜的菌丝体。无性繁殖产生游动孢子。有性生殖产生休眠孢子囊或卵孢子。

接合菌亚门(Zygomycotina):营养体为菌丝体,典型的菌丝体没有隔膜。无性繁殖产生孢囊孢子。有性生殖产生接合孢子。

子囊菌亚门(Ascomycotina):营养体为有隔膜的菌丝体,少数为单细胞。无性繁殖产生分生孢子。有性生殖产生子囊孢子。

担子菌亚门(Basidiomycotina):营养体为有隔膜的菌丝体。无性繁殖不发达。有性生殖产生担孢子。

半知菌亚门(Deuteromycotina):营养体为有隔膜的菌丝体或单细胞。无性繁殖产生分生孢子等。没有有性生殖,但可进行准性生殖。

5. 现代菌物分类系统

1995 年出版的《菌物辞典》第 8 版较之前的所有分类系统都有了很大变动。过去传统意义上的真菌不再只属于真菌界,而是被划分在 3 个不同的界,即原生动物界(Protozoa)、藻物界(Chromista)(或称假菌界)和真菌界(Fungi)。该系统将黏菌、根肿菌归属于原生动物界,丝壶菌、网黏菌和卵菌归属于藻物界,真菌界中只包括了壶菌门、接合菌门、子囊菌门和担子菌门。半知菌不再作为正式的分类单元,将已知有性阶段的真菌归入相应的子囊菌门或担子菌门,尚不知有性阶段而只有分生孢子阶段的真菌归入有丝分裂孢子真菌(mitosporic fungi)这一大类群。

2001 年出版的《菌物辞典》第 9 版在第 8 版的基础上,对子囊菌门的分类进行了修正,承认子囊菌的 6 个纲 55 个目 291 个科。对担子菌的修正由 32 个目减为 16 个目。有些由过去的属提升为科,有些由过去的目降为科等。在很多地方打破了过去的系统。第 9 版还建议 7 个新目,9 个新科,提升了一个亚科为科,一个亚目为目。

2008 年出版的《菌物辞典》第 10 版对第 9 版的分类系统进行了很大调整,对担子菌门的分类地位进行了重要订正和基本类群的重大修正,进一步对渐变进化和远缘进化的属的分类地位进行了统一划分。将真菌界划分为 7 个门,在原来 4 个门的基础上,新建立了芽枝霉门(Blastocladiomycota)、新丽鞭毛菌门(Neocallimastigomycota)和球囊菌门(Glomeromycota)。真菌界下设有 36 个纲 140 个目 560 个科 8 283 个属 97 861 个种。

贺新生主编 2015 年出版的《现代菌物分类系统》中,原生动物界划分为 13 个门,藻物界划分为 5 个门,真菌界划分为 9 个门,新增加了隐菌门(Cryptomycota)和虫霉菌门(Entomophthoromycota)。截至 2014 年 7 月 1 日,菌物被划分为 3 个界 27 个门 66 个纲 197 个目 759 个科 16 436 个属,其中包括了 5 746 个属名的同物异名。

Tedersoo 等(2018)提出的菌物分类系统,将真菌界划分为 18 个门:类滑壶菌门(Aphelidiomycota)、子囊菌门(Ascomycota)、蛙粪霉门(Basidiobolomycota)、担子菌门(Basidiomycota)、芽枝霉门(Blastocladiomycota)、小石灰孢霉门(Calcarisporiellomycota)、根肿黑粉菌门(Entorrhizomycota)、壶菌门(Chytridiomycota)、虫霉门(Entomophthoromycota)、球囊霉门(Glomeromycota)、梳霉门(Kickxellomycota)、单毛壶菌门(Monoblepharomycota)、被孢霉门(Mortierellomycota)、毛霉门(Mucoromycota)、新丽鞭毛菌门(Neocallimastigomycota)、油壶菌门(Olpidiomycota)、罗兹壶菌门(Rozellomycota) 和 捕虫霉门(Zoopagomycota)。

Wijayawardene 等(2020)将真菌界划分为 19 个门,较之前的 18 个门又增加了一个门,即茎壶菌门(Caulochytriomycota)。

6. 现代菌物分类的新变化

近 20 年来,菌物分类、系统发育与起源演化研究取得了明显进展,将形态特征和分子系统发育证据相互结合,不但建立了大量的新目、新科、新属和新种,真菌界高阶分类系统做了重大调整,建立了 1 个新亚界即双核亚界(Dikarya),包括生活史中具有双核阶段的子囊菌门和担子菌门。还建立了一些新的门和新的纲,揭示了大批菌物间的系统亲缘关系。原本不被认为是菌物的生物如微孢子虫提升为独立的门(Microsporidia),被划分在原生动物界中。这些分类上的变化都大大改变了传统上对分类系统的认知。

2.6.3　菌物的命名及其新变化

生物的命名采用林奈创立的"双名制命名法"。双名制的名称即为学名,是以拉丁语命名的,由两个词组成,第一个词是属名,属名的第一个字母需大写,第二个词是种加词,种名小写,最后加上命名人的姓氏或姓名缩写(可省略)。手写菌物的学名时,在学名下面应加下划线以表示斜体;印刷时直接用斜体,定名人用正体。如玉蜀黍黑粉菌的学名是 *Ustilago maydis* Corda,其中 *Ustilago* 是属名,*maydis* 是种名,Corda 是定名人。

在 2012 年之前,菌物命名一直遵循《国际植物命名法规》(International Code of Botanical Nomenclature,ICBN)。根据《国际植物命名法规》,一个菌物的学名是根据有性阶段的特征确定的。而实际上,有些子囊菌和担子菌的有性阶段很少见,难以根据有性阶段的特征进行分类,而无性阶段更为常见,与人类关系更为密切。《国际植物命名法规》在 1981 年做了修订,增加了第 59 条,允许采用双重命名法对一个菌物分别按有性阶段和无性阶段进行命名。这样,一些子囊菌和担子菌的无性阶段就可以拥有独立的名称,一个菌物可以有 2 个合法学名。菌物因此成为所有生物中唯一一类同一个菌物可以拥有多个合法种名的生物。一个菌物的全型(holomorph)的名称是有性型的名称。如小麦赤霉病的病原菌,有性型学名为玉蜀黍赤霉(*Gibberella zeae*),无性型学名为禾谷镰孢(*Fusarium graminearum*)。

由于菌物无性阶段和有性阶段的多样性,一个菌物有 2 个学名导致了菌物命名的复杂化,而且给菌物工作者尤其是初学者带来很多困惑,甚至可能将一个菌物不同阶段的名称误以为是不同的属或种。越来越多的菌物学者认为已经没有必要为一个菌物的不同阶段拟定不同的名称。随着对越来越多的无性型真菌有性阶段的发现,特别是基于多基因序列的系统发育分析结果的大量积累,人们发现,同一个菌物无性阶段和有性阶段的 DNA 序列是一致的,从而建立了菌物无性型与有性型之间的联系。实际上,发现约有 15% 的无性型真菌分别属于子囊菌和担子菌。因此,越来越多的菌物学家主张一个菌物一个名称。

2011 年 7 月在澳大利亚墨尔本举行的第 18 届国际植物学大会上,《国际藻类、菌物、植物命名法规》(International Code of Nomenclature for Algae,Fungi and Plant)正式取代了原来的《国际植物命名法规》。新法规自 2012 年 1 月 1 日起生效,主要变化有:①注册新名称必须在以下 3 个认可的信息库进行登记并存储名称等重要信息,此为合格发表(valid publication)的强制要求,在特征集要中必须显示出其相应的注册号。3 个信息库分别是菌物库 MycoBank (http://www.mycobank.org/,是目前最活跃的菌物名称注册网站)、菌物索引数据库 Index Fungorum(http://www.indexfungorum.org/ names/IndexFungorum Registration.asp) 和中国菌物名称注册信息库 Fungal Name(http://www.fungalinfo.net/)。②在具有 ISSN 或 ISBN 号码的期刊或书籍中,以电子版 PDF 格式发表的新名称均为有效发表(effective publication)。③实施"一个菌物一个名称"(One Fungus=One Name)。④菌物新分类单元特征集要或描述由只能用拉丁文改为用拉丁文或英文任何一种文字撰写,都将满足合格发表的要求。

按照新的《国际藻类、菌物、植物命名法规》规定,取消了菌物无性型和有性型双重命名规则,实现"一个菌物一个名称"。那么,究竟是采用无性型名称还是有性型名称对菌物进行命名呢?各国的菌物学家们提出了许多方案。如应严格采取属名和种名在应用上的优先原则,而不考虑无性型和有性型在命名时间上优先原则;应采用具有无性型名称的有性型的优先原则;采用不考虑有较早无性型种名的有性型的优先原则;按有有性型模式的原则等。从目前对无性型和有性型名称取舍的观点来看,人们更多的是采取二者中哪个名称在某一方面所具有的突出重要性作为优先原则而保留其名称。植物病理学家更倾向于在植物病害中危害最突出的阶段作为名称取舍依据。由于在植物菌物病害中最常见和危害最严重的阶段是菌物的无性型,且很多无性型名称往往早于有性型名称,因此,很多无性型名称得以保留和使用。如灰葡萄孢寄主范围非常广,可侵染 1 400 余种植物,以分生孢子进行多次再侵染,引发灰霉病,造成植物不同器官的发霉和腐烂,无性型名称为 *Botrytis cineria*,有性型为富克葡萄孢盘菌(*Botryotinia fuckeliana*),虽然用菌核可以人工诱导产生子囊盘,但在植物上或田间一般不产生有性结构。2013 年在意大利巴里召开的葡萄孢研讨会上,一致同意将葡萄孢属(*Botrytis*)作为灰葡萄孢(*Botrytis cinerea*)的属名。与之类似的还有水稻稻瘟病的病原菌,最早使用的学名是无性型名称稻梨孢(*Pyricularia oryzae*),20 世纪 70 年代在人工培养条件下诱导出了子囊壳,并将有性型定名为灰巨座壳(*Magnaporthe grisea*)。2002 年,基于编码 actin、β-tubulin 和 calmodulin 3 个蛋白的基因分析,将来自水稻和其他植物上的瘟菌定名为稻巨座壳(*Magnaporthe oryzae*),只有马唐上的瘟菌才是 *Magnaporthe grisea*。随后发表文章时,水稻稻瘟病菌的学名都用有性型名称 *Magnaporthe oryzae*。由于在自然条件下尚未发现稻瘟病菌的有性型,无性型是最早使用的名称,且以无性型引起水稻发病,按照"一个菌物一个名称"的规则,现在重新使用无性型的名称 *Pyricularia oryzae*。鉴于目前国际上最新的菌物分类系统更多的是基于分子系统发育分析,确定菌物的分类地位,建立菌物之间的亲缘关系以及无性型与有性型之间的关联;较高级分类单元(如门、纲、目)的变动较大或仍在不断完善中,目前还没有一个被全世界所公认为的菌物分类系统;新的分类系统在实用和可操作方面都受到一定的局限。因此,本教材根据《菌物辞典》第 8~10 版将菌物划分为原生动物界、藻物界和真菌界 3 个界,在界下划分为相关门的共识,在介绍各代表性属的时候,在各门下直接列出属的学名、形态特征及其所致植物病害,不涉及纲、目和科的描述。对于无性型真菌,仍保留将其单独列为一类进行介绍,没有归入相应的子囊菌或担子菌。但为了让学习者了解新的菌物分类系统的变化,体现"一个菌物一个名称"的规则,综合参考菌物索引网站 Index Fungorum(http://www.indexfungorm.org)和菌物库网站 Mycobank(http://www.mycobank.org)两个数据库的相关信息,将教材中各代表属的分类地位(所属的界、门、纲、目和科),在本章最后以附表形式列出,无性型真菌全部归入相应的子囊菌或担子菌中。对文中涉及的菌物学名,均参照两个网站的信息,给出的是现有的合法学名,对发生过变动的学名同时给出了相应的异名,以方便学习者了解其名称变化。

2.6.4 植物病原菌物的分离和鉴定

为了明确植物菌物病害的病原种类、所属分类地位、生物学特性等,从而有效控制病害,掌握菌物分离和鉴定的方法是病原学研究的一项基本工作。首先要从植物病组织中分离出病原菌,经纯化培养后,观察分离物的培养性状和产孢特征,经过柯赫氏法则确定分离物的致病性,最后对分离物进行种的鉴定。尤其对一种新的未知病原菌引起的病害更是如此。

2.6.4.1 植物病原菌物的分离

分离的一般程序是选取典型的病斑,在病健交界处剪取 0.5 cm 见方的病组织,放入 3%~5%次氯酸钠溶液中,表面消毒 1~5 min。消毒时间的长短因植物材料而异。对于比较幼嫩的薄的组织,消毒时间可短一些;比较老的厚的组织,消毒时间可稍长一些。表面消毒后用无菌水漂洗3次,再用无菌吸水纸吸干表面的水分,摆放在培养基表面,放入培养箱中培养。分离所用的培养基一般为马铃薯葡萄糖琼脂培养基(potato dextrose agar,PDA)或1%～2%水琼脂培养基(water agar,WA)。

从不同的植物材料中分离菌物,需根据分离材料的不同选择合适的分离方法。

1. 从病叶分离

如果新鲜病斑表面有孢子产生,可轻微震落到培养基平板上,也可用灭菌的接种针挑取少量孢子至培养基。同样,也可将病叶组织进行保湿培养,待长出孢子或子实体后,将其挑至培养基平板上。几天后就可以见到由孢子萌发长出的菌丝体形成的菌落。从病叶分离病原菌最常用的方法,是从病斑的病健交界处剪取合适大小组织块,用表面消毒剂进行表面消毒,无菌水冲洗后置于培养基平板上培养,几天后可以长出肉眼可见的菌落。待菌落长出孢子后进行单孢分离,获得纯培养物,经转管培养和保存,用于进一步的研究。

2. 从茎、果实、种子和植物地上部其他部位分离

用于叶部分离的方法也适用于从茎、果、种子和地上部其他部位分离病原菌。从带菌的茎和果实中分离往往更容易一些。先从健康处劈开茎或剖开果实,朝发病部位撕开,用无菌刀片从新暴露出的侵染前缘切取小块新鲜组织,放置在培养基上培养。

3. 从与土壤接触的根、块茎、肉质根和蔬果中分离

从与土壤接触的病组织中分离病原菌,往往会受到许多腐生微生物的干扰。因此,可用水流反复、彻底冲洗病组织,清除附带的土壤和残存的带有大量腐生物的腐烂组织。如果根很小,冲洗后可用叶片分离的方法分离。如是侵染较浅,仅表面坏死的肉质组织,冲洗后从病斑边缘切取小块组织表面消毒。如是侵染较深的肉质组织,从健康部分开始朝发病部分撕开,从未暴露在外的病组织边缘取少许组织。

4. 从土壤中分离

取少许土壤加入无菌水制成土壤稀释液(一般稀释1 000倍),涂布在培养基平板上进行培养,待长出单菌落后转移到新的培养基上。由于土壤中的微生物类群很多,如需分离土壤中特定的植物病原菌物,通常要用选择性培养基,尽量排除其他微生物的干扰。

虽然多数菌物易于在人工培养基上培养,但是有些菌物有特殊和特定的要求,不能在普通的培养基上生长。活体寄生菌如白粉菌、锈菌和霜霉等,一般不能在人工培养基上培养,只能在活的寄主植物上或离体的新鲜叶片上生长。有些锈菌的某些阶段可以在添加了特殊成分的培养基上生长。

从植物组织中分离出的菌物有时会被细菌污染。在培养基中加入适当浓度的抗生素(如链霉素、青霉素等)可以抑制细菌的生长,达到纯化菌物的目的。也可以在培养基中加入一定量的乳酸来抑制细菌的生长。从病组织中分离出的菌物一般要经过单孢分离,获得纯菌株,再进行相关的研究。仅从菌落边缘挑取菌丝体转接到新的培养基上,一般达不到纯化的目的。

2.6.4.2　植物病原菌物的鉴定

人们对菌物的认识是从分类和鉴定开始的。长期以来,人们一直采用以形态学特征为主的方法对菌物进行分类和鉴定。主要是依据菌物的形态学特征和发育特点,如产孢结构(包括

孢子梗、子囊果、担子等产孢结构的大小、形状、颜色等）、无性孢子和有性孢子的形态特征（孢子的细胞个数、大小、形状、颜色等）、孢子的形成方式与产孢细胞的延伸方式以及生理生化特征等。菌物孢子的形状、大小、颜色和在孢子梗或子实体上的排列方式，以及产孢结构的特征是菌物形态鉴定的有效特征。对于有菌物分类经验的人员来说，根据这些形态特征一般可以将菌物鉴定到属，通常再根据相关工具书、专著或学术期刊上发表的论文描述可以鉴定到种。有时，菌物的形态鉴定特征有限，菌物的某些形态特征和生理生化指标易受环境的影响发生变化。对于那些不产孢或不宜产孢的菌物来说，单纯依靠形态学特征不能准确鉴定到种，不能明确其分类地位。而且，对于近缘种或形态上的近似种也很难用形态学的方法进行准确区分和鉴定。

近年来，分子生物学、生物信息学、基因组学技术在菌物分类和系统发育分析中得到了广泛应用。通过对菌物一些保守基因或 DNA 片段的扩增和测序，结合核酸序列数据库中的已有序列，对所测序列进行比对分析，可以快速、准确地将分离菌株鉴定到种。常用于菌物鉴定的基因如核糖体 DNA 内部转录间隔区（rDNA internal transcribed spacer，rDNA ITS）、α 微管蛋白（α-tubulin）基因（$\alpha\text{-}TUB$）、β 微管蛋白（β-tubulin）基因（$\beta\text{-}TUB$）、α 延伸因子（elongation factor 1-alpha）基因（$EF1\text{-}\alpha$）、3-磷酸甘油醛脱氢酶（glyceraldehyde-3-phosphate dehydrogenase）编码基因（$G3PDH$）、RNA 聚合酶 II 第 2 大亚基（the second-largest subunit of DNA-dependent RNA polymerase II）编码基因（$RPB2$）、肌动蛋白（actin）基因（ACT）、钙调蛋白（calmodulin）基因（CAL）等。其中，采用最多的是 rDNA ITS，但并非适用于所有菌物种类的鉴定，如对于镰孢属（$Fusarium$）、链格孢属（$Alternaria$）的一些种，仅凭 rDNA ITS 无法准确鉴定到种。对有些菌物的鉴定有时仅用单个基因的序列分析还不够，需采用多基因序列分析的方法，构建系统发育树，分析待鉴定菌株与已知标准菌株的亲缘关系，确定其分类地位和所属的种。在对某种菌物的鉴定时，需了解相关菌物的研究资料，选用合适的基因进行测序和分析。

对菌物种类的准确鉴定需要借助于分子生物学技术，而对菌物学的研究更需要以坚实的形态学分类为基础。传统的形态学鉴定与利用分子生物学技术鉴定是相辅相成的，二者的有机结合可为菌物的鉴定提供可靠保证。

2.7　植物病原菌物的特性

在自然界中，每种植物都可能被多种菌物侵染，每一种寄生性菌物也可以侵染一种或多种植物。植物病原菌物作为引起植物病害的一类重要病原物，对寄主植物具有寄生性和致病性。植物病原菌物可通过不同途径侵入寄主植物，在寄主体内获取营养，进行生长和繁殖，发生致病作用，导致植物不能正常生长和发育，表现出各种病害症状，甚至死亡。

2.7.1　生活方式

植物病原菌物具有不同的生活方式，在其生活史中，有一部分时期是生活在寄主植物上，一部分时期生活在土壤中或植物残体上。根据病原菌物生活方式的不同，可将其分为以下 4 种类型。

1. 活体营养(biotroph)

过去称之为专性寄生。活体营养的菌物只能在活的植物体内存活和繁殖,整个生活史是在活的寄主植物上完成的,不能从死体细胞中获取营养。如锈菌、白粉菌、霜霉等。

2. 半活体营养(hemibiotroph)

半活体营养的菌物一部分时期在寄主植物上营寄生生活,一部分时期作为腐生物在土壤中的死亡组织上生活。半活体寄生物始终与活的或死的寄主组织在一起,不能在其他有机基质上生长。如黑星病菌(*Venturia*)。

3. 兼性腐生(facultative saprophyte)

兼性腐生的菌物先在活的寄主植物上寄生,寄主死亡后,仍可在寄主死亡的组织上继续生长和繁殖,也可离开寄主残体以严格腐生的方式在土壤及其他腐烂的植物组织上生长和繁殖。这类病原菌定殖的植物死亡组织不一定与它们寄生的寄主有关系,一般是土传病原菌,寄主范围广,在缺乏寄主时仍可在土壤中存活多年。如丝核菌(*Rhizoctonia*)和镰孢菌(*Fusarium*)。

4. 兼性寄生(facultative parasite)

这是一类以腐生为主的弱寄生菌物,在土壤中或其他部位可以作为腐生物很好地生存,在适当的环境条件下并接触到植物组织时,也能寄生并引起植物病害。如甘薯软腐病菌(*Rhizopus stolonifer*)。

2.7.2　侵染器官和侵入途径

植物病原菌物借助一些侵染器官通过一定途径侵染植物引起植物病害。菌物的主要侵染器官是附着胞和侵染钉,有的菌物也可以菌丝作为侵染器官。菌物可以通过以下几种途径侵入寄主植物:

1. 直接侵入

落在植物表面的孢子在合适的条件下萌发产生芽管,芽管顶端膨大产生附着胞,附着胞与寄主接触的部位产生侵染钉,直接穿透寄主角质层,在细胞间扩展或穿透细胞壁侵入到寄主细胞内。

2. 自然孔口侵入

有些菌物可以从植物的自然孔口(气孔、皮孔、水孔、柱头、蜜腺等)侵入,其中最常见的是菌物的芽管或菌丝从气孔侵入。

3. 伤口侵入

植物表面各种类型的伤口,如机械伤,昆虫取食造成的伤口,修剪、移栽和收获等产生的伤口,都可能是菌物侵入的途径。

2.7.3　传播途径

黏菌、卵菌和壶菌可产生游动孢子,是它们唯一能够自身运动的结构,但游动孢子游动的距离是非常有限的,一般只有几毫米或几厘米。绝大多数植物病原菌物需要借助风、雨水、鸟类、昆虫、其他动物和人为的因素进行传播。菌丝片段和菌核可以在一定程度上借助上述方式传播。有些菌物的孢子可以从孢子梗或子实体释放或弹射出去,但菌物的主动传播距离是很有限的,主要是以孢子进行被动传播。风是多数菌物孢子最重要的传播因素。

植物病原菌物的传播主要通过以下几种途径:

1.气流传播

多数菌物都能产生无性孢子或有性孢子,由于孢子小而轻,很容易随气流传播。因此,风是多数菌物孢子远距离传播的重要因素,禾谷类锈菌的孢子通常可以在病田几千米的上空存在,可以长距离传播到几千米甚至数百千米以外。在适宜的气候条件下可以引起植物病害大范围流行。在 1 万~2 万 m 的高空可以发现菌物的孢子。

2.水的传播

存在于土壤中的菌物孢子或菌丝段,飘浮于空气中的菌物孢子以及在渗出黏液中的菌物孢子,可以随雨水或灌溉水在农田进行传播。

3.生物介体传播

鸟类、昆虫、螨、线虫、动物等生物介体在活动时接触植物病株表面,它们可以黏附、携带菌物的孢子,将菌物的孢子传播到健康的植株。

4.人为传播

人类的农事操作和农具可造成病原菌物在田间的传播,带菌的种子、苗木等繁殖材料,农产品的调运和运输都可造成病原菌物的远距离传播。远距离传播途径在植物检疫中具有重要作用,植物检疫就是要限制病原菌的这种人为的远距离传播。

2.7.4　在植物上引起的病害症状

植物受病原菌物侵染后往往会表现出各种异常状态,即症状(symptom)。症状是病害识别、描述和诊断的主要依据。不同菌物在寄主植物的不同部位可引起多种不同的症状表现,通常以坏死、腐烂和萎蔫为主,少数为变色和畸形。

1.坏死(necrosis)

坏死是指植物局部或大片细胞和组织死亡,但多少还保持原有组织和细胞的轮廓。因受害部位不同表现多种症状。如叶斑、立枯、猝倒、溃疡、枝枯等。

2.腐烂(rot)

腐烂是指植物组织出现较大面积的分解和破坏,造成组织变软、褪色和消解。腐烂可发生在根、茎、叶片、果实和花各个部位。

3.萎蔫或枯萎(wilt)

典型的萎蔫指根茎维管束组织受到破坏,植株中水分供给不足,通常叶片或枝条下垂而发生凋萎,而皮层组织可能是完好的。萎蔫的后果是植株的干枯和变色即枯萎。如各类植物的枯萎病。

4.变色(discoloration)

植物得病后局部或整株颜色发生改变。如黄萎病引起的叶片变黄。

5.畸形(malformation)

植物受到病原菌物的侵染和刺激,致使整株或局部形态表现异常。如十字花科植物的根肿病、玉米黑粉病等。

许多病原菌物在寄主发病部位表面生长并产生各种结构,包括菌丝体、菌核、孢子梗、孢子或子实体,病原物本身的这些特征叫作病征(sign)。菌物侵染植物后,常在发病部位产生不同的病征,如霉状物、锈状物、粉状物、颗粒状物等。这些病征是菌物病害的特征表现,是病害诊断的重要依据。

2.7.5 植物病原菌物的致病作用

菌物侵染植物后对植物造成不利的影响,引起上述诸多的症状表现。菌物对植物的致病作用除了靠机械力量穿透细胞壁,从植物细胞摄取必需的营养物质和水分外,还产生一些其他的物质,菌物靠这些化学武器来干扰寄主植物的新陈代谢,破坏植物正常的生理功能,许多症状是由降解酶或毒素引起的,或是由激素的不平衡所致。这些物质包括以下几类:

1.降解酶类

用于穿透寄主的细胞壁,包括降解植物表皮蜡质、角质和木栓层的酶,果胶酶,纤维素酶和木质素酶,蛋白酶等。这些降解酶类可直接作用于寄主的结构物质,或杀死寄主。

2.毒素

很多真菌能够产生毒素,使植物出现萎蔫、水渍状、坏死等症状。根据毒素对其寄主植物种或栽培品种是否具有一定生理活性和专化性作用位点,分为寄主选择性毒素(host-selective toxin)和非寄主选择性毒素(nonhost-selective toxin)。寄主选择性毒素是病原菌致病性所必需的,如玉米大斑病菌、玉米小斑病菌等产生的毒素;非寄主选择性毒素可作为致病力因子,但不是致病性必需的,如镰孢菌产生的毒素。

3.植物生长调节因子

菌物产生生长素、细胞分裂素、赤霉素等,引起寄主植物中激素代谢的改变,从而刺激植物过度生长,引起畸形、局部肿大、徒长或矮化等症状。如赤霉菌产生的赤霉素可以刺激植物徒长。

2.7.6 真菌的多型现象和转主寄生

真菌的多型现象是指一种真菌在生活史中能产生多种类型的孢子。多型现象在担子菌门的一些锈菌中最为突出,在生活史中最多可经过 5 个发育阶段,产生 5 种类型的孢子和产孢结构,每一期产生的孢子类型如下:

0 期:产生性子器和性孢子;

Ⅰ期:产生锈孢子器和锈孢子;

Ⅱ期:产生夏孢子堆和夏孢子;

Ⅲ期:产生冬孢子堆和冬孢子;

Ⅳ期:产生担子和担孢子。

真菌在同一种寄主植物上完成生活史的,称为单主寄生。而一些锈菌需要在亲缘关系很远的两种寄主植物上才能完成生活史,这种现象称为转主寄生。一般将产生冬孢子阶段(Ⅲ期)的寄主称为主要寄主(primary host),而另一类寄主,即产生 0 和Ⅰ阶段的寄主称为转主寄主(alternate host)。但习惯上,植物病理学工作者往往把经济上最重要的寄主作为主要寄主。

如引起小麦秆锈病的病原菌禾柄锈菌(*Puccinia graminis*)虽然是在小麦上完成的冬孢子阶段,在小檗上完成性孢子和锈孢子阶段,但由于小麦的经济重要性,小麦被认为是禾柄锈菌的主要寄主,而小檗是它的转主寄主。将经济重要性较次要的寄主被认为转主寄主,如亚洲胶锈菌(*Gymnosporangium asiaticum*)[异名:梨胶锈菌(*G. haraeanum*)]性孢子和锈孢子阶段的寄主是梨树,将梨树作为主要寄主,而冬孢子阶段的寄主桧柏被作为转主寄主。

2.8　真菌界代表属介绍

尽管《菌物辞典》第 10 版的分类系统,在真菌界下设有 7 个门:壶菌门(Chyridiomycota)、芽枝霉门(Blastocladiomycota)、新丽鞭毛菌门(Neocallimastigomycota)、球囊菌门(Glomeromycota)、接合菌门(Zygomycota)、子囊菌门(Ascomycota)和担子菌门(Basidiomycota),有的分类系统还新建立了隐菌门(Cryptomycota)和虫霉菌门(Entomophthoromycota),最新的分类系统甚至将真菌界划分为 18 个或 19 门,但由于新的菌物分类系统都是基于分子系统发育分析建立的,缺少高级分类单元的形态学特征描述,而且分类系统尚在不断变化中,难以把握最新分类系统中较高级分类单元的分类特征。本节重点介绍与植物病害关系比较密切的 5 个门中一些代表属的特征及其所致植物病害。

2.8.1　壶菌门(Chytridiomycota)

1. 壶菌门的主要特征

壶菌门的真菌常称作壶菌,是真菌界中比较低等的类群,营养体形态变化大,从低等的单细胞到较高等的无隔菌丝体。只有老的菌丝或繁殖器官的基部才有封闭式隔膜。细胞壁为几丁质。无性繁殖形成不同形状的游动孢子囊,萌发时形成游动孢子。游动孢子为梨形、肾形或椭圆形,具 1 根尾鞭式鞭毛,属于"9+2"结构。

有性生殖主要表现为同配、异配和不典型的卵配生殖。性细胞结合方式有 3 种类型:游动配子的配合、配子囊配合和体细胞配合。配子融合后形成合子,合子发育成休眠孢子或休眠孢子囊,在休眠孢子囊内进行减数分裂产生游动孢子。

壶菌多数水生,少数两栖或陆生,有腐生、寄生和专性寄生。少数种类是高等植物的寄生菌,引起作物病害。有些壶菌是植物病毒的传播介体。

《菌物辞典》第 10 版中壶菌门有 2 个纲 4 个目 14 个科 105 个属 706 个种。2 个纲分别是壶菌纲(Chytridiomycetes)和单毛壶菌纲(Monoblepharidiomycetes)。

2. 壶菌纲代表属及其所致植物病害

集壶菌属(*Synchytrium*)　无菌丝体,菌体最初无细胞壁,在水分充足和温度适宜的条件下,发育成有壁的孢子囊,在干旱低温不利于生长的条件下,形成厚壁的休眠孢子囊,寄生植物造成组织畸形。该属均为寄生菌。内生集壶菌(*S. endobioticum*)使植物受害组织的细胞过度分裂和增大。该菌引起马铃薯癌肿病,是世界上许多国家马铃薯生产上的严重病害,现在遍及世界五大洲 50 多个国家,有 30 余个国家将此病原菌列为检疫性有害生物,也是我国的植物检疫性真菌。

油壶菌属(*Olpidium*)　菌体内生,没有菌丝,整个菌体可转变为孢子囊。常形成薄壁的孢子囊和厚壁的休眠孢子囊,孢子囊光滑。休眠孢子囊萌发时在孢子囊中产生后生单鞭毛的游动孢子。野豌豆油壶菌(*O. viciae*)危害蚕豆的豆荚和籽粒,引起蚕豆火肿病,是我国四川西北高原春播蚕豆上的重要病害。芸薹油壶菌(*O. brassicae*),现名为芸薹星油壶菌(*Olpidiaster brassicae*)对植物的直接危害性小,但其游动孢子是多种重要经济植物病毒的传播介体。

2.8.2 芽枝霉门(Blastocladiomycota)

芽枝霉原属于壶菌门,2006年James根据DNA序列的分析,将其从壶菌门中划分出来,建立了芽枝霉门。芽枝霉生存于土壤及淡水中,且绝大部分为腐生。少数为植物病原菌。《菌物辞典》第10版中有1个纲1个目5个科14个属179个种。

节壶菌属(*Physoderma*) 原来属于壶菌门壶菌目,根据对游动孢子超微结构的观察和DNA序列分析结果,现在划分在芽枝霉门芽枝霉目节壶菌科。该属真菌为活体寄生,侵染高等植物组织引起稍隆起,但不过度增生。在寄主组织内的根状菌丝产生大量扁球形的休眠孢子囊,黄褐色,具有囊盖(图2-20),萌发时释放出多个游动孢子。玉蜀黍节壶菌(*P. maydis*)引起玉米褐斑病,病部呈褐色隆起的斑点,内有大量黄褐色粉状物,为休眠孢子囊。

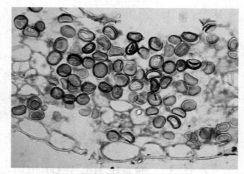

图2-20 玉蜀黍节壶菌(*Physoderma maydis*)

2.8.3 接合菌门(Zygomycota)

1. 接合菌门主要特征

接合菌门的真菌称为接合菌,营养体为单倍体,大多为发达的无隔菌丝体,少数菌丝体不发达,较高等的种类菌丝体有隔膜。有的种类菌丝体可以分化形成假根和匍匐菌丝。细胞壁的主要成分为几丁质。无性繁殖在孢子囊中形成孢囊孢子。有性生殖是以配子囊配合的方式形成接合孢子。

接合菌大多为腐生菌,其中有的种类可以用于食品发酵及酶和有机酸生产;有的是昆虫的寄生菌或共生菌,有的与高等植物的根共生形成菌根;还有少数接合菌可以寄生植物、人和动物引起病害。与植物病害有关的是属于毛霉亚门的一些接合菌。

《菌物辞典》第10版在接合菌门下设4个亚门1纲10个目27个科168个属1 065个种。4个亚门分别为虫霉亚门(Entomophthoromycotina)、梳霉亚门(Kickxellomycotina)、毛霉亚门(Mucoromycotina)和捕虫霉亚门(Zoopagomycotina)。

2. 接合菌门代表属及其所致植物病害

根霉属(*Rhizopus*) 菌丝分化出假根和匍匐菌丝。孢囊梗单生或丛生,与假根对生,其顶端着生孢子囊,孢子囊球形或近球形,囊轴明显,基部有囊托(孢子囊壁的残片),内有大量孢囊孢子。孢囊孢子球形、卵形或不规则形,无色或淡褐色(图2-21)。接合孢子由两个同型配子囊配合形成,表面有瘤状突起,配囊柄上无附属丝。除有性根霉(*R. sexualis*)为同宗配合外,其他种均为异宗配合。根霉属大多腐生,分布很广,能产生大量的淀粉酶,故用作酿酒、制醋的糖化菌。如米根霉(*R. oryzae*),现名为少根根霉(*R. arrhizus*),可用于制作米酒,也是腐乳发酵的主要菌种。匍枝根霉（*R. stolonifer*），在商业上被用于生产延胡索酸。少数根霉对植物有一定的弱寄生性，如匍枝根霉，寄生能力弱，只能从伤口侵入甘薯薯块，分泌果胶酶，造成贮藏甘薯的软腐病。发病薯块上可长出灰黑色霉层（菌丝体、孢囊梗和孢子囊）。此外，匍枝根霉还可为害马铃薯、百合、棉铃、桃、梨、苹果、柑橘等多种植物的块（鳞）茎、果实等，导致腐烂。

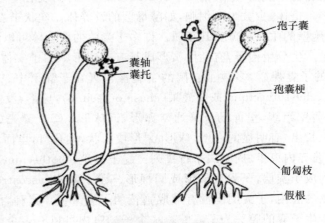

图 2-21　根霉属（*Rhizopus*）

毛霉属（*Mucor*）　菌丝体发达，多分枝，一般无隔，无假根和匍匐菌丝。孢囊梗直立，单生，不分枝或假单轴分枝，顶端着生球形或椭圆形的孢子囊，无色或有色，表面光滑；有囊轴，无囊托（图 2-22）。接合孢子表面有瘤状突起，由两个同型配子囊配合形成，配囊柄无附属丝。大多为异宗配合，腐生。毛霉在自然界分布广泛，具有很强的分解蛋白质和糖化淀粉的能力，常用于酿造、发酵食品等。四川的豆豉是用总状毛霉（*M. racemosus*）制作出来的。大毛霉（*M. mucedo*）可引起果实、蔬菜、蘑菇等的腐烂。

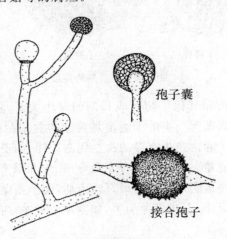

图 2-22　毛霉属（*Mucor*）

梨头霉属（*Absidia*）　菌丝体与根霉相似，有匍匐菌丝和假根，但孢囊梗着生在弓形的匍匐菌丝上，不与假根对生，孢囊梗大多 2～5 个成簇。孢子囊基部有明显的囊托，囊轴锥形或半球形。接合孢子外面有附属丝包围。腐生。梨头霉在土壤、酒曲和各种粪便中广泛分布，是制酒生产的污染菌。

2.8.4 子囊菌门(Ascomycota)

1.子囊菌门主要特征

子囊菌门的真菌称为子囊菌,是真菌界中种类最多的一个门,现有6万余种。营养体为发达、有隔膜的菌丝体,单倍体,少数为单细胞,如酵母菌的营养体。丝状子囊菌的菌丝具有单孔隔膜和伏鲁宁体,细胞壁的主要成分为几丁质。许多子囊菌的菌丝体可以形成菌组织,如子座和菌核等。无性繁殖产生分生孢子,有性生殖形成具有一定形状的子实体,称作子囊果(asco-carp)。少数子囊菌的子囊裸露,多数子囊菌的子囊被包裹在子囊果中。子囊果有4种类型(图2-23):①闭囊壳(cleistothecium)或闭囊果(chasmothecium),球形,没有孔口,壳壁疏松或略坚实,有明显的拟薄壁组织,里面的子囊通常卵形、近球形。②子囊壳(perithecium),从疏松的菌丝体或子座上长出,有明显的壳壁,球形、梨形或瓶状,具孔口,里面的子囊为单层壁,棍棒形或圆桶形,在子囊壳内束生、周生或平行排列。③子囊盘(apothecium),盘状或杯状开口,子囊在上面平行排列成子实层,子囊棍棒形或圆桶形。④子囊座(ascostroma),子囊单独、成束或成排着生在子座的腔内,子囊周围没有形成真正的子囊果壁。这种含有子囊的子座称为子囊座。子囊座内着生子囊的腔称为子囊腔。一个子囊座内可以有多个子囊腔,含单腔的子囊座顶端有融化的假孔口,外形很像子囊壳,称为假囊壳。子囊座内的子囊为双囊壁。一个典型的子囊中含有8个子囊孢子。子囊孢子形状变化很大,有近球形、椭圆形、腊肠形或线形等。

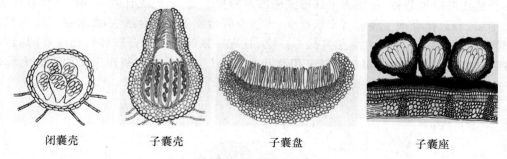

闭囊壳　　　　子囊壳　　　　子囊盘　　　　子囊座

图2-23　子囊果的类型

在子囊菌中,有的与植物和其他生物形成长期的共生关系,包括菌根菌、内生菌、菌寄生菌、共生虫道菌和捕食线虫真菌等。有的子囊菌是美味的食用菌(如羊肚菌)、药用真菌(如冬虫夏草和蛹虫草)等。有的子囊菌产生有毒的次生代谢产物,如麦角菌在黑麦和其他禾本科植物的子房内形成菌核,称为麦角。麦角中含有麦角毒碱、麦角胺和麦角新碱等多种生物碱,对动物和人具有致命作用,但在适当剂量下是很好的药剂,用于止血、调经、止头痛等。有的子囊菌是农作物、园林植物的病原菌,引起多种病害,如苹果腐烂病、轮纹病、褐腐病、白粉病,禾谷类根腐病、赤霉病等。

由于子囊菌的数量繁多,而且生境、生活史都有很大差异,具有丰富的多样性,因此,子囊菌的分类一向被视为难事。关于子囊菌的分类,不同学者有不同的意见。

《菌物辞典》第10版在子囊菌门下划分为3个亚门15个纲68个目327个科6 355个属64 163个种。3个亚门分别为盘菌亚门(Pezizomycotina)(=子囊菌亚门)、酵母菌亚门(Saccharomycotina)和外囊菌亚门(Taphrinomycotina)。

2.子囊菌门代表属及其所致植物病害

外囊菌属（*Taphrina*） 菌丝有隔,无色,分枝,均为双核菌丝。大多数外囊菌的双核菌丝体在寄主角质层下或表皮细胞下形成一层厚壁的产囊细胞,由产囊细胞发育成一层子囊,排成栅栏状(图2-24)。子囊长圆筒形,裸生,每个子囊有8个子囊孢子,有些种以芽殖方式产生芽孢子。有少数外囊菌,其菌丝分枝从寄主表皮细胞间伸出,顶端细胞发育为子囊,而不形成厚壁的产囊细胞。外囊菌寄生于高等植物和蕨类植物,被害组织畸形,如叶片皱缩、枝条丛生、果实呈袋状等。如畸形外囊菌(*T. deformans*)为害桃树叶

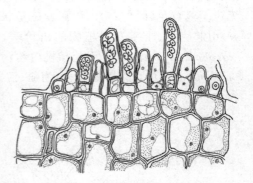

图 2-24 外囊菌属（*Taphrina*）

片,严重时也为害花、幼果和嫩枝,引起桃缩叶病。李外囊菌(*T. pruni*)为害李、樱桃李、山樱桃等,引起病果畸变,中空如囊,因此得名,称为囊果病。

白粉菌类

在白粉菌目中只有一个科即白粉菌科(Erysiphaceae),该类真菌因在寄主植物的表面形成白粉状的菌落,故被称为白粉菌。白粉菌为活体寄生,寄主植物绝大多数为双子叶植物,少数为单子叶植物中的禾本科植物。白粉菌在寄主植物的受害表面常产生大量的菌丝、分生孢子梗和分生孢子,肉眼看上去呈白色粉层,后期可形成黄褐色或黑色颗粒状物,为白粉菌的有性结构闭囊壳。由白粉菌引起的病害称为白粉病(powdery mildew)。

白粉菌的子囊果为闭囊壳,无孔口,一般为球形或扁球形,生在菌丝层表面,有的部分埋藏于菌丝层内。大部分白粉菌闭囊壳内含有多个子囊,少数为单子囊。子囊成束排列于闭囊壳的基部,成熟后子囊吸水膨胀,释放出子囊。子囊有椭圆形、球形、卵形、棍棒形和不规则形。一个子囊中含有2~8个不等的子囊孢子,少数只含1个。闭囊壳外的附属丝(appendage)由闭囊壳的部分外壁细胞发育而来。附属丝形态多样,如菌丝状、钩状、螺旋状、球针状等。附属丝在闭囊壳上发生的位置、数目、弯曲状况、分枝或顶端卷曲的方式、有无分隔等是重要的分类依据之一。

对白粉菌的传统形态学分类主要依据有性结构闭囊壳上附属丝的形态、闭囊壳中子囊的数目。研究表明,依靠附属丝的形态和子囊数目进行白粉菌的分类是不科学的。随着分子生物学技术在白粉菌分类中的应用,白粉菌的分类也发生了重大变化,白粉菌新的属级分类采用传统的形态学分类与无性型个体发育、扫描电镜技术及分子生物学技术相结合的方法。《白粉菌科分类手册》(Taxonomic Manual of the Erysiphales)(Braun and Cook,2012)为世界白粉菌的分类鉴定提供了基础,也对白粉菌的生物学、形态学、分布及寄主范围等方面的信息进行了大量补充。

在新的白粉菌分类系统中,白粉菌属的变化最大,将狭义白粉菌属(*Erysiphe* s. str.)、叉丝壳属(*Microsphaera*)和钩丝壳属(*Uncinula*)等几个属并入白粉菌属,被并入白粉菌属的那些属名现在被作为白粉菌属的异名。单囊壳属(*Sphaerotheca*)与叉丝单囊壳属(*Podosphaera*)合并为叉丝单囊壳属,单囊壳属被作为叉丝单囊壳属的异名。以下对主要常见白粉菌的属进行介绍。

白粉菌属（*Erysiphe*） 菌丝体表生,在寄主植物的表皮细胞内形成吸器。闭囊壳扁球

形,褐色,内有多个子囊,成束生于闭囊壳内,每个子囊中含有2～8个子囊孢子,椭圆形,单胞,无色至浅黄色(图2-25)。附属丝菌丝状、钩状或叉状。分生孢子单生。蓼白粉菌(*E. polygoni*)引起豆类、十字花科植物的白粉病。山田白粉菌(*E. yamadae*)[异名:山田叉丝壳(*Microsphaera yamadae*)]引起核桃白粉病。葡萄白粉菌(*E. necator*)[异名:葡萄钩丝壳(*Uncinula necator*)]寄生于葡萄、山葡萄、猕猴桃,主要为害叶片、新梢及果实等幼嫩器官,引起白粉病。

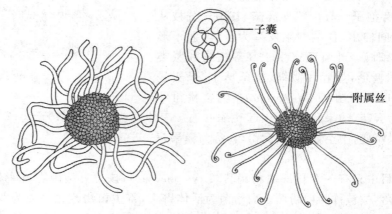

异名:钩丝壳属 (*Uncinula*)

图 2-25 白粉菌属(*Erysiphe*)

布氏白粉菌属(*Blumeria*) 该属是从白粉菌属中划分出来的一个属。闭囊壳上的附属丝不发达,呈短菌丝状。闭囊壳扁球形,埋生在菌丝层内,子囊壳内含有多个子囊,成束,子囊孢子单胞,无色至浅黄色。分生孢子梗基部膨大呈近球形,分生孢子串生,无色,单胞(图2-26)。该属为单种属,只有一个种禾布氏白粉菌(*B. graminis*),已发现的寄主全部为禾本科植物,引起禾本科植物的白粉病,其中麦类植物的白粉病危害很大,分布广泛。

球针壳属(*Phyllactinia*) 菌丝体部分内生。闭囊壳近球形,黄褐色或深褐色,内含多个子囊,球形。子囊孢子1～4个,椭圆形或卵形,单胞无色或浅黄色。附属丝刚直,长针状,基部膨大成球形(图2-27)。榛球针壳(*P. guttata*)引起梨、柿、核桃等80余种植物的白粉病。臭椿球针壳(*P. ailanthi*)引起臭椿的白粉病。

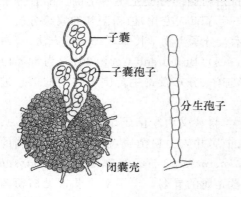

图 2-26 布氏白粉属(*Blumeria*)

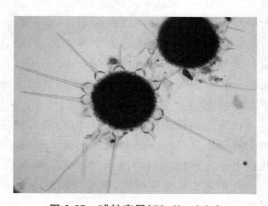

图 2-27 球针壳属(*Phyllactinia*)

叉丝单囊壳属（*Podosphaera*）　又称单囊白粉菌属,菌丝体表生。每个闭囊壳含有一个子囊。附属丝菌丝状,或生于闭囊壳顶部或"赤道"附近,刚直,顶端为 2～6 次二叉分枝,全部或下部褐色或浅褐色。分生孢子串生,椭圆形或桶形。白叉丝单囊壳（*P. leucotricha*）引起苹果的白粉病。蔷薇叉丝单囊壳（*P. pannosa*）〔异名:蔷薇单囊壳（*Sphaerotheca pannosa*）〕,引起玫瑰和桃树的白粉病。

核盘菌属（*Sclerotinia*）　菌核在寄主表面或寄主组织内形成,由菌核产生具长柄的子囊盘,子囊盘盘状或杯状,褐色。子囊近圆柱形,平行排列,子囊间有侧丝,子囊中含有 8 个子囊孢子。子囊孢子椭圆形或纺锤形,单细胞,无色(图 2-28)。不产生分生孢子。核盘菌（*S. sclerotiorum*）寄主范围广泛,包括十字花科、豆科、茄科、菊科蔬菜和草本观赏植物,引起幼苗的猝倒病、菌核病以及各种腐烂病。小核盘菌（*S. minor*）为害十字花科的多种植物,引起腐烂病。

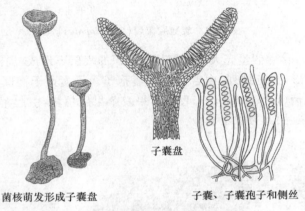

子囊盘

菌核萌发形成子囊盘　　　　　子囊、子囊孢子和侧丝

图 2-28　核盘菌属（*Sclerotinia*）

葡萄孢盘菌属（*Botryotinia*）　多形成菌核,黑色。子囊盘由子座化的寄主组织或菌核上产生,具柄,杯形、盘状或平展,褐色。子囊具 8 个子囊孢子,圆柱状,孔口在碘液中呈蓝色;子囊孢子椭圆形至长椭圆形,单胞,无色,侧丝线形,一般近无色。蚕豆葡萄孢盘菌（*B. fabae*）引起蚕豆灰霉病,该种是吴铁航和陆家云(1991)由无性型蚕豆葡萄孢（*Botrytis fabae*）人工诱导出来的有性型建立的种。

链核盘菌属（*Monilinia*）　子囊盘从假菌核生出,漏斗形或杯形。子囊中含有 8 个子囊孢子。子囊孢子椭圆形,单胞,无色。分生孢子单胞,无色,串生,椭圆形或柠檬形。该属中的多个种,如果生链核盘菌（*M. fructicola*）、果产链核盘菌（*M. fructigena*）、松散链核盘菌（*M. laxa*）等可引起桃、苹果、梨、樱桃、李子、杏等核果和仁果类果树的褐腐病,也可侵染花、嫩枝和叶片。

旋孢腔菌属（*Cochliobolus*）　子囊壳球形,黑色,有短颈,无刚毛。子囊棍棒状,含 8 个子囊孢子。子囊孢子丝状,多胞,无色或淡黄色,呈螺旋状紧密纠结在一起(图 2-29)。该属的一些种现被划为平脐蠕孢属（*Bipolaris*）或弯孢霉属（*Curvularia*）。如异旋孢腔菌（*C. heterostrophus*）,现名为玉蜀黍平脐蠕孢（*Bipolaris maydis*）,引起玉米小斑病。宫部旋孢腔菌（*C. miyabeanus*）,现名为稻平脐蠕孢（*Bipolaris oryzae*）,引起水稻胡麻斑病。月状旋孢腔菌（*Cochliobolus lunatus*）,现名为新月弯孢（*Curvularia lunata*）,详见 2.8.6 无性型真菌中的无性型真菌代表属及其所致病害。

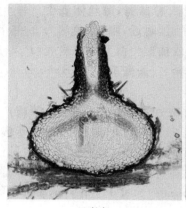

| 子囊壳 | 子囊和子囊孢子 |

图 2-29　旋孢腔菌属(*Cochliobolus*)

黑星菌属(*Venturia*)　假囊壳大多在植物病组织的表层下形成,周围有黑色刚毛,以孔口附近较多。子囊长筒形,平行排列,内含 8 个子囊孢子。子囊孢子椭圆形,双细胞,大小不等(图 2-30)。苹果黑星菌(*V. inaequalis*)侵染苹果及苹果属植物,引起苹果黑星病。梨黑星病菌(*V. pyrina*)寄生梨,引起梨黑星病。

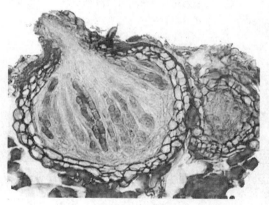

| 子囊壳 | 子囊和子囊孢子 |

图 2-30　黑星菌属(*Venturia*)

葡萄座腔菌属(*Botryosphaeria*)　子囊座垫状,黑色,孔口不显著,稍有突起。子囊棍棒状,有短柄,双囊壁,有拟侧丝。子囊孢子卵圆形至椭圆形,单胞,无色。葡萄座腔菌(*B. dothidea*)为害苹果、梨、葡萄、桃、杨树、蓝莓等的枝干和侧枝,引起干腐病、溃疡病。为害果实引起果实轮纹病等。

赤霉属(*Gibberella*)　子囊壳散生或群生在子座上或子座周围,球形至圆锥形,壳壁蓝色或紫色。子囊棍棒状,有柄。子囊孢子有 2～3 个隔膜,梭形,无色(图 2-31)。无性型多为镰孢属(*Fusarium*)。如玉蜀黍赤霉(*G. zeae*),现名为禾谷镰孢(*Fusarium graminearum*),寄主广泛,为害大麦、小麦、燕麦、黑麦、玉米、水稻、番茄、苜蓿等,可引起苗枯、根腐、茎腐和穗腐。穗腐病危害最大,一般称作赤霉病,如玉米赤霉病、小麦赤霉病。藤仓赤霉(*G. fujikuroi*),现名为藤仓镰孢(*Fusarium fujikuroi*),引起水稻恶苗病,该菌还可用于生产植物生长调节剂赤霉素。

麦角菌属（*Claviceps*）　在禾本科植物的子房内寄生，后期形成圆柱形至香蕉形黑色或白色菌核。越冬后菌核产生有长柄的头状子座。子囊壳埋生在子座头部的表层内（图 2-32）。子囊棍棒状，子囊孢子无色，丝状，无隔膜。麦角菌（*C. purpurea*）寄主范围广，引起多种禾本科植物的麦角病。菌核（麦角）对人、畜有毒，食后可引起严重中毒症。从麦角中提炼的麦角碱可用于防止产后大出血，以及周期性偏头痛。

图 2-31　赤霉属（*Gibberella*）

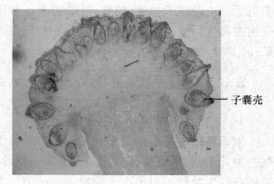

图 2-32　麦角菌属（*Claviceps*）

长喙壳属（*Ceratocystis*）　子囊壳表生或埋生于基质内，基部膨大成球形，顶部有细长的颈（也称为喙），颈长为子囊壳直径的几倍，顶端常裂成须状，壳壁暗色（图 2-33）。子囊近球形或圆形，不规则散生在子囊壳内，没有侧丝，子囊壁早期消解，很难看到完整的子囊。子囊孢子较小，形状多样，单胞，无色。可产生两种类型的分生孢子，一种为无色，单胞，圆筒形或棍棒形，另一种色深，单胞，近圆形，单生或串生。该属真菌分布广泛，是农作物、树木和木材的重要病原菌，引起枯萎病、溃疡病或木材蓝变。甘薯长喙壳（*C. fimbriata*）为害甘薯块根和幼苗，引起甘薯黑斑病，病薯有毒。在我国云南省的石榴树上发现了该菌引起的枯萎病，造成石榴树枯萎死亡，危害严重。

子囊壳

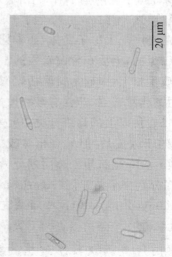

分生孢子

图 2-33　长喙壳属（*Ceratocystis*）

顶囊壳属（*Gaeumannomyces*）　子囊壳球形或近球形，黑色，埋生在寄主组织内，初期内生，后期突出外露，顶端有短的喙状突起。子囊圆筒形至棍棒状，具 8 个子囊孢子，有侧丝。子囊孢子线状，多细胞，无色至淡黄色。禾顶囊壳（*G. graminis*）为害水稻、小麦、大麦、裸麦、玉米、小米等禾谷类作物和多种禾本科杂草，引起全蚀病。

黑腐皮壳属（*Valsa*）　假子座圆锥形，埋生在树皮内，顶端突出。子囊壳球形或近球形，具长颈，成群生于假子座内，颈聚集在一起，空口外露。子囊棍棒形或圆筒形，无柄，内含 8 个子囊孢子。子囊孢子为色，单胞，呈腊肠形。为害木本植物的树皮，引起树干的腐烂。无性型为壳囊孢属（*Cytospora*）。如苹果黑腐皮壳（*V. mali*），现名为苹果壳囊孢（*C. mali*），为害苹果、海棠等的枝干，引起树皮腐烂病。

2.8.5　担子菌门（Basidiomycota）

1. 担子菌门的主要特征

担子菌门的真菌称为担子菌。绝大多数担子菌的营养体为发达的有隔菌丝体，单倍体，细胞壁为几丁质，具有桶孔隔膜。担子菌的菌丝一般分化为初生菌丝和次生菌丝，许多大型担子菌还有三生菌丝。由担孢子萌发产生的菌丝为单核，单核经多次分裂成多核，不久形成隔膜成为单核菌丝，称作初生菌丝。由初生菌丝相互接合进行质配后，每个菌丝细胞有 2 个核，这 2 个核不进行核配，形成双核菌丝，称为次生菌丝，占据生活史的大部分时期。三生菌丝是组织化的一些特殊菌丝，也是双核的，它们集结成特殊形状的子实体。很多担子菌在双核菌丝的隔膜处形成锁状联合的结构。

担子菌的共同特征是有性生殖产生担孢子，其过程比较简单。除了锈菌外，一般无特殊分化的性器官，主要是由两个担孢子或两个初生菌丝细胞进行质配；有的是通过孢子与菌丝或受精丝结合进行质配。质配后形成双核的次生菌丝体，一直到形成担子和担孢子时才进行核配和减数分裂，所以有较长的双核期。担孢子着生在担子（basidium）上，每个担子上一般形成 4 个担孢子。高等担子菌的担子着生在高度组织化的结构上，称作担子果（basidiocarp）。担子果的形状、颜色、质地各异。

许多担子菌可产生大型子实体，如常见的蘑菇、马勃、层孔菌，这些真菌称为大型担子菌。多数担子菌是腐生的，生活在含腐殖质的土壤中，分解枯枝落叶，如灰包、鸟巢菌等。有的担子菌生活在树木或木材上，引起木材腐朽，少数引起植物根腐病。担子菌中的黑粉菌和锈菌不产生担子果，是两类非常普遍、非常有破坏性的植物病原菌，分别引起植物的黑粉病和锈病。

担子菌中目或科以上的高级分类单元一直在不断地变化之中。分子生物学手段有助于澄清各类群之间的亲缘关系，但只有相对较少的类群有分子生物学的数据，缺乏足够的分类依据。《菌物辞典》第 10 版将担子菌门划分为 3 个亚门 16 纲 52 个目 177 个科 1 589 个属 31 515 个种。3 个亚门分别为伞菌亚门（Agaricomycotina）、柄锈菌亚门（Pucciniomycotina）和黑粉菌亚门（Ustilaginomycotina）。但这些新系统难以掌握，而且某些分类等级下没有列出全部的次级分类单元，无法在一个条目内查阅下级单元。以下仅对一些重要代表性属进行介绍。

2. 担子菌门代表属及其所致植物病害

柄锈菌属（*Puccinia*）　冬孢子双细胞，有柄，深褐色（图 2-34），萌发形成有隔担子，上面着生担孢子。单主寄生或转主寄生。寄主植物包括菊科、莎草科、禾本科、百合科及其他维管束植物。性孢子器球形,埋生在寄主的上表皮下。锈孢子器杯状或筒状,生在寄主的下表皮下。锈孢子单细胞,球形或椭圆形,常相互挤压呈多角形,壁淡色有疣。夏孢子黄褐色,单细胞,近球形,壁上有小刺,单生,有柄。禾柄锈菌(*P. graminis*)的夏孢子和冬孢子阶段在小麦、其他一些禾本科作物和牧草上,引起秆锈病。性孢子和锈孢子阶段在小檗上。隐匿柄锈菌(*P. recondita*)的夏孢子和冬孢子阶段寄生于禾本科植物,引起小麦叶锈病。性孢子和锈孢子阶段寄生于唐松草和小乌头等。条形柄锈菌(*P. striiformis*)引起小麦、大麦、黑麦等的条锈病,我国有 18 种小檗可以作为条形柄锈菌的转主寄主。向日葵柄锈菌(*P. helianthi*)为单主寄生的锈菌,为害向日葵叶片、叶柄和茎秆,引起向日葵锈病。

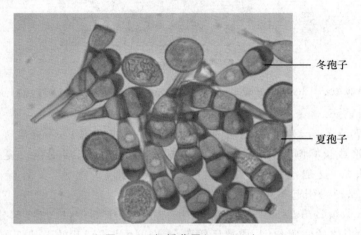

图 2-34　柄锈菌属(*Puccinia*)

单胞锈菌属(*Uromyces*)　冬孢子单胞,有柄,黄褐色至深褐色,顶壁较厚。锈孢子器杯形,锈孢子圆形至椭圆形,浅色,串生。夏孢子单胞,近圆形或椭圆形,黄褐色,表面有刺或疣。单主寄生或转主寄生。豇豆单胞锈菌(*U. vignae*)引起豇豆、小豆的锈病,甜菜生单胞锈菌(*Uromyces beticola*)(异名:甜菜单胞锈菌(*U. betae*))引起甜菜锈病,粟单胞锈菌(*Uromyces setariae-italicae*)引起谷子锈病。

胶锈菌属(*Gymnosporangium*)　冬孢子堆生在寄主表皮下,后外露呈舌状、角状或鸡冠状,称为冬孢子角,冬孢子角黄色至深褐色,遇水胶化膨大。冬孢子多为双细胞,椭圆形,浅黄色,表面光滑,有长柄,无色,遇水胶化。冬孢子萌发产生 4 个细胞的担子,每个细胞有 1 小梗,上面着生担孢子,担孢子单细胞,肾形或卵圆形(图 2-35)。性子器球形至扁球形,生于寄主叶片上表皮内。锈孢子器长管状,锈孢子串生,近球形,黄褐色,表面有细疣。多为转主寄生,多数种缺少夏孢子阶段。冬孢子阶段在刺柏科圆柏属植物上,性孢子和锈孢子阶段在蔷薇科植物上。亚洲胶锈菌(*G. asiaticum*)[异名:梨胶锈菌(*G. haraeanum*)]引起梨、山楂、木瓜等植物的锈病,山田胶锈菌(*G. yamadae*)引起苹果、沙果、海棠、山定子等植物的锈病,两种锈菌的转主寄主为桧柏、圆柏、龙柏等桧柏类树木。

栅锈菌属(*Melampsora*)　冬孢子棱柱形或椭圆形,单胞,无柄,排列成整齐的一层,萌发时外生 4 个担孢子。夏孢子堆橙黄色,粉末状,有头状侧丝混生。夏孢子单生,有柄,球形至椭圆形,壁表面有刺或疣。性子器圆锥形或半球形,生于寄主表皮细胞下。锈孢子球形或多角形,表面有细刺,串生,有间细胞。该属大多为转主寄生,也有少数是单主寄生。如亚麻栅锈菌

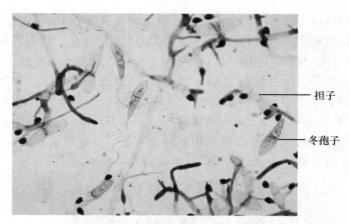

担子

冬孢子

图 2-35　胶锈菌属（*Gymnosporangium*）

（*M. lini*）寄生于亚麻，引起亚麻锈病。杨栅锈菌（*M. populnea*）（异名：*M. rostrupii*）危害白杨叶片，引起杨树锈病。

层锈菌属（*Phakopsora*）　冬孢子堆生于寄主叶片表皮细胞下，不突破表皮，扁球形，黑褐色。冬孢子椭圆形或长椭圆形，单胞，紧密排列成数层，壁光滑，淡褐色。夏孢子堆周围有侧丝，侧丝棍棒或头状，夏孢子单生于柄上，椭圆形或卵形，黄褐色，表面有小刺。枣层锈菌（*P. ziziphi-vulgaris*）引起枣树锈病。

轴黑粉菌属（*Sphacelotheca*）　冬孢子堆生于寄主各个部位，以花器部分为多，团粒状或粉状，初期有菌丝形成的假膜包围，成熟后假膜分离成团状或链状的不孕细胞。中轴主要由真菌不育细胞构成。冬孢子自孢子堆基部的菌丝发育，初期成串，后期单个，两端有孢间连体。如荞麦轴黑粉菌（*S. fagopyri*）寄生荞麦属植物，蓼轴黑粉菌（*S. hydropiperis*）寄生于蓼属植物。

在过去一段时期，轴黑粉菌属包括了寄生在蓼科和禾本科植物上的许多种。Langdon 和Fullerton（1978）根据寄生于禾本科的轴黑粉菌孢子堆的中轴由寄主组织构成，孢子间无孢间连体，而寄生于蓼科的轴黑粉菌的孢子堆中轴主要由真菌细胞构成，孢子间有孢间连体，提出将寄生于禾本科的轴黑粉菌属的种放在孢堆黑粉菌属中。

孢堆黑粉菌属（*Sporisorium*）　又称鞭黑粉菌属。冬孢子堆生于寄主小花或花序中，外有包被包围。中轴有寄主组织。冬孢子初期或多或少黏结，可形成孢子球。成熟后也可单个，无孢间连体。不育细胞单个，成组或成链。丝孢堆黑粉菌（*Sporisorium reilianum*）［异名：丝轴黑粉菌（*Sphacelotheca reiliana*）］为害高粱和玉米穗部，引起丝黑穗病。高粱孢堆黑粉菌（*Sporisorium sorghi*）引起高粱坚黑穗病。

黑粉菌属（*Ustilago*）　冬孢子堆生于寄主各个部位，常生在花器，成熟时呈粉状，多数黑褐色至黑色，孢子堆外面无膜包围，冬孢子散生，圆形，单细胞，表面光滑或有纹饰，萌发时产生有横隔的担子，侧生或顶生担孢子（图 2-36），有的不产生担孢子，仅产生侵入丝。玉蜀黍黑粉菌（*U. maydis*）为害玉米，引起玉米瘤黑粉病。

条黑粉菌属（*Urocystis*）　冬孢子堆生于寄主叶、叶鞘和茎秆的表皮下，形成条纹，成熟后常破裂，露出黑色粉状物，为冬孢子。1～3 个冬孢子结合成孢子球，外有无色至浅褐色的不孕细胞包围，冬孢子圆形至卵圆形，表面光滑，褐色。小麦条黑粉菌（*U. tritici*）为害小麦和冰草，引起秆黑粉病。

腥黑粉菌属（*Tilletia*）　冬孢子堆大都生于寄主植物的子房内，成熟后为粉状或带有胶性，淡褐色至深褐色，常有腥味。冬孢子单生，外围有无色或淡色的胶质鞘，表面有网状或疣、刺状等饰纹，少数种光滑。冬孢子萌发产生无隔的先菌丝，顶生担孢子，担孢子常成对结合，产生次生小孢子（图 2-37）。网腥黑粉菌（*T. caries*）为害小麦，引起小麦网腥黑穗病。光腥黑粉菌（*T. foetida*）引起小麦光腥黑穗病。矮腥黑穗病菌（*T. controversa*）寄生小麦、大麦、黑麦等禾本科 60 余种植物，主要引起小麦矮腥黑穗病，是我国的植物检疫性真菌。

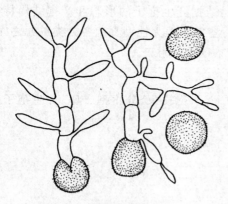

图 2-36　黑粉菌属（*Ustilago*）

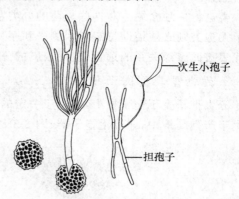

次生小孢子

担孢子

图 2-37　腥黑粉菌属（*Tilletia*）

2.8.6　无性型真菌（anamorphic fungi）

1. 无性型真菌的概念及分类

无性型真菌是指通过有丝分裂繁殖孢子的真菌，过去称为半知菌（deuteromycetes）或不完全真菌（imperfect fungi）。很多子囊菌或一些担子菌在生活史中多以无性型存在，到生长后期才产生有性型。有的子囊菌甚至只有无性型，自然界中尚未发现其有性型。从 1995 年出版的《菌物辞典》第 8 版开始，半知菌不再作为正式的分类单元出现，将已知有性型为子囊菌和担子菌的真菌归入相应的类群，尚未知有性时期的真菌单独归为一类，称为有丝分裂孢子真菌或丝分孢子真菌（mitosporic fungi）。这类真菌的特点是，缺少或当前未发现产生子囊孢子和担孢子，缺少或目前未发现减数分裂或有丝分裂繁殖结构（指无孢类），具备借助有丝分裂产生分生孢子的形式。按照无性型的产孢结构（载孢体）类型、Saccardo 孢子类群和产孢方式，可以将无性型真菌划分为以下 3 个形态学类群，并非系统发育类群。

丝孢类（Hyphomycetes）：分生孢子产生在单独的分生孢子梗上或产生于具有特殊结构的产孢结构上，如孢梗束。

腔孢类（Coelomycetes）：分生孢子产生在分生孢子器、分生孢子盘上。

无孢类（Agonomycetes）：菌丝不育，不产生分生孢子，但能产生厚垣孢子、菌核或相应的营养结构。

菌物的传统分类以有性孢子及其产孢结构的特征为重要依据，在现代分类系统中，更重要的是依据分子系统发育分析方面的证据。按照《藻类、菌物和植物国际命名法规》规定"一个菌物一个名称"之后，半知菌一词不再有分类学含义。通过菌物基因组 DNA 的序列分析，可以建立无性型与有性型之间的联系,分析无性型真菌在真菌界的分类地位。在 Index Fungorum 和 Mycobank 网站中,将无性型真菌全部归入相应的子囊菌或担子菌中。但在自然界中,相当一部分子囊菌及部分担子菌多以无性型存在或更为常见,在植物病理学中作为重要的病原菌,或在生物防治以及食品等领域具有重要价值。无性型的形态特征对于识别和鉴定这些无性型真菌具有较重要的作用,在实际工作中对无性型真菌的分类和鉴定还是很有必要的,并具有实用价值。从实用性考虑,本节对一些虽然已知其有性型,或已经划分在子囊菌或担子菌中,但在自然界多以无性型存在或更常见的重要植物病原真菌的代表属仍保留下来,作为无性型真菌一类进行单独介绍。对这些真菌的分类鉴定主要是依据分生孢子的形态和产孢结构特征,对于无孢类则必须借助特定基因测序和序列分析进行鉴定。但无性型真菌各分类单元之间并不代表彼此亲缘关系的远近,各代表属的分类地位见本章后的附表。

2. 无性型真菌的产孢结构

分生孢子生于孢子梗上,或生于一定的产孢结构上,如孢梗束、分生孢子座、分生孢子盘,或生于产孢结构中,如分生孢子器(图 2-38)。

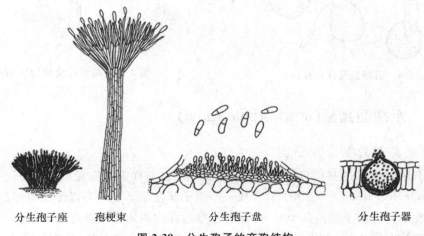

分生孢子座　　孢梗束　　　　　分生孢子盘　　　　　分生孢子器

图 2-38　分生孢子的产孢结构

孢梗束(synnema):分生孢子梗常在基部并在一起成束状,顶端分开或分枝,分生孢子着生其上。

分生孢子座(sporodochium):分生孢子梗聚生在呈垫状的菌丝结构上,在孢子梗的顶端产生孢子。

分生孢子器(pycnidium):是由拟薄壁组织形成的球形或瓶状的产孢结构,其内排列着分生孢子梗并产生分生孢子。分生孢子器一般生于基质表面或埋生于基质或子座内,顶端无或有乳状突起,或有长喙。

分生孢子盘(acervulus):典型的分生孢子盘扁平或浅盘状,其基部成排着生短的分生孢子梗,分生孢子梗从子座状的菌丝垫上生出。在自然界中,分生孢子盘产生于植物表皮或角质层下的组织,最终突破植物表皮而外露。有些属的真菌除了在分生孢子盘内有分生孢子梗外,在盘的周围或中间还有黑色、坚硬的刚毛,如炭疽菌(*Colletotrichum*)。

3. 无性型真菌代表属及其所致植物病害

青霉属（*Penicillium*） 分生孢子梗由菌丝垂直生出，一般无足细胞，有时聚结为孢梗束，无色，具分隔，顶端形成1次至多次帚状分枝。分枝顶端产生多数瓶状小梗，上面着生成串的分生孢子（图2-39）。分生孢子单胞，球形或卵圆形，表面光滑或粗糙，无色，有时单个或成团时显绿色或者其他颜色。有些种产生菌核。该属种类多，大多为腐生，少数侵染果实。扩展青霉（*P. expansum*）为害苹果等多汁果实，引起果实青霉病。意大利青霉（*P. italicum*）为害柑橘类果实，引起柑橘青霉病。有的种产生抗生素，是工业和医药的重要真菌，如产黄青霉（*P. chrysogenum*）是青霉素的生产菌。

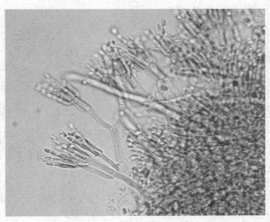
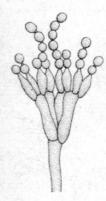

图 2-39 青霉属（*Penicillium*）

曲霉属（*Aspergillus*） 菌丝无色或淡色，分隔，有时表面凝集有色物质。分生孢子梗从菌丝上的厚壁足细胞生出，直立，多数无隔膜，粗大，顶端膨大成圆形或椭圆形，上面着生1~2层放射状分布的瓶状小梗，产生串珠状的分生孢子链，聚集在分生孢子梗顶端，呈头状（图2-40）。分生孢子单胞，球形、卵圆形或椭圆形，无色或有色，表面光滑或有饰纹。大多腐生。有些种是人和动物的致病菌，有的产生毒素或致癌，如黄曲霉（*A. flavus*）产生的黄曲霉毒素可致肝癌。有些种可用于发酵，是重要的工业微生物。少数为害植物果实、鳞茎等，引起腐烂。黑曲霉（*A. niger*）为害棉花花瓣或棉铃，引起落花或者烂铃，也为害多汁的果实、鳞茎等植物器官，引起腐烂。赭曲霉（*A. ochraceu*）为害苹果、梨等果实，引起腐烂病，或生于谷粒上，引起变质。杂色曲霉（*A. versicolor*）引起桃果腐烂病。烟曲霉（*A. fumigatus*）引起棉铃和苹果等腐烂病。

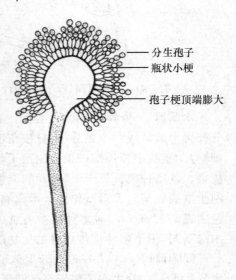

分生孢子
瓶状小梗
孢子梗顶端膨大

图 2-40 曲霉属（*Aspergillus*）

轮枝菌属（*Verticillium*） 又称轮枝孢属。分生孢子梗直立，无色，具隔膜，常分枝。在主轴上有多层轮生、对生或互生的分枝。分枝末端及主枝顶端有瓶状小梗，下部膨大，上部渐细，较长。分生孢子单细胞,卵形至椭圆形,无色或淡色,常聚集成球(图2-41)。生于木材、落叶上,或存活于土壤中,侵染多种植物根部引起黄萎病。黑白轮枝菌(*V. albo-atrum*)引起苜蓿黄萎病。大丽菊轮枝菌(*V. dahliae*)为害大丽菊、棉花、茄子、向日葵、马铃薯等多种植物,引起黄萎病。

葡萄孢属(*Botrytis*)　分生孢子梗比较粗壮,褐色,顶端分枝,分枝末端膨大,有许多小的突起,其上着生分生孢子,聚集成葡萄穗状。分生孢子椭圆形、球形、卵形,单胞,无色或浅色(图2-42)。常产生黑色菌核。灰葡萄孢(*B. cinerea*)可侵染千余种植物,为害葡萄、番茄、草莓、黄瓜、菜豆、辣椒、茄子等,引起灰霉病。造成植物幼苗的猝倒、落叶、花腐、果实及贮藏器官腐烂等。

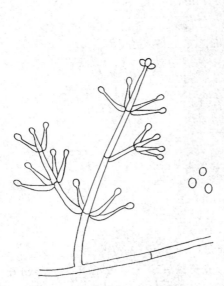

图 2-41　轮枝菌属(*Verticillium*)

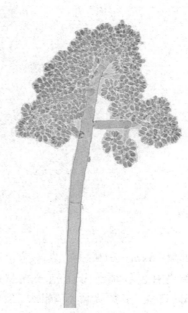

图 2-42　葡萄孢属(*Botrytis*)

木霉属(*Trichoderma*)　菌丝上侧生分生孢子梗,分生孢子梗上产生对生或互生的分枝,分枝再形成2级和3级分枝,分枝角度为锐角或近直角,分枝末端轮生或对生瓶状小梗(产孢细胞)。瓶状小梗顶端产生分生孢子,聚集为孢子球(图2-43)。分生孢子球形,单胞,光滑或具疣突。该属种类常见于土壤、动物粪便和腐烂分解中植物残体上。一些种类产生抗生素,对抑制土壤病原菌起着重要作用。木霉属真菌对食用菌生产危害很大,常造成培养料的污染。绿色木霉(*T. viride*)对多种植物病原真菌尤其是丝核菌有拮抗和寄生作用,国内外有商品化的木霉制剂,用于多种土传病害的生物防治。

梨孢属(*Pyricularia*)　分生孢子梗无色,细长,不分枝,有隔,单生或簇生,顶端屈膝状产生分生孢子。分生孢子梨形至椭圆形,2~3个细胞,无色(图2-44)。稻梨孢(*P. oryzae*)为害水稻等多种禾本科植物,引起水稻稻瘟病及其他植物的瘟病。灰梨孢(*P. grisea*)侵染马唐,引起马唐瘟病。

枝孢属(*Cladosporium*)　分生孢子梗黑褐色,顶端或中部形成分枝,产孢部分作合轴式延伸。分生孢子具0~3个隔膜,黑褐色,圆筒形、卵圆形、柠檬形或者不规则形,单生,常芽殖形成短串。瓜枝孢(*C. cucumerinum*)为害黄瓜、葫芦的叶、茎和果实,引起黑星病。

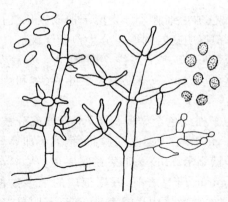

图 2-43 木霉属（*Trichoderma*）

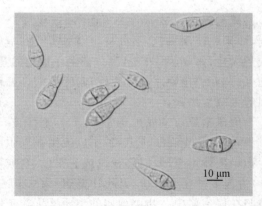

图 2-44 梨孢属（*Pyricularia*）

内脐蠕孢属（*Drechslera*） 又称凹脐蠕孢属、德氏霉属。分生孢子梗粗壮，有隔，顶部合轴式延伸。分生孢子圆筒状，多细胞，深褐色，脐点内陷于基细胞内。分生孢子萌发时每个细胞均可生出芽管。培养中常产生菌核。禾内脐蠕孢（*D. graminea*），现名为圆核腔菌（*Pyrenophora teres*），为害大麦、青稞等叶片、叶鞘及茎秆，引起网斑病。

平脐蠕孢属（*Bipolaris*） 又称离蠕孢属。分生孢子梗形态与产孢方式与内脐蠕孢属相似。分生孢子通常呈长梭形，直或弯曲，深褐色，脐点微突出，平截。分生孢子从两端细胞萌发生出芽管。玉蜀黍平脐蠕孢（*B. maydis*）主要为害玉米叶片，引起玉米小斑病。稻平脐蠕孢（*B. oryzae*）引起水稻胡麻叶斑病。

凸脐蠕孢属（*Exserohilum*） 又称突脐蠕孢属。分生孢子梗形态与产孢方式与内脐蠕孢属相似。分生孢子梭形至圆筒形或倒棍棒形，直或弯曲，深褐色，脐点强烈突出（图 2-45）。分生孢子萌发时两端细胞生出芽管。大斑凸脐蠕孢（*E. turcicum*）为害玉米叶片，引起玉米大斑病。

弯孢霉属（*Curvularia*） 又称弯孢属。分生孢子梗直或弯，顶部合轴式延伸，常呈屈膝状，褐色，表面光滑，产孢细胞多芽生。分生孢子单生，弯曲，近纺锤形，大多具 3 个隔膜，中间 1～2 个细胞特别膨大（图 2-46）。膝屈弯孢（*C. geniculata*）为害水稻，引起水稻颖壳及米粒变色。新月弯孢（*C. lunata*）为害水稻、高粱、番茄、辣椒等多种植物，引起谷粒变色、生霉、叶斑等。

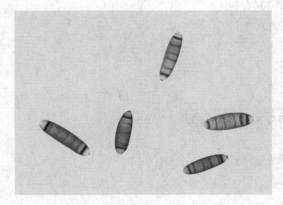

图 2-45 凸脐蠕孢属（*Exserohilum*）

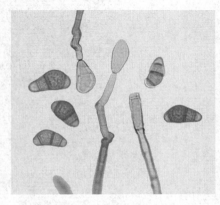

图 2-46 弯孢霉属（*Curvularia*）

　　尾孢属（*Cercospora*）　无子座或仅有少数几个褐色球形细胞。分生孢子梗成簇从气孔伸出，浅褐色至深褐色，不分枝，合轴式产孢，呈屈膝状，孢痕明显且加厚。分生孢子尾鞭形，淡色或近无色，多隔膜（图 2-47）。寄生在植物的茎、叶、花、种子等多个部位，引起病害。如芹菜尾孢（*C. apii*）侵染芹菜叶片，引起叶斑病。菊池尾孢（*C. kikuchii*）侵染大豆叶片、茎和豆荚，引起大豆紫斑病。

　　假尾孢属（*Pseudocercospora*）　有子座。分生孢子梗浅色至橄榄褐色，不分枝或分枝，短或长，多根簇生在子座上，顶生或侧生在表生菌丝上。合轴式产孢，呈屈膝状，孢痕不加厚。分生孢子倒棒形至圆柱形，浅色或深褐色，直或弯，多隔膜（图 2-48）。如菜豆假尾孢（*P. cruenta*）为害多种豆类植物，引起叶斑病。在 1976 年 Deighton 研究之前，假尾孢属的大多数种都被归在尾孢属中。与尾孢属的主要区别在于假尾孢属的菌丝体内生或表生，孢痕不明显，分生孢子通常倒棒形至圆柱形，有色。

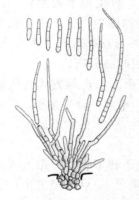

图 2-47　尾孢属（*Cercospora*）

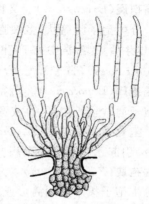

图 2-48　假尾孢属（*Pseudocercospora*）

　　链格孢属（*Alternaria*）　又称交链孢属。分生孢子梗暗色，短或长，以合轴式延伸。顶端产生倒棍棒形、椭圆形或卵圆形的分生孢子，褐色，具横、纵或斜隔膜，顶端无喙或有喙，单生或串生，有些种分生孢子个大，如茄链格孢（*A. solani*）、人参链格孢（*A. panax*）等，有的种分生孢子比较小，如链格孢（*A. alternata*）（图 2-49）。分生孢子顶端或喙部常孔生式产生新的分

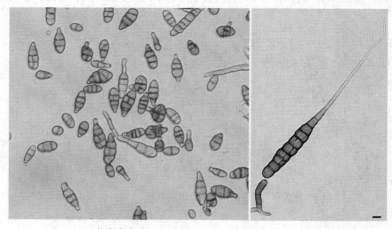

|小分生孢子|大分生孢子|

图 2-49　链格孢属（*Alternaria*）

生孢子,如此连续产生,形成不分枝或分枝的孢子链。该属种类多,引起多种植物叶斑病,通常称为黑斑病。茄链格孢引起番茄和马铃薯的早疫病。芸薹生链格孢(*A. brassicicola*)寄生于多种十字花科植物的叶片,引起黑斑病。人参链格孢引起人参、西洋参、三七等的黑斑病。

　　镰孢属(*Fusarium*)　又称镰刀菌属。自然条件下分生孢子梗无色,分隔或不分隔,常下端结合形成分生孢子座。在人工培养基条件下,分生孢子梗一般由菌丝直接分枝产生,极少形成分生孢子座。分生孢子梗不分枝至多次分枝,最上端为产孢细胞。一般产生两种类型的分生孢子:大型分生孢子多细胞,镰刀形,无色;小型分生孢子单胞或双胞,椭圆形至卵圆形,无色,单生或串生(图 2-50)。有的种类可在菌丝或大型分生孢子中形成厚垣孢子。该属中包含许多重要的经济植物病原菌,主要引起萎蔫、腐烂,刺激细胞分裂和增长、徒长等。尖

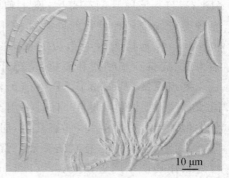

图 2-50　镰孢属(*Fusarium*)

孢镰孢(*F. oxysporum*)引起多种植物的枯萎病。禾谷镰孢(*F. graminearum*)引起多种禾本科作物的赤霉病。

　　炭疽菌属(*Colletotrichum*)　又称刺盘孢属。分生孢子盘一般生于寄主植物角质层下、表皮或表皮下,分散或合生,不规则形开裂。培养中有时产生菌核,菌核暗褐至黑色,常合生。菌核上和分生孢子盘中有时生有刚毛,褐色至暗褐色,具分隔,表面光滑,至顶端渐尖。分生孢子梗无色至褐色。分生孢子圆柱形、梭形或新月形,单胞,无色(图 2-51)。分生孢子聚在一起时常呈黏质状,橘红色或肉色。根据系统发育学的研究,该属中包括多个复合种,如胶孢复合种(*C. gloeosporioides* species complex)、尖孢复合种(*C. acutatum* species complex)等。炭疽菌属真菌寄主范围广,引起的植物病害称为炭疽病。胶孢炭疽菌(*C. gloeosporioides*)是最常见的种,寄主范围广,引起葡萄、草莓、苹果、梨、黄瓜、茄子等多种果树和蔬菜的炭疽病。

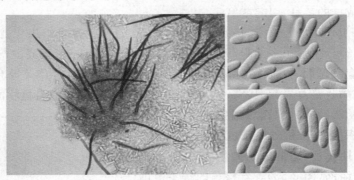

分生孢子盘及刚毛　　　　　　　分生孢子

图 2-51　炭疽菌属(*Colletotrichum*)

　　盘多毛孢属(*Pestalotia*)　分生孢子生于分生孢子盘上,有 6 个细胞,中间 4 个细胞颜色深,两端细胞无色,有附属丝 2 根或 2 根以上。随着该属成员的不断增加,包括了分生孢子为 4 细胞、5 细胞或 6 细胞,中间有色胞分别为 2 细胞、3 细胞或 4 细胞,顶端附属丝 1 至多根的类群。

　　拟盘多毛孢属(*Pestalotiopsis*)　将原广义的盘多毛孢属中分生孢子具 5 个细胞、中部

3个有色胞的类群建立了拟盘多毛孢属。基细胞和顶细胞无色或近无色，中部3个细胞褐色或黑褐色，顶细胞上有附属丝1至多根，基细胞有附属丝1根（图2-52）。该属真菌有寄生、腐生和内生的种类。寄生种类可侵染多种植物的叶片和枝干，引起叶斑病和枝枯病。棒孢拟盘多毛孢（*P. clavispora*）引起番石榴果腐、蓝莓顶梢枯死和溃疡、草莓叶斑病。

图2-52　拟盘多毛孢属（*Pestalotiopsis*）

茎点霉属（*Phoma*）　分生孢子器褐色，球形，分散或集生，埋生或半埋生，有时突出于基质外。每个分生孢子器有一个孔口，偶有几个，居中，无乳突。分生孢子梗极短，分生孢子单细胞，无色，壁薄，圆筒形至椭圆形，有时纺锤形。常具油滴。该属的植物病原菌主要为害植物叶片和茎秆，可导致作物产量严重损失。2009年de Gruyter等将茎点霉属纳入新建立的亚隔孢壳科（Didymellaceae）。大豆茎点霉（*P. glycines*）引起大豆茎枯病。芹菜生茎点霉（*P. apiicola*），2012年更名为芹菜次丰囊菌（*Subplenodomus apiicola*），侵染芹菜茎和叶柄，引起芹菜黑腐病。草茎点霉（*P. herbarum*）具有除草活性，对阔叶草具有良好的除草效果。

拟茎点霉属（*Phomopsis*）　分生孢子器内产生两种分生孢子：α型分生孢子，卵圆形至纺锤形，单细胞，能萌发；β型分生孢子，线形，一端弯曲呈钩状，不能萌发。褐纹拟茎点霉（*P. vexans*），现名为褐纹间座壳（*Diaporthe vexans*），侵染茄子的叶、茎和果实，引起茄褐纹病。暗拟茎点霉（*P. obscurans*）寄生于草莓属的多种植物，引起拟茎点霉叶枯病。

壳色单隔孢属（*Diplodia*）　又称单隔孢属、色二孢属。分生孢子器散生或聚生，球形，暗褐色至黑色。分生孢子梗无色，分枝，有分隔，光滑，圆柱形。分生孢子初时单细胞，无色，椭圆形或卵圆形，成熟后转变为双细胞，顶端钝圆，基部平截，深褐色。棉壳色单隔孢（*D. gossypina*），现名为可可毛色二孢（*Lasiodiplodia theobromae*），侵染棉花棉铃，引起棉铃黑果病，还可为害花生幼苗和成株的茎秆，引起茎腐病。

壳针孢属（*Septoria*）　分生孢子器球形或扁球形，着生在寄生组织中，或者成熟时外露，暗褐色，孔口圆形。分生孢子多细胞，无色，细长筒形、针形或线形，直或微弯。有性型属于子囊菌门座囊菌纲煤炱菌目。芹菜生壳针孢（*S. apiicola*）主要为害芹菜叶片，也为害叶柄和茎，引起芹菜斑枯病。菜豆壳针孢（*S. phaseoli*）引起豇豆、小豆等豆科植物的褐纹病。

丝核菌属（*Rhizoctonia*）　菌核褐色或黑色，形状不一，表面粗糙，菌核外表和内部颜色相似。菌丝分枝多呈"T"形，初期无色，老龄菌丝褐色，分枝处有横隔膜，近分枝处常缢缩（图2-53）。丝核菌的寄主范围广泛，能侵染200多种植物，引起根腐病、立枯病、纹枯病等。立枯丝核菌（*R. solani*）侵染多种植物幼苗引起立枯病，也可侵染水稻、小麦、玉米等作物的叶鞘，引起纹枯病。禾谷丝核菌（*R. cerealis*），现名为喙角担菌（*Ceratobasidium cornigerum*）引起小麦纹

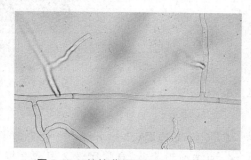

图2-53　丝核菌属（*Rhizoctonia*）

枯病。禾谷丝核菌的菌丝较细，双核，产生的菌核较小，而立枯丝核菌的菌丝较粗，为多核，是二者的主要区别之一。

2.9　藻物界代表属介绍

藻物界(Chromista)也称假菌界，营养体为单细胞或多细胞，丝状或集群状，主要为自养。细胞壁成分主要为纤维素，接近于植物。这类生物很像真菌，但与真菌有本质的区别，所以称为假菌或假真菌。《菌物辞典》第 8 版将藻物界划分为 3 个门，即丝壶菌门(Hyphochytriomycota)、网黏菌门(Labyrinthulomycota)和卵菌门(Oomycota)。藻物界中引起植物病害的病原菌主要是卵菌门的生物，本节重点介绍卵菌门的代表属。

2.9.1　卵菌门主要特征

卵菌门的生物统称为卵菌(oomycetes)。营养体是发达的无隔菌丝体，为二倍体，少数低等的是具有细胞壁的单细胞。细胞壁成分为纤维素和 β-葡聚糖。无性繁殖产生孢子囊，在孢子囊中产生多个具双鞭毛的游动孢子，较长的茸鞭朝前，较短的尾鞭朝后。有性生殖在藏卵器中形成一个或多个卵孢子。减数分裂发生在配子产生阶段。多数水生，少数陆生。

目前，多方面的证据显示，卵菌与真菌界的真菌有明显的区别，如卵菌的营养体为二倍体，真菌为单倍体或双核体；卵菌的细胞壁成分为纤维素，真菌为几丁质；卵菌游动孢子的鞭毛具有茸鞭，真菌如果有鞭毛也只有尾鞭；卵菌线粒体的嵴为管状，真菌为片层状；卵菌赖氨酸合成途径的中间产物为二氨基庚二酸，真菌为 α-氨基己二酸。1995 年出版的《菌物辞典》第 8 版的分类系统中，将卵菌从真菌界中划分出来，归属于藻物界，提升为卵菌门。卵菌门只有 1 个纲即卵菌纲(Oomycetes)。

2.9.2　卵菌门代表属及其所致植物病害

腐霉属(*Pythium*)　菌丝无隔，不规则分枝。孢囊梗无分化，与菌丝区别不明显。孢子囊形态多样，丝状、裂瓣状、球形或近球形等。孢子囊顶生、间生或侧生，有的具层出现象。孢子囊成熟后一般不脱落，萌发时形成泡囊，在泡囊内形成游动孢子，有的种类孢子囊直接萌发形成芽管。绝大多数种为同宗配合，极少数种为异宗配合。藏卵器球形或近球形，表面光滑或有刺或有突起。雄器侧生，有柄或无柄。每一藏卵器上有一个或数个侧生的雄器，一个藏卵器中一般只形成一个卵孢子。

腐霉以腐生的方式在土壤中长期存活。有些种类可以寄生于高等植物，引起植物苗期的猝倒、烂种、根腐和茎部坏死，蔬菜、果实及块茎的腐烂，草坪草的绵腐等。我国报道的腐霉近 40 种。瓜果腐霉(*P. aphanidermatum*)是常见的种，寄主范围很广，引起多种植物猝倒病和瓜果腐烂。

疫霉属(*Phytophthora*)　菌丝无隔，有的可形成菌丝膨大体。游动孢子囊呈卵形、梨形、近球形、椭圆形，一般单独顶生于孢囊梗上(图 2-54)。孢子囊顶部具乳突的种，孢子囊成熟后从孢囊梗上脱落；不具乳突的种，孢子囊成熟后不脱落。孢囊梗与菌丝有一定差异，不规则分

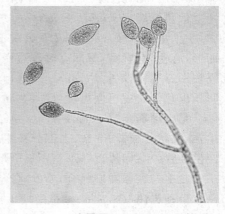

图 2-54　疫霉属(*Phytophthora*)

枝、合轴分枝。孢子囊萌发时从顶部释放出游动孢子,缺乏游离水时直接萌发产生芽管。多为异宗配合,部分种为同宗配合。游动孢子卵形或肾形,侧生双鞭毛。藏卵器球形或近球形,内有1个卵孢子,卵孢子球形,厚壁或薄壁,无色至浅色;雄器近球形至短圆筒形,围生(包裹在藏卵器的柄上)或侧生(生于藏卵器的侧面)。疫霉属与腐霉属最主要的区别是,前者的游动孢子在孢子囊中形成,而后者的游动孢子在泡囊中形成。

疫霉几乎都是植物病原菌,寄生性从较弱至接近专性寄生。疫霉可侵染植物的各个部位,引起根和茎的腐烂,新鲜果实和蔬菜的腐烂、溃疡和梢枯等。疫霉所致植物病害常具有流行性和毁灭性,故称为疫病。疫霉属有50余种。其中致病疫霉(*P. infestans*)为害马铃薯和番茄,引起晚疫病。恶疫霉(*P. cactorum*)可侵染苹果、三七、人参、西洋参、草莓、地黄等。大豆疫霉(*P. sojae*)引起大豆疫病。

霜霉属(*Peronospora*)　菌丝体分化出孢囊梗,单根或成丛自寄主植物的气孔伸出。孢囊梗主轴较粗壮,顶部有多次对称的二叉状锐角分枝,末端多尖细。孢子囊在末枝顶端同步形成,卵形或椭圆形,无色、淡黄色或淡紫色,无乳突,易脱落,萌发产生芽管。卵孢子球形,壁平滑或具纹饰。种的形态划分主要依据寄主、孢囊梗的形态特征和孢子囊萌发特性等。如辣椒霜霉(*P. capsici*)引起辣椒的霜霉病。

无色霜霉属(*Hyaloperonospora*)　又称透明霜霉属。2002年,Constantinescu和Fatehi基于rDNA ITS的序列分析,建立的新属。该属与霜霉属在形态上的区别是孢子囊均为无色,孢囊梗末端有向内弯曲的小分枝(图2-55),形成囊状或舌状的吸器,霜霉属形成指状、囊状或裂瓣状吸器。寄生无色霜霉(*H. parasitica*)[异名:寄生霜霉(*P. parasitica*)]主要为害十字花科作物,常侵染叶片、茎、花梗,引起霜霉病。

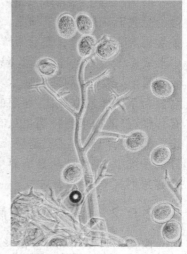

图2-55　无色霜霉属
(*Hyaloperonospora*)

单轴霉属(*Plasmopara*)　孢囊梗单生或丛生,单轴分枝。分枝与主轴呈直角或近直角,末枝比较刚直,顶端钝圆或平截。孢子囊球形或卵形,顶部有乳突,易脱落,萌发时释放游动孢子或长出芽管。卵孢子不常见,圆形,黄褐色,卵孢子壁与藏卵器不融合。葡萄生单轴霉(*P. viticola*)引起葡萄霜霉病。

假霜霉属(*Pseudoperonospora*)　孢囊梗单生或丛生,从寄主植物的气孔伸出,基部稍膨大,主干单轴分枝,然后作2至数次不完全对称的二叉状锐角分枝,末端尖细。孢子囊球形或卵形,有色,有乳突,基部有时有短柄,萌发时释放游动孢子。卵孢子球形,黄褐色。该属的孢囊梗形态与霜霉属(*Peronospora*)相似,但孢子囊萌发产生游动孢子,而霜霉属的孢子囊萌发时长出芽管。古巴假霜霉(*P. cubensis*)引起瓜类的霜霉病。

霜指梗霉属(*Peronosclerospora*)　又称尖指梗霉属。孢囊梗自气孔伸出,常2~4枝丛生,二叉状分枝2~5次,上部分枝粗短,小梗圆锥形。孢子囊椭圆形、卵圆形或圆柱形,萌发时产生芽管。藏卵器近球形至不规则形。雄器侧生。卵孢子球形至近球形,黄色或黄褐色,卵孢子壁几乎与藏卵器壁融合,萌发时产生芽管。玉蜀黍霜指梗霉(*P. maydis*)引起玉米霜霉病。

盘梗霉属(*Bremia*)　孢囊梗单根或成丛自气孔伸出,二叉状锐角分枝,末枝顶端膨大呈盘状,边缘生2~8个小梗,每个小梗上产生1个孢子囊。孢子囊近球形或卵形,具乳突或不明显,易脱落,通常直接萌发生芽管,但在黑暗、低温、水分充足的条件下还能形成游动孢子。卵孢子不常见。莴苣盘梗霉(*B. lactucae*)引起莴苣和菊科植物的霜霉病。

　　指梗霉属(*Sclerospora*)　菌丝体寄主细胞间生,产生球形吸器伸入细胞内。孢囊梗单根或 2～3 根从气孔伸出,主轴粗壮,顶端不规则二叉状分枝,分枝粗短紧密。孢子囊椭圆形、倒卵形,有乳突,萌发时释放游动孢子。卵孢子球形,黄色,卵孢子壁大部与藏卵器壁融合。禾生指梗霉(*S. graminicola*)为害谷子引起白发病。

　　白锈菌属(*Albugo*)　白锈菌是高等植物上的活体寄生菌,产生白色疱状或粉状孢子堆,很像锈菌的孢子堆,故名白锈菌,引起的病害称为白锈病。孢囊梗粗短,棍棒形,不分枝,成排生于寄主表皮下。孢子囊在孢囊梗顶端串生,圆形或椭圆形,最老的在链的顶端,最幼的在基部(图 2-56)。孢子囊萌发时产生游动孢子或芽管。在寄主体内形成藏卵器,球形,内含 1 个卵孢子。雄器棒状,侧生。卵孢子表面有网状、疣状或脊状突起等纹饰。白锈菌(*A. candida*)引起油菜、白菜、萝卜等十字花科植物的白锈病。

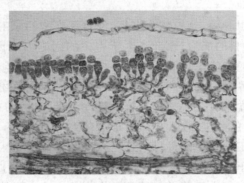

图 2-56　白锈菌属(*Albugo*)

2.10　原生动物界代表属介绍

　　原生动物界(Protozoa)的生物为单细胞、原生质团或非常简单的多细胞,营养方式为吞食。《菌物辞典》第 8 版将原生动物界划分为 4 个门:集胞菌门(Acrasiomycota)、网柄菌门(Dicteosteliomycota)、黏菌门(Myxomycota)和根肿菌门(Plasmodiophoromycota)。最新的菌物分类系统划分为 13 个门。引起植物病害的病原菌主要是黏菌门和根肿菌门。

2.10.1　黏菌门(Myxomycota)

　　黏菌门的生物一般称作黏菌(slime mold)或真黏菌,黏菌门只有 1 个纲即黏菌纲。黏菌纲分为 6 个目。

　　1. 黏菌门的主要特征

　　黏菌的营养体为多核无壁的原生质团(plasmodium)或类似原质团,可运动。营养体生长到一定阶段,形成一定结构的有柄或无柄的子实体(孢子囊),其中的孢子有细胞壁。孢子萌发时释放出变形体或双鞭毛的游动细胞。黏菌的营养方式主要是吞食其他微生物和有机质。少数黏菌引起草坪草、草莓、蔬菜和食用菌病害。如半圆双皮菌(*Dierma hemisphaerieum*)引起草莓黏菌病,黏菌在草莓植株上一直黏附到生长结束,严重的植株枯死,果实腐烂,造成大幅度减产。

2.黏菌门代表属及其所致植物病害

绒泡菌属(*Physarum*)　孢囊型至联囊体型子实体,很少近于复囊体型。囊被单层或双层,钙质。有柄时一般为透明管状或内含石灰质或暗色不定形颗粒,有时仅表面有石灰质。孢丝为透明细线,连有钙质的结,孢丝形成网体。所有石灰质颗粒均不定形。孢子暗色。绒泡菌属是黏菌中最大的一个属,有 130 多种。其中的多头绒泡菌(*P. polycephalum*)被广泛用于遗传学、生理学和生物化学等方面的研究,是极好的生物学实验材料。有些绒泡菌引起植物病害,如灰绒泡菌(*P. cinereum*)可为害草坪草和西瓜等。

2.10.2　根肿菌门(Plasmodiophoromycota)

1.根肿菌门主要特征

根肿菌门的成员称为根肿菌,营养体为多核、没有细胞壁的原生质团。但与黏菌不同的是它们不能活动,缺乏吞噬食料的能力,全部寄生于寄主的细胞内或菌丝中。在一些种中,靠原生质团的原生质膜与寄主的细胞质分开。而在一些种中,寄主细胞与原生质团之间紧贴的原生质膜形成了彼此之间的界面。整体产果式。无性繁殖时原生质团产生一个或多个游动孢子囊,具薄膜,游动孢子在一端生有 2 根长短不等的鞭毛,运动时短的在前,长的在后。有性生殖产生合子,合子萌发成无壁的原生质团,成熟时形成休眠孢子。

根肿菌门仅含 1 个纲 1 个目 1 个科,即根肿菌纲、根肿菌目、根肿菌科。在根肿菌中只有为数不多的几个种具有真正的经济意义。通常寄生于高等植物的根或茎部细胞内,有时也称为内寄生黏菌。有的根肿菌寄生于藻类和其他水生真菌。寄生高等植物的根肿菌往往引起寄主细胞的过度增大和过度分裂,导致受害部位膨大成肿瘤,故称为根肿病。有些根肿菌还是多种植物病毒的传毒介体。

2.根肿菌门代表属及其所致植物病害

引起植物病害的根肿菌主要有以下 3 个属。

根肿菌属(*Plasmodiophora*)　营养体是原生质团。原生质团产生游动孢子或休眠孢子。休眠孢子游离分散在寄主细胞内,不联合形成休眠孢子堆,萌发产生游动孢子。如芸薹根肿菌(*P. brassicae*)是甘蓝及十字花科植物根肿病的广布性病原菌。

多黏菌属(*Polymyxa*)　休眠孢子堆不规则形,产生在草本植物根表皮细胞内。寄生植物,但不引起寄主组织肿大。禾谷多黏菌(*P. graminis*)寄生小麦和其他禾本科植物根部,不引起明显症状。游动孢子是小麦土传花叶病毒(WSBMV)和小麦梭条花叶病毒(WSSMV)等麦类病毒的传播介体,引起禾谷类作物严重病害,并导致严重减产。甜菜多黏菌(*P. betae*)传播甜菜坏死黄脉病毒(BNYVV)等。

粉痂菌属(*Spongospora*)　休眠孢子堆聚集成多孔的海绵状圆球。休眠孢子球形、椭圆形或多角形,黄色至黄绿色,壁平滑,萌发形成一个游动孢子。游动孢子前生不等长鞭毛,发展为原生质团或游动孢子囊。原生质团大型,充满寄主细胞,不规则形,多核,形成一个或多个休眠孢子囊堆。游动孢子囊单生或群生,亦产生游动孢子。寄生植物引起疮痂症状。如马铃薯粉痂菌(*S. subterranea*)为害马铃薯块茎的皮层,形成疮痂小瘤,引起马铃薯粉痂病。马铃薯粉痂菌还是马铃薯帚顶病毒（PMTV）等的传播介体。

2.11　有益菌物的利用

　　菌物与人类有着密切的关系。有害菌物能够引起许多重要经济作物的病害，寄生于人、动物、有益昆虫等引起病害，引起农产品、食品等霉变等。自然界也有很多菌物对人类是有益的。人们对菌物有益的一面加以利用，使之造福人类。菌物的利用可体现在以下多个方面。

2.11.1　食用真菌及药用真菌

　　很多高等真菌可供人们食用，是美味的食用菌，如常见的金针菇、香菇、双孢菇、杏鲍菇、白灵菇、草菇、口蘑、松茸、羊肚菌、牛肝菌等；有些真菌还具有药用价值，如灵芝、银耳、木耳、猪苓、茯苓、虫草等。

2.11.2　菌物在农业上的利用

　　1. 利用菌物的寄生性和拮抗作用防治植物病害

　　木霉属（*Trichoderma*）真菌是可寄生于多种植物的病原真菌，如丝核菌、核盘菌、多孔菌等，粘帚霉属（*Gliocladium*）真菌是可寄生于葡萄孢属等植物的病原真菌。国外已有多种商品化的真菌制剂应用于植物病害的防治，如美国 ThermoTrilogy 公司用绿粘帚霉（*G. virens*），现名为绿木霉（*Trichoderma virens*），生产的 SoilGard 用于防治猝倒病和根腐病；比利时用哈茨木霉（*T. harzianum*）生产的 Trichodex 用于防治灰霉病等真菌病害。用酵母和绿色木霉处理柑橘果实，能显著减轻青霉病的发生；草莓花期和幼果期多次喷施木霉的孢子悬浮液，可以防治草莓产前和采后的灰霉病。近年来，在国内推广使用的"多利维生·寡雄腐霉"，是一种广谱性的生物杀菌剂，广泛应用于大田、果树、蔬菜、园林花卉、高尔夫球场等，具有寄生、抑制、产生系统抗性、促进作物生长的功能。

　　2. 利用弱毒菌株或非致病性菌株诱导植物的抗性

　　在植株的苗期接种瓜炭疽菌（*Colletotrichum lagenarium*）的非致病菌株，可使植物获得对同种病原菌引起的炭疽病的抗性。

　　3. 利用高等真菌中的抑菌活性物质开发化学杀菌剂的先导化合物

　　1977 年德国科学家 Anke 从一种担子菌嗜球果伞（*Strobilurus tenacellus*）培养的菌丝体中首次发现了嗜球果伞素 A（Strobilurin A）。20 世纪 80 年代，先正达和巴斯夫公司以嗜球果伞素 A 为先导化合物，分别开发出了对光稳定的新型杀菌剂嘧菌酯和苯氧菌酯。有些真菌蛋白具有抗植物病毒和杀线虫的活性，这些真菌蛋白也在研发中。

　　4. 利用真菌对线虫的捕食和寄生作用防治植物线虫病

　　节丛孢属（*Arthrobotrys*）真菌已投入商品化生产，用于防治蘑菇的食菌线虫和番茄根结线虫。蜡蚧轮枝菌（*Verticillium lecanii*），现名为蜡蚧刺束梗孢（*Akanthomyces lecanii*），可寄生于孢囊线虫的孢囊。淡紫拟青霉（*Paecilomyces lilacinus*），现名为淡紫紫孢霉（*Purpureocillium lilacinum*）、厚垣轮枝菌（*Verticillium chlamydosporium*）ZK7，现名为厚垣后虫草菌（*Metacordyceps chlamydosporia*），在我国已获农药登记用于防治根结线虫病。

5.利用真菌的寄生性防治害虫

有的真菌能够寄生于害虫,是害虫的病原菌,利用这些真菌可以防治害虫。成功的例子如苏联、法国、南非等用蝗虫霉(*Entomophthora grylli*)来防治蝗虫,我国用白僵菌(*Beauveria bassiana*)防治松毛虫,巴西用绿僵菌(*Metarhizium anisopliae*)防治甘蔗沫蝉,美国用大链壶菌(*Lagenidium giganteum*)防治稻田的环带库蚊等。

6.利用真菌除草

很多真菌具有除草活性,如炭疽菌属(*Colletotrichum*)、疫霉属(*Phytophthora*)、镰孢属(*Fusarium*)、链格孢属(*Alternaria*)、凸脐蠕孢属(*Exserohilum*)、弯孢霉属(*Curvularia*)的一些真菌的活体(孢子和菌丝体)、毒素或其他代谢产物可防除田间杂草。

7.利用真菌的代谢产物制作杀菌剂、杀虫剂、杀线虫剂、植物生长调节剂等

真菌产生的某些代谢产物对植物病原菌、病原线虫、害虫具有生理活性,可开发为杀菌剂、杀线剂或杀虫剂。有的真菌的代谢产物具有植物激素的活性,可用于生产植物生长调节剂。赤霉素具有促进植物茎的伸长、诱导长日照植物在短日照条件下抽薹开花、打破休眠等作用。赤霉素就是从引起水稻恶苗病的一种病原菌藤仓镰孢(*Fusarium fujikuroi*)的培养滤液中分离和鉴定出来的。

8.菌根真菌的利用

菌根真菌是一类能够与高等植物的根共生并形成菌根的真菌,可增强林木对养分的吸收和水分运输,提高植物的抗逆、抗病性等,用于植树造林。

2.11.3 菌物在食品、医药等领域的利用

有些真菌可用于酒、醋、饮料、奶酪、面包、豆豉等的加工。有些真菌可生产多种酶类,如黑曲霉和米曲霉可产生蛋白酶、淀粉酶、果胶酶等,在我国的酒曲和酱油曲中被广泛利用。青霉可产生葡萄糖氧化酶,木霉产生纤维素酶,根霉产生 α-淀粉酶等。有些植物寄生菌物诱导植物产生肥大的菌瘿,幼嫩时可食用,如蔬菜茭白就是由于感染黑粉菌后,茎部不断膨大形成的食用部分。

有些真菌可生产医用抗生素,如青霉素的发现和大量生产,曾拯救了千百万肺炎、脑膜炎、脓肿、败血症患者的生命,第二次世界大战时挽救了众多伤病员。青霉素的发现与研究成功,成为医学史上的一项奇迹。有些菌物可合成皮质激素类、麻黄素、麦角碱等代谢产物,在合成生物学领域有广泛应用。

2.11.4 菌物在生态环境中的利用

菌物具有降解有机物的作用,在自然界的碳素循环和氮素循环中起主要作用。菌物参与淀粉、纤维素、木质素等有机含碳化合物的分解,生成 CO_2,为植物提供碳源。如许多担子菌能够利用纤维素和木质素作为生长的碳源和氮源,因此可以分解木材、纸张、棉布和自然界中其他含碳的复杂有机物。菌物对蛋白质及其他含氮化合物的分解所释放的 NH_3,一部分可供植物和微生物吸收同化,一部分可转化为硝酸盐,成为氮素循环中不可替代的一步。

有的菌物还能够降解农药及有毒物质。如曲霉可降解乐果、灭幼脲、甲胺磷,青霉、木霉、芽枝霉可降解灭幼脲,某些镰孢菌可降解毒死蜱等。

2.11.5　菌物是重要的生物实验材料

菌物一般易于培养，生活周期短，基因组相对较小，是进行生物学、遗传学等实验和研究的良好材料。如酵母是生物科学研究中的重要实验材料，粗糙脉孢霉（*Neurospora crassa*）是进行基因分离和连锁交换遗传分析的好材料。1999 年，粗糙脉孢霉的全基因组测序完成，是进行全基因组测序的第一个丝状真菌。稻瘟病菌被作为研究病原真菌与寄主植物互作的模式真菌，受到国内外学者的广泛关注，在病原菌的生物学、致病机制等方面取得了众多研究成果。

思考题

1.什么叫菌物？菌物涉及哪几个界的生物？

2.菌物营养体在形态上可发生哪些变化？各有什么作用？

3.菌物的菌丝体组织有哪些类型？各有什么作用？

4.菌物产生的无性孢子和有性孢子有哪几种？其产孢结构分别是什么？

5.真菌与卵菌的主要区别有哪些？

6.何为同宗配合和异宗配合？

7.准性生殖与有性生殖的主要区别是什么？

8.植物病原菌物的种下可分为哪些单元？如何表示？

9.菌物鉴定的主要依据有哪些？

10.植物病原菌物的侵染器官是什么？通过哪些途径侵入植物？

11.简述植物病原卵菌代表属的基本特征、引致病害的特点。

12.简述接合菌主要代表性植物病原属的基本特征、引致病害的特点。

13.简述植物病原子囊菌代表属的基本特征、引致病害的特点。

14.简述植物病原担子菌主要代表属的基本特征、引致病害的特点。

15.简述无性型真菌主要代表属的基本特征、引致病害的特点。

16.有益菌物在农业上有哪些利用？

附表

菌物代表属的最新分类地位（根据 Index Fungorum 和 MycoBank 两个网站的信息整理）

界	门	纲	目	科	属
真菌界 Fungi	壶菌门 Chytridiomycota	壶菌纲 Chytridiomycetes	壶菌目 Chytridiales	集壶菌科 Synchytriaceae	集壶菌属 Synchytrium
			油壶菌目 Olpidiales	油壶菌科 Olpidiaceae	油壶菌属 Olpidium
	芽枝霉门 Blastocladiomycota	芽枝霉纲 Physodermataceae	节壶菌目 Physodermatales	节壶菌科 Physodermataceae	节壶菌属 Physoderma
	毛霉门 Mucoromycota	毛霉纲 Mucoromycetes	毛霉目 Mucorales	毛霉科 Mucoraceae	根霉属 Rhizopus [1] 毛霉属 Mucor
				小克银汉霉科 Cunninghamellaceae	梨头霉属 Absidia
	子囊菌门 Ascomycota	外囊菌纲 Taphrinomycetes	外囊菌目 Taphrinales	外囊菌科 Taphrinaceae	外囊菌属 Taphrina
		锤舌菌纲 Leotiomycetes	白粉菌目 Erysiphales	白粉菌科 Erysiphaceae	白粉菌属 Erysiphe 布氏白粉菌属 Blumeria 球针壳属 Phyllactinia 叉丝单囊壳属 Podosphaera
			柔膜菌目 Helotiales	核盘菌科 Sclerotiniaceae	核盘菌属 Sclerotinia 葡萄孢属 (Botrytis) 链核盘菌属 Monilinia
		座囊菌纲 Dothideomycetes	格孢腔菌目 Pleosporales	格孢腔菌科 Pleosporaceae	旋孢腔菌属 Cochliobolus 内脐蠕孢属 Drechslera 平脐蠕孢属 Bipolaris 凸脐蠕孢属 Exserohilum 弯孢霉属 Curvularia 链格孢属 Alternaria
				亚隔孢壳科 Didymellaceae	茎点霉属 Phoma [2]
			间座壳目 Diaporthales	间座壳科 Diaporthaceae	拟茎点霉属 Phomopsis
				黑腐皮壳科 Valsaceae	黑腐皮壳属 Valsa

续表

界	门	纲	目	科	属
			球腔菌目 Mycosphaerellales	球腔菌科 Mycosphaerellaceae	壳针孢属 *Septoria* 尾孢属 *Cercospora* 假尾孢属 *Pseudocercospora*[3]
			枝孢目 Cladosporiales	枝孢科 Cladosporiaceae	枝孢属 *Cladosporium*
			黑星菌目 Venturiales	黑星菌科 Venturiaceae	黑星菌属 *Venturia*
			葡萄座腔菌目 Botryosphaeriales	葡萄座腔菌科 Botryosphaeriaceae	葡萄座腔菌属 *Botryosphaeria* 壳色单隔孢属 *Diplodia*
		粪壳菌纲 Sordariomycetes	肉座菌目 Hypocreales	肉座菌科 Hypocrezaceae	木霉属 *Trichoderma*
				丛赤壳科 Nectriaceae,	赤霉属 *Gibberella* 镰孢属 *Fusarium*
				麦角菌科 Clavicipitaceae	麦角菌属 *Claviceps*
			小丛壳目 Glomerellales	不整小球囊菌科 Plectosphaerellaceae	轮枝孢属 *Verticillium*
				小丛壳科 Glomerellaceae	炭疽菌属 *Colletotrichum*
			巨座壳目 Magnaporthales,	巨座壳科 Magnaporthaceae	顶囊壳属 *Gaeumannomyces*
				梨孢科 Pyriculariaceae	梨孢属 *Pyricularia*
			微囊菌目 Microascales	长喙壳科 Ceratocystidaceae	长喙壳属 *Ceratocystis*
			圆孔壳目 Amphisphaeriales	圆孔壳科 Amphisphaeriaceae	盘多毛孢属 *Pestalotia*
			Amphisphaeriales	拟盘多毛孢科 Pestalotiopsidaceae,	拟盘多毛孢属 *Pestalotiopsis*
		散囊菌纲 Eurotiomycetes	散囊菌目 Eurotiales	曲霉科 Aspergillaceae	青霉属 *Penicillium* 曲霉属 *Aspergillus*
	担子菌门	柄锈菌纲 Pucciniomycetes	柄锈菌目 Pucciniales	柄锈菌科 Pucciniaceae,	柄锈菌属 *Puccinia* 单胞锈菌属 *Uromyces*
				胶锈菌科 Gymnosporangiaceae	胶锈菌属 *Gymnosporangium*
				栅锈菌科 Melampsoraceae	栅锈菌属 *Melampsora*
				层锈菌科 Phakopsoraceae	层锈菌属 *Phakopsora*
		小葡菌纲 Microbotryomycetes	小葡菌目 Microbotryales	小葡菌科 Microbotryaceae	轴黑粉菌属 *Sphacelotheca*

续表

界	门	纲	目	科	属
		黑粉菌纲 Ustilaginomycetes	黑粉菌目 Ustilaginales	黑粉菌科 Ustilaginaceae	孢堆黑粉菌属 Sporisorium 黑粉菌属 Ustilago
			条黑粉菌目 Urocystidales	条黑粉菌科 Urocystidaceae	条黑粉菌属 Urocystis
		外担菌纲 Exobasidiomycetes	腥黑粉菌目 Tilletiales	腥黑粉菌科 Tilletiaceae	腥黑粉菌属 Tilletia
		伞菌纲 Agaricomycetes	鸡油菌目 Cantharellales	角担菌科 Ceratobasidiaceae	丝核菌属 Rhizoctonia
藻物界 Chromista	卵菌门 Oomycota	卵菌纲 Oomycetes	腐霉目 Pythiales	腐霉科 Pythiaceae	腐霉属 Pythium [4] 疫霉属 Phytophthora
			霜霉目 Peronosporales	霜霉科 Peronosporaceae	霜霉属 Peronospora 无色霜霉属 Hyaloperonospora 单轴霉属 Plasmopara 假霜霉属 Pseudoperonospora 霜指梗霉属 Peronosclerospora 盘梗霉属 Bremia 指梗霉属 Sclerospora [5]
		霜霉纲 Peronosporomycetes	白锈菌目 Albuginales	白锈科 Albuginaceae	白锈菌属 Albugo
原生动物界 Protozoa	黏菌门 Myxomycota		绒泡菌目 Physarales	绒泡菌科 Physaraceae	绒泡菌属 Physarum [6]
	根肿菌门 Plasmodiophoromycota	根肿菌纲 Plasmodiophoromycetes	根肿菌目 Plasmodiophorales	根肿菌科 Plasmodiophoraceae	根肿菌属 Plasmodiophora 多黏菌属 Polymyxa 粉痂菌属 Spongospora

注：两个网站显示分类地位不一致的属：
[1] Index Fungorum 网站将根霉属（Rhizopus）划分在根霉科（Rhizopodaceae）。
[2] Mycobank 网站将茎点霉属（Phoma）直接划分在格孢腔菌目下，没有划分科。
[3] Index Fungorum 网站将枝孢属（Cladosporium）划分在煤炱目（Capnodiales）枝孢科（Cladosporiaceae）。
[4] Index Fungorum 网站将腐霉属（Pythium）划分在霜霉目（Peronosporales）。
[5] Mycobank 网站将指梗霉属（Sclerospora）指梗霉目（Sclerosporales）指梗霉科（Sclerosporaceae）。
[6] Index Fungorum 网站将绒泡菌属（Physarum）划分在黏菌纲 Myxogastrea，Columellinia，绒泡菌目（Physarida）绒泡菌科（Physaridae）。

第3章　植物病原原核微生物

原核微生物(prokaryotic microorganism)是指一大类细胞微小、核区无核膜包裹的原始单细胞微生物。原核生物的存在可追溯到生命的起源,距今已有 35 亿年。相对于真核微生物(eukaryotic microorganism)而言,原核生物有 3 个主要特点:一是基因组由无核膜包被的双链环状 DNA 组成;二是缺乏由单位膜分隔的细胞器;三是核糖体为 70S 型,而不是真核生物的80S 型。原核微生物分为 2 个域(domain):细菌域(Bacteria)和古生菌域(Archaea)。其中的细菌域种类多,包括细菌、放线菌、蓝细菌、支原体等。20 世纪 70 年代以后,发现了一类生活在极端环境下的古老的原核生物,它们的细胞既不完全与细菌相同,也不同于真核生物,结构上与细菌更相似,亲缘关系与真核生物更近,这类原核生物称为古生菌(archaea)或古细菌(ar-chaebacteria)。因此,原核微生物应包括细菌和古生菌两大类群。由于细菌细胞的结构在原核微生物中颇具代表性,并且对其研究也较深入,目前已知的植物病原原核生物都属于细菌域成员,所以本章主要以细菌为代表介绍原核微生物细胞的结构和功能。

细菌(bacteria)是微生物中一大重要类群,绝大多数是单细胞生物,少数能形成多细胞结构(如链霉菌等);主要以二分裂方式繁殖;细胞核没有核膜包裹,不含组蛋白;细胞质中缺乏由单位膜包裹的细胞器。细菌是目前已知的结构最简单并能独立生活的一类细胞生物。"细菌"一词长期以来用作所有原核生物的统称(包括古生菌),但在系统发育学中"细菌"一词则特指与古生菌不同的原核微生物。

3.1　常见细菌的形态与结构

3.1.1　细菌细胞的形态

1. 细菌的大小

细菌细胞很小,常用微米(μm)作为度量单位($1\ \mu m = 10^{-3}\ mm = 10^{-6}\ m$)。不同细菌的大小相差很大,其中大肠杆菌(*Escherichia coli*)可作为典型的细菌细胞大小的代表,其平均长度约 $2\ \mu m$,宽约 $0.5\ \mu m$。人的肉眼分辨率大约是 0.2 mm,因此,在不借助显微镜的条件下,肉眼一般不能看到细菌。自列文虎克(Antony van Leeuwenhoek,1632—1723)发明了光学显微镜,人们才真正观察到细菌个体。其后,染色技术帮助我们看清楚了细菌的形态。目前电子显微镜的分辨率可达到 0.2 nm,能观察到细菌的亚细胞结构。迄今所知最大的细菌是纳米比亚硫珍珠菌(*Thiomargarita namibiensis*),直径一般在 $0.1\sim0.3\ mm$,有的可达到 0.75 mm 左右,肉眼可见;而最小的纳米细菌(nanobacteria),细胞直径只有 50 nm 左右,甚至比最大的病毒还要小。

2. 细胞的形态

常见的细菌有 3 种形状,分别为杆状、球状和螺旋状,其中以杆状最为常见,球状次之,螺旋状较为少见（图 3-1）。

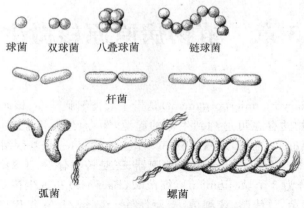

球菌　双球菌　八叠球菌　　　链球菌

杆菌

弧菌　　　　　　　螺菌

图 3-1　细菌细胞的形态

（1）杆菌（bacillus，复数 bacilli）　杆状的细菌称为杆菌，其长度与直径的比值差异较大。大多数细菌是杆状的，绝大多数的植物病原细菌是杆菌。杆菌形态多样，有短杆或球杆状，如甲烷杆菌属（*Methanobacterium*）；有长杆或棒杆状，如丁香假单胞菌（*Pseudomonas syrinage*）；有的两端平截，如炭疽芽胞杆菌（*Bacillus anthracis*）；有的钝圆，如蜡样芽胞杆菌（*Bacillus cereus*）；有的在细胞一端分枝，呈丫状或叉状，如双歧杆菌属（*Bifidobacterium*）。由于杆菌只有一个与长轴垂直的分裂面，所以只有单生和链状两种排列方式。

（2）球菌（coccus，复数 cocci）　球状细菌的总称，直径约 1 μm。根据细胞的分裂面数目和子细胞是否分离，有不同的排列方式，如单球菌（cocci）、双球菌（diplococci）、链球菌（streptococci）、四联球菌（tetrads）、八叠球菌（sarcinae）和葡萄球菌（staphylococci）等。球菌在植物病原细菌中较少见。

（3）螺菌（spirillum）或弧菌（vibrio）　为螺旋状的细菌。菌体只有一个弯曲的称为弧菌，呈弧形或逗号状，如霍乱弧菌（*Vibrio cholerae*）。螺旋 1 周或多周，外形坚挺的称螺菌。植物病原菌中螺原体属（*Spiroplasma*）的个体即呈螺旋状。

除了上述 3 种基本的形态外，细菌还有其他的一些特殊形态，如放线菌能形成分枝菌丝和分生孢子，有的细菌还呈梨状、叶球状、盘碟状、方形、星形及三角形等。

3.1.2　细菌细胞的结构

细菌细胞结构的模式构造可分为一般结构和特殊结构（图 3-2）。其中细胞壁、细胞质膜、细胞质以及核区是一般细菌细胞共有的结构，称为一般结构；部分种类才有的或一般在特定环境下才形成的结构，称作特殊结构，如鞭毛、糖被、芽胞等。

3.1.2.1　细胞壁

绝大多数细菌都有细胞壁。细胞壁是细菌细胞最外一层坚韧并富有弹性的外被，厚 10～80 nm，占细胞干重的 10%～25%。主要成分为肽聚糖，它赋予细菌细胞以强度和形状。细胞壁的主要功能有：①固定细胞外形和提高机械强度，保护细菌免受机械损伤或渗透压的破坏。正常情况下，起着保护细胞与维持细胞形状的作用。细菌细胞内的溶质浓度要比外界环境中

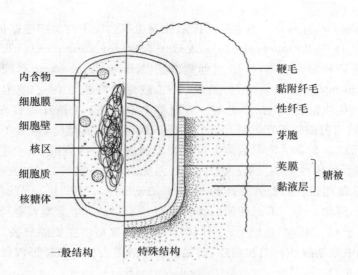

内含物
细胞膜
细胞壁
核区
细胞质
核糖体

鞭毛
黏附纤毛
性纤毛
芽胞
荚膜
黏液层 } 糖被

一般结构　　特殊结构

图 3-2　细菌细胞的结构

的高很多(如大肠杆菌的膨胀压可达 2.03×10^5 Pa,相当于汽车内胎的压力),正是细胞壁保护了细胞,使细胞不会因吸水过度而胀破。②屏障保护功能。有些具有多层结构细胞壁的细菌,其细胞壁可阻挡溶菌酶、消化酶等酶蛋白及某些抗生素(如青霉素)和染料等大分子进入细胞,从而更好地保护细胞免受这些物质的伤害。③为细菌的生长、分裂和鞭毛的着生、运动等所必需,失去了细胞壁的原生质体,也就丧失了这些重要功能。④决定细菌的特定抗原性、致病性和对抗生素及噬菌体的敏感性。

细菌的革兰氏染色:由于细菌形体太小,菌体细胞大多较为透明,给研究带来很大困难。1884 年丹麦医生 Hans Christian Gram 创建了一种极为方便的细菌染色方法,可把几乎所有的细菌分成两大类。染色主要过程为:草酸铵结晶紫初染,碘液媒染,95％乙醇脱色,再以番红等红色染料复染。被染成蓝紫色的细菌称革兰氏阳性菌(G^+),被染成浅红色的称革兰氏阴性菌(G^-)。此法称为革兰氏染色法。现在知道细菌革兰氏染色的阳性或阴性结果主要与细菌细胞壁的组成结构有关。

1. 革兰氏阳性细菌的细胞壁

革兰氏阳性细菌的细胞壁较厚(20～80 nm),但化学组分比较单一,一般只含有 90％肽聚糖和 10％磷壁酸。这与层次多、厚度低、成分复杂的革兰氏阴性细菌的细胞壁有明显的差别(图 3-3)。

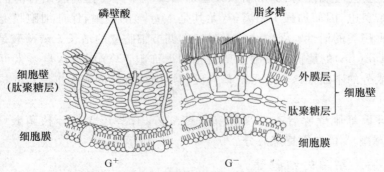

磷壁酸
细胞壁
(肽聚糖层)
细胞膜
G^+

脂多糖
外膜层 } 细胞壁
肽聚糖层
细胞膜
G^-

图 3-3　革兰氏阳性(G^+)细菌和阴性(G^-)细菌的细胞壁结构

(1)肽聚糖(peptidoglycan)　组成革兰氏阳性菌与革兰氏阴性菌细胞壁的主要化学成分，也称胞壁质(murein)、粘肽(mucopeptide)或粘肽复合物(mucocomplex)。肽聚糖由 3 部分组成：①双糖单位，由两种糖衍生物，N-乙酰葡萄糖胺(N-acetylglucosamine，简称 G)和 N-乙酰胞壁酸(N-acetylmuramic acid，简称 M)组成，N-乙酰葡萄糖胺与 N-乙酰胞壁酸通过 β-1,4-糖苷键重复交替连接成聚糖(glycan)骨架。双糖单位中的 β-1,4-糖苷键容易被溶菌酶(lysozyme)所水解，导致细菌因细胞壁散架而死亡。②四肽尾或四肽侧链，是由 4 个氨基酸分子连接而成的短肽所组成。在革兰氏阳性菌金黄葡萄球菌中为 L-丙氨酸、D-谷氨酸、L-赖氨酸和 D-丙氨酸；而在革兰氏阴性菌如大肠杆菌中为 L-丙氨酸、D-谷氨酸、m-二氨基庚二酸和 D-丙氨酸。短肽借其肽键连接在聚糖骨架链的 N-乙酰胞壁酸的乳酰基上。③肽桥，相邻肽尾互相交联形成高强度的网状结构。不同细菌的肽桥类型是不同的。肽聚糖既是 G^+ 细菌细胞壁的主要成分，也存在于 G^- 细菌细胞壁中。不同类群细菌肽聚糖的主要差异表现在：双糖单位主链的长短、四肽尾中氨基酸的种类和顺序、肽尾各氨基酸是否参与肽桥形成以及交联度和网状结构的层次等(图 3-4)。

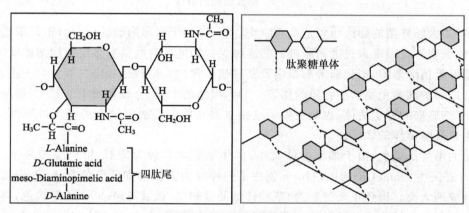

图 3-4　肽聚糖单体(左)和多聚体(右)的结构

(2)磷壁酸(teichoic acid)　又称垣酸，为大多数革兰氏阳性菌所特有。它是结合在细胞壁上的一种酸性多糖，由多个(8～50 个)核糖醇或甘油以磷酸二酯键连接而成的。核糖醇或甘油上通常还含有 D-丙氨酸和其他的糖(如葡萄糖、半乳糖和鼠李糖等)。根据结合部位不同，分为壁磷壁酸和膜磷壁酸(也称脂磷壁酸)两种类型。

磷壁酸的主要生理功能有：①协助肽聚糖加固细胞壁。②提高膜结合酶的活力。上述功能均因磷壁酸带负电，因而加强了阳离子(尤其是 Mg^{2+})的吸附，保证细胞膜上需要金属离子作为辅酶的各种酶类的活性。③贮藏磷元素。④调节细胞壁的增长。磷壁酸是通过调节一种称为自溶素(autolysin)的酶而调节细胞壁增长的。细胞正常分裂时，自溶素可使旧壁适度水解并促使新壁成分的不断插入。⑤形成革兰氏阳性细菌特异的表面抗原。⑥构成噬菌体吸附的受体位点。

革兰氏阳性菌细胞壁除含有肽聚糖和磷壁酸外，有些还含有分枝菌酸(mycolic acid)、M 蛋白和葡萄球菌 A 蛋白等特殊成分。

2.革兰氏阴性细菌的细胞壁

与革兰氏阳性细菌相比，阴性细菌的细胞壁较薄(10～15 nm)，但结构和成分复杂得多。

在结构上,G⁻细菌的细胞壁有外膜和内壁层两层(图 3-3)。

(1)内壁层　是由一层至几层肽聚糖组成,紧贴细胞质膜,厚度为 1～3 nm,占细胞壁干重的 5%～10%,对外界机械破坏的抵抗力较 G⁺细菌弱。肽聚糖结构单体与 G⁺细菌基本相同,差别仅在于四肽尾的第 3 个氨基酸不是 L-赖氨酸,而是二氨基庚二酸(DAP),肽桥是由 DAP 与另一个四肽尾的 D-丙氨酸连接。因而 G⁻细菌形成的肽聚糖层交联度低,机械强度差。

(2)外膜(outer membrane)　呈波形覆盖在内壁层外侧,亦称外壁层,厚度 8～10 nm,在结构和化学组成上与细胞质膜相似,在磷脂双分子层中镶嵌有脂多糖、脂蛋白和蛋白质。因含脂多糖,故外膜也称为脂多糖层。外膜层是革兰氏阴性细菌的一层保护性屏障,可阻止或减缓胆汁酸、抗体及其他有害成分的进入,也可防止周质酶和细胞成分的外流。

(3)脂多糖(lipopolysaccharide,LPS)　是 G⁻细菌细胞外膜中特有的一种化学成分。脂多糖结构复杂,相对分子质量很大(常在 10 000 以上),化学组成因菌种而异。鼠伤寒沙门氏菌(*Salmonella typhimurium*)的脂多糖由脂质 A(或称类脂 A)、核心多糖和 O-特异侧链 3 个部分组成。脂质 A 为一种糖磷脂,由 N-乙酰葡糖胺双糖、磷酸与多种长链(C_{12}、C_{14}、C_{16})脂肪酸组成,它是细菌内毒素(endotoxin)的主要成分。各种革兰氏阴性菌脂质 A 的结构与成分极为相似,无种属特异性。核心多糖由 2-酮-3-脱氧辛糖酸(KDO)、一种 7 碳糖(L-甘油-D-甘露庚糖)、半乳糖及葡糖胺组成。核心多糖一边通过 KDO 残基连接在脂质 A 上,另一边通过葡萄糖残基与 O-特异侧链相连。同一属细菌的核心多糖相同,故有属特异性。O-特异性侧链位于 LPS 层的最外面,露在表面之外,由重复的寡糖单位(如甘露糖-鼠李糖-半乳糖)及阿比可糖(3,6-二脱氧-D-半乳糖)或其他糖组成。糖的种类、顺序和空间构型具有菌株特异性,这就形成了 O-抗原特异性的结构基础。在沙门氏菌中,LPS 中的 O-特异侧链种类极多,因其抗原性的差异,可用灵敏的血清学方法鉴定,这在传染病的诊断中有重要意义,如对传染病的传染源进行地理定位等。

LPS 层的主要功能为:①构成革兰氏阴性细菌致病物质——内毒素的物质基础;②具有控制某些物质出入细胞的选择性屏障功能,它可以阻止溶菌酶、抗生素和染料等侵入菌体,也可以阻止周质空间中的酶外漏;③具有较强的负电荷,与磷壁酸相似,可吸附 Mg^{2+}、Ca^{2+} 等离子而提高细胞壁的稳定性;④作为重要的抗原因子决定了革兰氏阴性细菌表面抗原决定簇的多样性;⑤是许多噬菌体吸附的受体。

3.古生菌细胞壁

古生菌除了热原体属(*Thermoplasma*)没有细胞壁外,其余都具有与(真)细菌类似功能的细胞壁。研究证明古细菌的细胞壁中没有真正的肽聚糖,而是由拟胞壁质(pseudomurein)、糖蛋白或蛋白质构成的,其细胞壁的结构与化学成分极为多样。形态上至少有 4 种类型。

类型 1:最普遍,见于大多数革兰氏阳性古生菌中。这种类型的细胞壁是质膜外有厚 10～20 nm 的均一电子致密层,主要成分是拟胞壁质或杂多糖。

类型 2:只存在于革兰氏阳性的炽热甲烷嗜热菌(*Methanothermus fervidus*)中,在坚硬的拟胞壁质层外还有蛋白质亚基排列而成的表层。

类型 3:是典型革兰氏阴性古生菌的细胞壁,见于所有嗜热嗜酸菌、多数嗜盐古生菌与甲烷细菌中。与革兰氏阴性(真)细菌不同,此类古生菌既无坚硬的胞壁层,又无膜样外壁层,细胞膜外只有一个由蛋白质或糖蛋白亚基组成的表层,但对热稳定,十分坚固。

类型 4:最复杂,除了在单个细胞外包有电子致密的弹性层外,还有蛋白原纤维鞘将若干细胞连在一起。这类结构见于甲烷螺菌属（*Methanospirillum*）和甲烷线菌属（*Methanothrix*）中。

拟胞壁质的聚糖链由 N-乙酰葡糖胺和 N-乙酰氨基塔罗糖醛酸以 β-1,3-糖苷键交替连接构成。含拟胞壁质的革兰氏阳性古生菌不含磷壁酸或磷壁醛酸。

4. 无壁细菌

虽然细胞壁是原核生物最基本的结构之一，但在自然界长期进化过程中会产生缺失细胞壁的种类。此外，实验室中还可以用人为方法抑制有壁细菌新生细胞壁的合成或对已有细胞壁进行酶解而获得缺壁细菌，如原生质体、球状体及 L 型细菌等。

（1）支原体（*Mycoplasma*）　亦称菌原体，是一类在长期进化过程中形成的、适应自然生活环境的无细胞壁、细胞个体很小的一群原核生物。支原体的形态多种多样，从杆状或梨形（0.3～0.8 μm）到分枝或螺旋状长丝。分类学上根据支原体无细胞壁的特点将其归入柔膜菌纲（*Mollicutes*）。由于支原体的细胞无壁而表现出许多独特的性状，革兰氏染色呈阴性，对渗透压和去污剂高度敏感，但抗青霉素，在培养基上形成特殊的"煎蛋状"菌落。迄今为止，能够培养和已经鉴定的支原体都是人、动物、节肢动物和植物的寄生菌。如肺炎支原体（*Mycoplasma pneumoniaes*）是引起人类主要非典型性肺炎的病原。植原体属（*Candidatus* Phytoplasma）和螺原体属（*Spiroplasma*）中有多个种可侵染植物的韧皮部，造成病害。植原体尚不能人工培养。

（2）L 型细菌（L-form of bacteria）　1935 年，英国李斯特预防医学研究所发现，念珠状链杆菌（*Streptobacillus moniliformis*）是自发突变而形成的细胞壁缺损细菌，其细胞膨大，对渗透压敏感，在固体培养基上形成"煎蛋状"小菌落。由于李斯特（Lister）研究所首字母为"L"，故将此类细菌称为 L 型细菌。后来发现许多细菌在实验室或寄主中可形成 L 型。严格来说，L 型细菌应专指那些实验室或寄主体内通过自发突变而形成的遗传性稳定的细胞壁缺陷菌株。除去诱导因子后，L 型细菌在一定条件下（恢复等渗，琼脂含量由 0.8% 增到 2%～3%，培养基中不加血清或血浆）可恢复产生细胞壁，称为 L 型的回复。不易回复的称作稳定 L 型，易回复的叫不稳定 L 型。

L 型细菌对青霉素等作用于细胞壁的抗生素有抗性，而对四环素等干扰核酸或蛋白质合成的抗生素更加敏感，这是因为 L 型的细胞壁缺损导致通透性增加，使这些抗生素易于进入细胞的缘故。细菌 L 型在遗传学、临床医学和流行病学等研究上都有着重要的意义。

（3）原生质体（protoplast）　是指在人为条件下，用溶菌酶消解等渗溶液中细菌原有的细胞壁或用青霉素抑制新细胞壁合成后，所得到的仅有一层细胞膜包裹着的球状渗透敏感细胞。原生质体一般由革兰氏阳性细菌形成。

（4）球状体（spheroplast）　又称原生质球，是指用溶菌酶处理革兰氏阴性菌，得到的部分除去细胞壁的球形体。

原生质体和球状体的共同特点是：无完整的细胞壁，细胞呈球状，对渗透压极为敏感，革兰氏染色呈阴性，即使有鞭毛也不能运动，细胞不能分裂等。二者尚有完整的细胞膜和原生质结构，所以依然有生物活性，能够完成代谢，而且还能在适宜条件下再生形成有壁细胞。原生质体或球状体比正常的有壁细菌更易导入外源遗传物质，所以是研究遗传规律和微生物育种的重要材料。

5.细菌的革兰氏染色机制

长期的微生物研究实践表明,细菌对革兰氏染色的反应主要与其细胞壁的通透性有关(图 3-3)。革兰氏阳性菌肽聚糖的含量与交联程度均较高,层次也多,形成的细胞壁较厚,壁上间隙较小,媒染后形成的结晶紫-碘复合物不易脱出细胞壁,加上它基本不含脂类,经乙醇洗脱后,细胞壁非但没有出现缝隙,反而肽聚糖层的网孔脱水而变得通透性更小,结果蓝紫色的结晶紫-碘复合物就留在细胞壁内而呈蓝紫色。而革兰氏阴性菌的细胞壁较薄,肽聚糖含量和交联度较低,层次也少(大多数仅一层),壁上孔隙较大,再加上细胞壁的脂类含量高,遇到脱色剂后,以类脂为主的外膜迅速溶解,松散的肽聚糖网不能阻挡结晶紫-碘复合物的溶出。因此,通过乙醇脱色后细胞褪成无色,再经红色染料复染,就使革兰氏阴性细菌呈现红色。

3.1.2.2 细胞质膜(cytoplasmic membrane)

细菌细胞质膜,也称质膜或原生质膜,是紧贴在细胞壁内侧,包围着细胞质的一层柔软而具有弹性的半透膜。细胞质膜是单位膜,由双层磷脂和镶嵌于其中的蛋白组成。电镜下呈 3 层,两层暗的电子致密层中间夹着一层较亮的电子透明层,厚 7~8 nm。细胞质膜的主要成分为脂质和蛋白质(两者比例因菌种而不同),还有少量糖类。脂类主要是磷脂,是由脂肪酸和甘油磷酸组成的甘油磷脂,为两性化合物。磷脂在水溶液中很容易形成高度定向的双分子层,极性端向外非极性端向内平行排列,形成单位膜的基本结构。膜中的蛋白质按其存在位置可分为内在和外在蛋白两大类,外在蛋白分布于膜的内外表面,系水溶性蛋白;内在蛋白又称为固有蛋白或结构蛋白,镶嵌于磷脂双分子层中,多为非水溶性蛋白。细菌的膜蛋白已不单纯起结构作用,很多膜蛋白在物质转运、代谢和信号传递中起重要作用,如转运蛋白、电子传递蛋白以及 ATP 合成酶等,还有合成膜脂和细胞壁各种组分以及合成糖被的酶。膜中的糖类以糖蛋白和糖脂为主。糖类对膜蛋白和膜的理化性质有较大的影响,并与细胞的抗原特性、细胞免疫及识别等有密切关系。

古生菌与细菌的磷脂有明显差异。细菌中为磷酸甘油酯,古生菌中则为分支的类异戊二烯甘油醚。即使在细菌中磷脂种类也因菌种和培养条件而有很大差异。有些革兰氏阳性细菌中还含脂氨基酸类(磷脂酰甘油与碱性氨基酸,如赖氨酸、精氨酸组成的酯)。细菌细胞质膜中饱和与不饱和脂肪酸的比例随生长温度而异,于较低温度生长时,不饱和脂肪酸比例增加;于较高温度生长时,不饱和脂肪酸比例降低。

原核微生物的细胞质膜上一般不含有胆固醇等甾醇,这与真核生物明显不同。但无壁原核生物——支原体则属例外。支原体细胞膜上因含有甾醇而增强了韧性,部分弥补了因缺壁而带来的不足。制霉菌素等多烯类抗生素可破坏含甾醇的细胞质膜,所以可抑制真核生物和支原体,但对其他原核微生物无抑制作用。

细胞质膜的生理功能:①选择性控制胞内、胞外的营养物质和代谢产物的运输;②是维持细胞内正常渗透压的屏障;③是合成细胞壁和糖被各组分(肽聚糖、磷壁酸、LPS、荚膜多糖等)的重要场所;④是原核细胞产生能量的主要场所,膜上含有氧化磷酸化或光合磷酸化等能量代谢的酶系统;⑤是鞭毛基体的着生部位;⑥传递信息,膜上的某些特殊蛋白感应外界环境信号的刺激,通过磷酸化等形式将信号传递到胞内,引发相应的生化变化。

3.1.2.3　内膜系统

与真核细胞相比,细菌不含线粒体、叶绿体等单位膜包裹的细胞器。但许多革兰氏阳性细菌、光合细菌、硝化细菌、甲烷氧化细菌以及固氮菌等的细胞膜内凹延伸或折叠成为形式多样的内膜系统,如间体、载色体和羧酶体等,以提供某些功能所需要的更大的表面积。

1. 间体(mesosome)

许多细菌的细胞膜内延折叠形成一个或几个片层状、管状或囊状的间体。在一些革兰氏阳性细菌中尤为明显。位于细胞中央的间体可能与 DNA 复制或横隔壁形成有关,位于细胞周围的间体可能是分泌胞外酶的位点。也有学者提出不同看法,认为"间体"仅是电镜制片时因脱水操作而引起的一种假象。

2. 载色体(chromatophore)

在紫色光合细菌中,细胞膜内陷延伸或折叠形成发达的片层状、管状或囊状的载色体。在绿色光合细菌中,细胞膜下有许多不与细胞膜相连的膜囊。它们的膜上有光合色素和电子传递组分,是进行光合作用的场所,这类内膜系统也常称为类囊体。其作用相当于真核细胞的叶绿体。

3. 羧酶体(carboxysome)

某些自养细菌,如硫杆菌细胞内散布着由单层膜围成的六角形或多角形内含物,因内含 1,5-二磷酸核酮糖羧化酶,故称为羧酶体,它在自养细菌的 CO_2 固定中起作用。

4. 气泡(gas vesicle)

许多水生细菌,如蓝细菌、紫色与绿色光合细菌的细胞质中含有气泡。气泡为中空但坚硬的囊状结构。每个细胞中的气泡数目可有几个到几百个。气泡膜不具常规的膜结构,由 2 nm 厚的蛋白质组成,气泡膜蛋白高度疏水,无硫氨基酸,芳香族氨基酸的含量也很低,主要由缬氨酸、丙氨酸和亮氨酸等非极性氨基酸组成。气泡膜不透水和溶质,但可透气,故气泡中充满气体。在光学显微镜下观察,气泡是高度折射和光学透明的。气泡具有调节细胞比重而使细胞漂浮在水中的功能,某些无鞭毛的水生细菌可借助气泡而漂浮在合适的水层中生活。

3.1.2.4　细胞质(cytoplasm)及其内含物

细胞质膜包围的、除核区之外的物质总称为细胞质。细菌细胞质由流体部分和颗粒部分构成。流体部分中 80% 是水,其中水溶物质主要为可溶性酶类、糖、无机盐和 RNA 等。颗粒部分主要为核糖体、贮藏性颗粒、载色体以及质粒等,少数细菌还有羧酶体、气泡或伴胞晶体等。细菌的基本代谢活动都在细胞质中进行。与真核细胞显著不同的是原核生物的细胞质是不流动的。

1. 核糖体(ribosome)

核糖体由核糖核酸和蛋白质构成,呈颗粒状的亚显微结构。细菌核糖体为 70S 核糖体,它由 30S 和 50S 两个亚基组成。两个亚基还可以进一步分离成 5S、16S 和 23S 三种 rRNA 和 52 个蛋白质亚基。在细菌中,80%~90% 核糖体串联在 mRNA 上以多聚核糖体的形式存在,核糖体是合成蛋白质的场所。链霉素等抗生素作用于细菌核糖体的 30S 或 50S 亚基,抑制细菌蛋白质的合成,而对人的 80S 核糖体不起作用,故可用链霉素等抗生素治疗细菌引起的疾病,对人体无害。

2. 贮藏性颗粒(reserve materials)

这些颗粒通常较大,常为单层膜所包围,经过适当染色可在光学显微镜下清晰地观察到。它们在营养物质过剩时积累,在营养物质贫乏时动用,故称为贮藏性颗粒。通常一种细菌只含有一种贮藏性颗粒,但也有例外。根据化学性质和功能可分为以下不同类型:

(1)聚-β-羟丁酸颗粒(poly-β-hydroxybutyrate,PHB)　是细菌特有的一种与类脂相似的碳源类贮藏物。它不溶于水,可溶于氯仿。用亲脂染料苏丹黑染色后,在光学显微镜下清晰可见。PHB 颗粒是由酯键连接的 D-3-羟丁酸的直链聚合物,其中的单体数目一般大于 10^6。

PHB 发现于 1929 年,目前已发现 60 属以上的细菌能合成并贮藏 PHB,这类细菌大多在富碳源而贫氮源的条件下生长时积累 PHB 颗粒,当生长条件逆转时,PHB 颗粒便降解,所以 PHB 颗粒是一种碳源和能源的贮藏物,它相当于真核细胞中的脂肪。由于 PHB 无毒、可塑、易降解,所以是生产医用塑料、可降解塑料的良好原料。产碱菌(*Alcaligenes* spp.)、固氮菌(*Azotobacter* spp.)和假单胞菌(*Pseudomonas* spp.)是主要的生产菌。

(2)异染粒(metachromatic granules)　又称迂回体或捩转菌素(volutin granules),是一种与脂类和蛋白质相结合的多聚偏磷酸盐颗粒,是磷酸盐贮藏物,可能还含有 Mg^{2+} 和 RNA。白喉棒杆菌(*Corynebacterium diphtheriae*)和鼠疫耶尔森氏菌(*Yersinia pestis*)中也存在异染粒,鼠疫耶尔森氏菌异染粒排列于细胞两端,又称极体,是重要的鉴别特征之一。

(3)多糖类储存物　包括淀粉(starch)和糖原(glycogen),是细胞内主要的碳素和能源储存物质。经碘处理后糖原呈红棕色,而淀粉呈蓝色,可在光学显微镜下检出。在碳源过量而氮源限量的条件下,许多细菌生长时会有大量糖原(可高达菌体干重的 50%)积累。

上述几种形式的聚合物均有降低细胞内渗透压的作用。

(4)硫颗粒　包括硫滴(sulfur droplet)和硫粒(sulfur granule)。紫硫细菌等硫细菌、紫色细菌、绿色细菌和蓝细菌等光合细菌在富含 H_2S 的环境中会有高折射的硫颗粒形成,储存在菌体内或分泌到菌体外。当环境中缺少 H_2S 时,它们能通过进一步氧化硫来获取能量,通常形成硫酸盐。单质硫颗粒也是硫源与能源的贮藏物。

(5)磁小体(magnetosome)　是 1975 年在一种趋磁细菌折叠螺旋体(*Spirochaeta plicatilis*)中发现的。这些细菌中含有磁铁多面体矿晶颗粒(Fe_3O_4),呈链状排列,其功能是起导向作用,借助鞭毛游向对该菌有利的水层环境。

3.1.2.5　核区与质粒

1. 核区

细菌无真正的细胞核,只是在菌体中央有一个集中了绝大部分遗传物质(DNA)的核区。核区结构原始,无核膜和核仁,一般由一个环状 DNA 分子高度缠绕而成,中央部分还有 RNA 和支架蛋白。细菌无典型的染色体结构,但通常称核区中的 DNA 为染色体 DNA,其功能与真核细胞核相当,是细菌负载遗传信息的主要物质基础。

迄今为止的研究表明,大多数细菌 DNA 都是环状的,而布氏疏螺旋体(*Borrelia burgdorferi*)(一种引起特殊皮肤病的致病细菌)的 DNA 是线状的。一条大型环状双链 DNA 分子长度一般在 0.25~3.00 mm,如大肠杆菌的核区 DNA 长 1.1~1.4 mm,枯草芽胞杆菌的约为 1.7 mm,是细菌菌体长度的上千倍。核区 DNA 只有反复折叠形成高度缠绕的致密结构——超螺旋,才能存在于细菌细胞中。多种细菌的基因组已经完成测序,一般细菌的基因组大小在数百万碱基对。例如,大肠杆菌染色体 DNA 是由约 4.7 Mb($1×10^6$ 个碱基对)组成,枯草芽胞杆菌为 3.1 Mb。

2. 质粒(plasmid)

除染色体 DNA 外,很多细菌还含有一种自主复制的染色体外遗传成分——质粒。质粒多种多样。细菌质粒通常都是共价闭合环状的超螺旋双链 DNA,但在疏螺旋体和链霉菌中发现有线性双链 DNA 质粒。此外,在链球菌、枯草芽胞杆菌、梭状芽胞杆菌和链霉菌等革兰氏阳性菌中还发现有单链环状质粒的存在。质粒的大小范围为 1~300 kb。细菌质粒上面携带着决定某些遗传特性的基因,如接合、抗药、产毒、致病、降解萘和二甲苯等毒物、生物固氮、植物结瘤、气泡形成、芽胞形成、限制与修饰系统、形成原噬菌体、产生抗生素和色素等次生代谢产物等。很多质粒还能在细胞之间转移。多数质粒会自行或经某种理化因子处理而消失,这一过程叫质粒消除。有的质粒还能以附加体的形式整合到染色体中,在染色体的控制下与染色体 DNA 一起复制。有的质粒(如抗药性质粒)DNA 中还有插入序列或转座子,因而能在质粒与质粒之间、质粒与染色体之间跳来跳去,所以具有介导细菌之间基因交换与遗传重组的重要功能。细菌质粒的这些重要特性与功能为现代分子生物学的发展提供了重要的工具和手段。尤其是在 DNA 克隆方法不断发展和完善的过程中,质粒作为克隆载体起着重要的作用。

3.1.2.6 鞭毛(flagellum)

细菌鞭毛是细长的波形蛋白纤丝状物,一端连于细胞膜,另一端游离于菌体外。不同细菌的鞭毛数目不一,从 1~2 根到数百根。鞭毛很细,直径仅 10~20 nm,但长度可达到 15~20 μm,是菌体的数倍。只有经过特殊的鞭毛染色才能在普通光学显微镜下观察到鞭毛。在暗视野显微镜下,不用染色也可见到鞭毛丛。利用电镜负染技术很容易在电镜下看到鞭毛。此外,根据观察细菌在水浸片或悬滴中的运动情况,生长在平板培养基上的菌落形状以及穿刺接种结果也可判断有无鞭毛。球菌除个别种类外,一般不生鞭毛,弧菌和螺旋菌大多生有鞭毛,杆菌则两者都有。

鞭毛的着生位置和数目是细菌分类鉴定所依据的形态特征之一。鞭毛着生形态主要有以下几种类型:单毛菌(monotrichaete),如霍乱弧菌和铜绿假单胞菌(*Pseudomonas aeruginosa*)等;丛毛菌(lophotrichaete),如荧光假单胞菌(*Pseudomonas fluorescens*)等;双鞭毛菌(amphitrichaete),如蛇形水螺菌(*Aquaspirillum serpens*)和深红螺菌(*Spirillum rubrum*)等;周毛菌(peritrichaete),如伤寒沙门氏菌(*Salmonella typhi*)、大肠杆菌、枯草芽胞杆菌和解淀粉欧文氏菌(*Erwinia amylovora*)等(图 3-5)。此外还有侧生鞭毛菌,如反刍月形单胞菌(*Selenomonas ruminantium*)。

1. 鞭毛的结构

鞭毛由 3 个部分组成。鞭毛丝(filament)为伸展在细胞壁之外的纤丝状部分,呈波形,由许多直径为 4.5 nm 的鞭毛蛋白(flagellin)亚基螺旋状排列围成的一个中空圆柱体,末端有一个冠蛋白。鞭毛丝抗原称为 H 抗原。鞭毛钩(hook)是近细胞表面连接鞭毛丝与基体的部分,较短,弯曲,直径较鞭毛丝大(17 nm)。它是由与鞭毛蛋白不同的单一蛋白质组成的,可做360°旋转,增加鞭毛运动幅度。基体(basal body)为鞭毛基部埋在细胞壁与细胞膜中的部分,由 10～13 种不同的蛋白质亚基组成。基体的结构较复杂,由一个同心环系与穿过这个环系中央的小杆组成。同心环系的构成在革兰氏阴性和阳性细菌中是不同的。在革兰氏阴性的大肠杆菌中,环系由分别位于细胞壁的脂多糖层和肽聚糖层的 L 环和 P 环及分别位于细胞膜表面和细胞膜内的 S 环和 M 环两对环组成。S-M 环周围为一对驱动该环快速旋转的 Mat 蛋白。此外,S-M 环的基部还有一个起键钮作用的 Fli 蛋白,它根据发自细胞的信号驱动鞭毛正转或逆转。而在革兰氏阳性细菌(如枯草芽胞杆菌)中,环系只由 S 和 M 这一对环组成(图 3-6)。

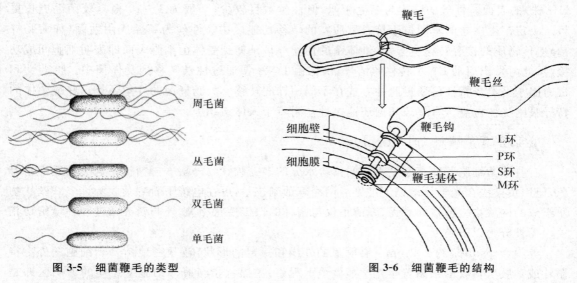

图 3-5　细菌鞭毛的类型　　　　　图 3-6　细菌鞭毛的结构

2.鞭毛的运动

鞭毛具有推动细菌运动的功能。一般认为,细菌鞭毛主要是通过旋转来推动细菌运动的,犹如轮船的螺旋桨。鞭毛基部的基体可视作"马达",它以细胞膜上的质子动势作为能量,在其他相关蛋白的共同作用下推动鞭毛旋转而使菌体运动。细菌的运动速度相当快,一般可达 $20～80~\mu m/s$。例如,铜绿假单胞菌每秒可移动 $55.8~\mu m$,如将移动的距离与其体长相比,是体长的 20～30 倍。大多数细菌靠鞭毛运动,但有些无鞭毛细菌也能运动。例如,黏细菌和其他少数细菌(发硫菌属、无色杆菌属、颤蓝细菌属、纤发菌属、嗜腐螺菌属和小链球菌等)能做沿着固体表面的滑行运动(gliding)。某些水生的细菌通过气泡调节它们在水中的位置,螺旋体则靠细胞壁和膜之间的纤维状轴丝(axial filament)的收缩进行运动。

3.1.2.7　菌毛(fimbria)

某些革兰氏阴性菌(如大肠杆菌、伤寒沙门氏菌、铜绿假单胞菌和霍乱弧菌等)与革兰氏阳性菌(链球菌属和棒杆菌属)的菌体表面有非鞭毛的细毛状物——菌毛。菌毛为中空柱状,较鞭毛更细、更短、数量更多的蛋白质微丝,周身分布。长 $0.2～2.0~\mu m$,直径 3～14 nm。菌毛由菌毛蛋白亚基螺旋排列而成,它不参与游动,所以运动细菌和不运动细菌都可以有菌毛。但不是所有细菌都有菌毛,产生菌毛的能力是由其染色体基因所决定的遗传性状。

菌毛的功能:①促进细菌的黏附。尤其是沙门氏菌、霍乱弧菌和淋病奈瑟氏菌等致病菌,靠菌毛黏附于寄主的肠上皮细胞和泌尿生殖道,进一步定殖致病。而无菌毛的上述细菌则不会引起感染。菌毛可因突变丧失。致病菌一旦丧失菌毛,致病性也随之消失。菌毛还可使细菌黏附在其他有机物质表面,这在某些传染病传播上起一定作用。例如,副溶血弧菌借其菌毛黏附在甲壳类表面而传播疾病。②促使某些细菌(好氧菌或兼性厌氧菌)缠集在一起而在液体表面形成菌膜以获得充分的氧气。③是许多革兰氏阴性菌的抗原——菌毛抗原。

3.1.2.8　性丝(sex-pilus)

性丝又称性菌毛或接合性毛,一般见于大肠杆菌等革兰氏阴性细菌的供体菌株(F$^+$ 或 Hfr 株)的表面。性丝的结构与菌毛相似,但性丝数目较少(一般为 1～10 根),较菌毛更长更粗。决定产生性丝的基因位于接合型质粒的转移功能区中。性丝为革兰氏阴性菌(如大肠杆菌)遗传物质的接合转移所必需,供体菌的性丝一旦延伸到受体菌细胞表面即表明细胞间成功接触,此时发出启动 DNA 转移的信号,供体菌 DNA 便通过性丝转移到受体菌中。抗药性和毒力因子等遗传特性可通过此种方式在不同菌株间转移。大肠杆菌的性丝还是一些噬菌体的特异吸附受体位点。有些致病菌还通过性丝附着于人体组织上。

3.1.2.9　糖被(glycocalyx)

有些细菌细胞壁外有厚度不定的富含水分的多糖胶状物外层——糖被。这类物质不易着色,但用负染法在光学显微镜下可见。用冷冻蚀刻技术,可在电镜下看到荚膜为许多纤丝状物质组成的网状物。糖被的有无、厚薄不仅与菌种的遗传性状相关,还与营养条件和环境密切相关。糖被分为以下类型:

荚膜(capsule)(约 200 nm):有明显的外缘和一定的形状,较紧密地结合于细胞壁外。将墨汁或苯胺黑负染的细菌置于光学显微镜下观察,墨黑背景与菌体细胞壁之间的透明区即是荚膜。

黏液层(slime layer):量大而且与细胞表面的结合比较松散,容易变形,所以常扩散到培养基中,在液体培养基中会造成培养基的黏度增加。有的细菌,如生枝动胶菌(*Zoogloea ramigera*)分泌的黏液能将许多菌体粘合在一起形成分枝状的大型黏胶物,称为菌胶团(zoogloea),它是细菌群体的共同糖被。污水处理中常用的活性污泥凝絮物主要就是其中的生枝动胶菌的菌胶团与附着在它上面的原生动物及其他微生物所形成的。

糖被富含水。其含糖组分依种而异,大部分细菌的糖被由多糖组成,也含有多肽或蛋白质,但以多糖为主。肠膜明串珠菌(*Leuconostoc mesenteroides*)与变异链球菌(*Streptococcus mutans*)等的糖被是葡聚糖和果聚糖。瓦恩兰德固氮菌(*Azotobacter vinelandii*)等的糖被是杂多糖。有些细菌的糖被由多肽和多糖的复合物组成。例如,炭疽芽胞杆菌是聚-D-谷氨酸,巨大芽胞杆菌为多肽和多糖的复合物,而痢疾志贺氏菌(*Shigella dysenteriae*)的糖被为多肽-多糖-磷酸复合物。

糖被具有如下功能:①保护作用。因富含水分,可保护细菌免于干燥;能抵御吞噬细胞的吞噬;能保护菌体免受噬菌体和其他物质(如溶菌酶和补体等)的侵害。②致病功能。糖被为主要表面抗原,它是某些病原菌的毒力因子,如 S 型肺炎链球菌靠其荚膜致病,而无荚膜的 R 型为非致病菌;糖被也是某些病原菌必需的黏附因子,如引起牙病的变异链球菌依靠其荚膜黏附在牙齿表面,引起龋齿。③贮藏养料。糖被是聚合物,所以也是细菌的一种贮藏物质,可以在营养缺乏时动用。

产糖被细菌给人类带来一定的危害,除了上述的致病性外,还常常给食品工厂和制糖工业等带来一定的损失。但也可使它转化为有益的物质,例如,肠膜状明串珠菌的葡聚糖被已用于代血浆主要成分——右旋糖酐和交联葡聚糖(sephadex)的生产。从植物病原菌野油菜黄单胞菌(*Xanthomonas campestris*)糖被提取的黄原胶(xanthan)可用作石油开采中的井液添加剂,也可用于印染、食品等工业;产生菌胶团的细菌可用于污水处理。此外,还可利用糖被物质的血清反应来进行细菌的分类鉴定。

3.1.2.10　芽胞、伴胞晶体与其他

1. 芽胞(endospore)

芽胞是产芽胞细菌生长发育后期,菌体内形成的一个圆形或椭圆形、厚壁、折光性强、具有抗逆性的休眠体。由于每个细菌细胞一般只产生一个芽胞,所以芽胞不具有繁殖意义,不是细菌的繁殖体。绝大多数产芽胞细菌为革兰氏阳性杆菌,其中主要为好氧的芽胞杆菌属和厌氧的梭菌属,还有芽胞乳杆菌属(*Sporolactobacillus*)、芽胞八叠球菌属(*Sporosarcina*)和颤螺菌属(*Oscillospira*)等;脱硫肠状菌属(*Desulfotomaculum*)是革兰氏阴性菌。放线菌中的高温放线菌属(*Thermoactinomyces*)也能产芽胞。

芽胞形状、位置和大小因菌种而异,是该类细菌分类的形态特征之一(图 3-7)。以芽胞杆菌和梭菌为例,芽胞杆菌的芽胞多数位于菌体的中央,通常不大于菌体宽度。梭菌的芽胞则多数近端生或端生,通常大于菌体宽度。

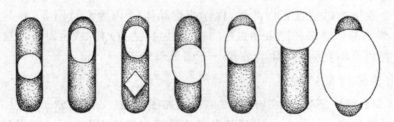

图 3-7　细菌的芽胞(左三菱形结构为伴胞晶体)

成熟芽胞具有多层结构。由外到内分别是:①芽胞外壁(exosporium),这是一个保护层,主要是由蛋白质、脂类和糖类组成。②一层或几层芽胞衣(sporecoat),主要成分为蛋白质,大多数为角蛋白,其中半胱氨酸与疏水氨基酸的含量很高。芽胞衣非常致密,通透性差,能抗酶和化学物质的透入。③皮层(cortex),很厚,约占芽胞总体积的一半,主要由一种芽胞所特有的肽聚糖组成,此种肽聚糖由丙氨酸亚单位、四肽亚单位、胞壁酸内酯亚单位重复组成。此外还含有一种芽胞特有的化学物质——吡啶二羧酸(dipicolinic acid,DPA)以及大量的 Ca^{2+},两者结合成吡啶二羧酸钙(DPA-Ca),它们赋予芽胞异常的抗热性。皮层的渗透压很高(20 个大气压)。④芽胞核心(core),通常由芽胞壁、芽胞膜、芽胞质和芽胞核区组成,内含核糖体与DNA,含水量极低。

芽胞是代谢活性极低,对干燥、热、化学物质(酸类和染料)和辐射等具有高度抗性的休眠体。例如,在难觅生物踪迹的沙漠中就有大量的枯草芽胞杆菌(*Bacillus subtilis*)和巨大芽胞杆菌的芽胞。肉毒梭菌(*Clostridium botulinum*)的芽胞能在沸水中存活数年之久,而其营养

细胞在 80℃仅需 5～10 min 即可杀死。

芽胞的抗热机制:一般认为这主要与高浓度的 DPA-Ca 以及含水量极低有关。芽胞中的 DPA 与 Ca^{2+} 螯合形成一种耐热的凝胶样物质。"渗透调节皮层膨胀学说(osmoregulatory expanded cortex theory)"较为综合地阐述了芽胞的抗热机制:芽胞衣对多价阳离子和水分的透性差,而芽胞皮层的高离子强度使其具有极高的渗透压,结果造成芽胞原生质高度失水皱缩,含水量极低,因而产生极强的耐热性。芽胞的抗热性也与所含的一些酶有关。其实这些酶本身并不抗热,只是在芽胞中与一些物质结合之后才有抗热性。例如,蜡样芽胞杆菌中的丙氨酸消旋酶附着在芽胞衣上时抗热,而与芽胞衣分离后就不抗热。再如,葡萄糖脱氢酶在高盐浓度时抗热性增高 100 倍。芽胞中的 Ca^{2+}、Mg^{2+} 和 Mn^{2+} 等二价阳离子浓度颇高,也增进了酶的抗热性和稳定性。

芽胞抗化学药物的能力主要系其芽胞衣的不通透性与原生质的高度脱水状态所致。芽胞的抗辐射性与芽胞衣中富含二硫键的氨基酸(如半胱氨酸)有关。芽胞的抗逆性有助于产芽胞细菌度过困境,故芽胞对产芽胞细菌的生存具有重要意义。了解芽胞还有重要的实践意义:①芽胞是细菌分类鉴定中的一项重要形态特征。②杀灭芽胞是制定灭菌标准的主要依据。③许多产芽胞细菌是人和动物的强致病菌,如炭疽芽胞杆菌、肉毒梭菌和破伤风梭菌(*Clostridium tetani*)等;但植物病原菌一般不产芽胞。④某些产芽胞细菌可伴随产生有用的物质,如抗生素短杆菌肽(gramicidin)、杆菌肽(bacitracin)等。

2. 伴胞晶体(parasporal crystal)

少数芽胞杆菌,例如苏云金芽胞杆菌(*Bacillus thuringiensis*)在形成芽胞的同时,会在芽胞旁边形成一个菱形的碱溶性蛋白晶体,称作伴胞晶体(δ 内毒素)(图 3-7),其干重可达芽胞囊重的 30％。伴胞晶体对多种昆虫幼虫(尤其是鳞翅目昆虫)有毒,因而可将这种产生伴胞晶体的细菌制成有利于环境保护的生物农药——细菌杀虫剂。

3. 细菌的其他休眠结构

除芽胞外,少数细菌还能产生其他休眠结构。如固氮菌(*Azotobacter*)产生的孢囊(cyst),粘球菌产生的黏液孢子(myxospore),蛭弧菌产生的蛭孢囊(bdellocyst),嗜甲基细菌和红微菌产生的外生孢子(exospore)等。

3.2　特殊类群的细菌

3.2.1　放线菌

放线菌是一类介于细菌和真菌之间的微生物。一方面,放线菌的细胞结构和细胞壁化学组成与细菌相似,与常见细菌同属原核生物;另一方面,放线菌菌体呈纤细的菌丝状,且分枝,以外生孢子的形式繁殖,这些特征又与真菌相似。放线菌菌落中的菌丝常自一个中心向四周辐射状生长,并因此而得名。放线菌是一大类形态多样(杆状到丝状)、高 GC 含量(摩尔百分比,60％～70％)、多数呈丝状生长并以孢子繁殖、陆生性强的革兰氏阳性原核微生物。放线菌在自然界广泛分布于土壤、河流、湖泊、海洋、空气、食品、动植物的体表和体内,但以土壤中的分布为最多,并且特别适宜生长在排水较好、肥沃的中性或微碱性的土壤中。土壤特有的泥腥味主要是放线菌产生的代谢物引起的。据测定,上述每克土壤中放线菌孢子数可达 10^7 个。大多数放线菌生活方式为腐生,少数寄生。腐生型放线菌在自然界物质循环中起着相当重要的作用,而寄生型的可引起人和动植物的疾病,如人畜的皮肤病、脑膜炎、肺炎等,以及植物病害,例如马铃薯疮痂病和甜菜疮痂病等。放线菌对人类最突出的贡献是产生种类繁多的抗生素。到目前为止,在医药、农业上使用的大多数抗生素是由放线菌生产的,如链霉素、土霉素、金霉素、卡那霉素、庆大霉素、井冈霉素等。已经分离得到的放线菌的抗生素种类达 4 000 种以上。有些放线菌还用来生产维生素和酶,微生物肥料"5406"就是由泾阳链霉菌(*Streptomyces jingyangensis*)生产的,放线菌在甾体转化、烷类发酵和污水处理等方面也有应用。

1. 放线菌的形态结构

放线菌的形态极为多样,共同特征是革兰氏阳性(偶有阴性),营养期通常不运动,GC 含量(摩尔百分比)高。现以典型的丝状放线菌——链霉菌来说明放线菌的一般形态结构。

链霉菌属(*Streptomyces*)是放线菌中的一个大属,现已确认的链霉菌有 600 多种,主要分布在土壤中。链霉菌以产生化学结构多样、应用范围广泛的抗生素而著名。在放线菌所产生的抗生素中,由链霉菌产生的占了绝大多数,所以对链霉菌的研究也最多和最深入。

链霉菌是以菌丝状态生长的原核生物,细胞壁的主要成分是肽聚糖。根据菌丝的形态和功能将菌丝分为 3 类(图 3-8)。

(1)基内菌丝　又称基质菌丝(substrate mycelium),长在培养基内,菌丝无分隔,直径通常为 0.5～1 μm,与细菌相仿,但长度不定。可以产生各种水溶性、脂溶性色素,使培养基着色。功能:固定作用,吸收营养物质和排泄废物。

(2)气生菌丝　由基内营养菌丝长出培养基外,伸向空间的菌丝为气生菌丝(aerial mycelium),直生或分枝状,较基内菌丝粗。功能:分化形成孢子丝。

(3)孢子丝　当生长发育到一定阶段,气生菌丝上分化出可形成孢子的菌丝。孢子丝(sporophore)排列方式随不同种而不同,有直形、波浪弯曲形或螺旋状。孢子丝有交替生、丛生、轮生,是放线菌分类鉴定的依据之一。孢子丝的功能是形成孢子,起繁殖作用。

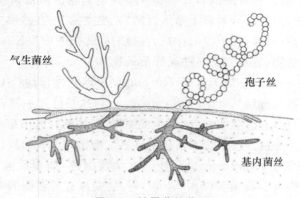

气生菌丝

孢子丝

基内菌丝

图 3-8　链霉菌的菌丝

链霉菌分生孢子形态极为多样,有球状、椭圆状、杆状、圆柱状、梭状和半月状等,颜色也十分丰富。在电镜下还可见到有的分生孢子表面光滑,有的生刺,而且刺还有粗细、长短和疏密之分;有的带疣或有皱褶、毛发状或鳞片状纹饰。分生孢子的表面结构与孢子丝形态有关,如直形或波浪形的孢子丝一般产生表面光滑的分生孢子;而螺旋状孢子丝产生的分生孢子,其表面有的光滑,有的带刺或毛。链霉菌所产色素、孢子丝的形态和排列、分生孢子的形状及表面纹饰都由其遗传性决定,所以这些特征也是链霉菌分类鉴定的主要形态依据。

2. 放线菌的繁殖

大多数放线菌以分生孢子繁殖。分生孢子主要通过横隔方式形成:气生菌丝顶端先形成孢子丝,然后形成横隔,细胞壁加厚并收缩,分别形成一个一个的细胞。最后,细胞成熟,形成一串分生孢子。游动放线菌属(*Actinoplanes*)和链孢囊菌属(*Streptosporangium*)等放线菌会产生孢囊孢子(sporangiospore)。无气生菌丝的嗜皮菌属(*Dermatophilus*)通过其基内菌丝在多个平面上的分裂形成孢子。诺卡氏菌属(*Nocardia*)不产生特化的孢子,而是通过菌丝断裂成杆状细胞的方式繁殖。放线菌的孢子一般不耐热,但普通高温放线菌(*Thermoactinomyces vulgaris*)却产生耐热的孢子,它的孢子像细菌芽胞一样含有吡啶二羧酸。

3. 放线菌的菌落

由于放线菌呈菌丝状生长并产生成串的干粉状孢子,所以放线菌菌落有着不同于其他原核微生物的特征:表面质地致密、丝绒状或有皱褶,干燥,不透明,上覆不同颜色的干粉(孢子)。菌落正反面的颜色常因基内菌丝和孢子所产生的色素各异。菌落因基内菌丝伸入培养基中而与培养基较紧密连在一起,故不易挑取,但是放线菌菌落没有真菌菌落扩展的面积大和疏松,菌丝体比真菌菌落更致密。

3.2.2 蓝细菌

蓝细菌(cyanobacteria)曾称蓝藻(blue algae)或蓝绿藻(blue-green algae),它是一大类群分布极广、异质、大多数情况下营产氧光合作用、古老的原核微生物。

蓝细菌广泛存在于淡水、海水和土壤中。富营养的湖泊或水库中所见的水华(water bloom)常常就是蓝细菌形成的。蓝细菌抗逆境的能力较强,所以在温泉(70～73℃)和盐湖等一些极端环境中也能生活。在贫瘠的岩石等处有不少能固氮的蓝细菌生长,它们甚至能通过岩石隙缝向岩石内生长,是岩石分解和土壤形成的"先驱生物"。在沙漠中,蓝细菌常以结成片的"壳"覆盖在土壤与岩石表面,在干旱时休眠,在短时间的雨季中生长。一些蓝细菌还能与真菌、苔类、蕨类、苏铁科植物、珊瑚甚至一些无脊椎动物共生。

蓝细菌的细胞大小(直径)一般为 0.5～10 μm,如聚球蓝细菌属(*Synechococcus*);也有的直径可达 60 μm,如巨颤蓝细菌(*Oscillatoria princeps*),这是已知原核微生物中较大的细胞。蓝细菌细胞形态极为多样,有球状或杆状,单生或团聚体,如粘杆蓝细菌属(*Gloeothece*)和皮果蓝细菌属(*Dermocarpa*)等属。丝状蓝细菌是由许多细胞排列而成的群体,包括有异形胞的丝状蓝细菌,如鱼腥蓝细菌属(*Anabaena*);分枝的丝状蓝细菌,如费氏蓝细菌属(*Fischrella*)。螺旋蓝细菌很少见,如螺旋蓝细菌属(*Spirulina*)等,它是没有异形胞的丝状蓝细菌。

蓝细菌的菌体结构与革兰氏阴性细菌相似,革兰氏染色呈阴性。细胞壁最外层是外膜,内层是肽聚糖壁(壁外面有黏质层叫鞘糖被)。细胞膜在细胞壁的内侧,单层,很少有间体。细胞核为原核,核周围是含有色素的细胞质部分。蓝细菌细胞质中常有类囊体(thylakoid),它由多层膜片相叠而成,通常位于细胞周缘,平行于细胞壁。在一些较简单的蓝细菌中,片层常以同心圆规则地排列在细胞质四周。类囊体中含有叶绿素 A 及辅助色素,如藻蓝素、藻红素。由于各种色素比例不同,故呈现出从绿、蓝到红的不同颜色。核糖体为 70S 型。蓝细菌细胞质中含有气泡,能保持细胞浮在上层水面光线最充足的地方,利于光合作用。细胞质中还含有多磷酸颗粒、糖原颗粒及其特有的蓝细菌颗粒等。

蓝细菌的脂肪酸常为含有两个或多个双键的不饱和脂肪酸,而其他细菌几乎都含饱和脂肪酸或只有一个双键的不饱和脂肪酸。有些蓝细菌还有其他细菌所没有的细胞形态,如一部分丝状蓝细菌中有一种特化细胞——异形胞(heterocyst)。鱼腥蓝细菌的异形胞圆形、厚壁、折光率高。异形胞分布在丝状体中间或末端,为有异形胞蓝细菌固氮的唯一场所。异形胞来自营养细胞,它与邻接营养细胞通过胞间连丝进行物质交流。异形胞的藻胆素含量很低,而且没有产氧的光合系统 Ⅱ。异形胞的厚壁中含大量糖脂,可减少氧气的渗入。异形胞的这些特性都是为对氧敏感的固氮酶创造一个厌氧固氮场所,没有异形胞的丝状蓝细菌厌氧条件下在营养细胞中固氮。而其他没有异形胞的蓝细菌则通过其他途径来创造固氮所必需的厌氧条件。

蓝细菌通过无性方式繁殖。单细胞的种类为二分裂(如粘杆蓝细菌)或多分裂(如皮果蓝细菌)。大多数丝状蓝细菌的细胞分裂是单平面的(如鱼腥蓝细菌和颤蓝细菌等),而分枝的丝状蓝细菌进行多平面方向的分裂(如费氏蓝细菌)。一些有异形胞的丝状蓝细菌形成静息孢子(akinete),它也是一种特化细胞,壁厚、色深,与异形胞相似,着生在丝状体的中间或末端,具有抗干旱或冷冻的能力。丝状蓝细菌还通过丝状体断裂形成的短片段——段殖体(hormogonium)的方式繁殖。

3.2.3　支原体

支原体(Mycoplasma)是一群缺少细胞壁的细菌,是能离开活的寄主细胞独立生长繁殖的最小的原核微生物。支原体能引起人和畜禽呼吸道、肺部、尿道以及生殖系统(输卵管和附睾)的炎症。与动物病原支原体相似,植物的植原体(phytoplasma)(以前称为类菌原体 Mycoplasma-like organism,简称 MLO)是丛枝病、黄化病、矮缩病等的病原菌,目前尚不能人工培养。支原体还是常见组织培养的污染菌。污水、土壤或堆肥土中也常有支原体存在。

支原体的特点:①相当小,直径仅有 $0.1 \sim 0.3~\mu m$,一般约 $0.25~\mu m$,因而在光学显微镜下勉强可见。②无细胞壁;形态高度多变,有球形、扁圆形、玫瑰花形、丝状乃至分枝状等;菌体柔软,可通过孔径比自己小得多的细菌滤器;革兰氏染色阴性,对青霉素等抗生素和溶菌酶不敏感,而对四环素等抗生素、表面活性剂(肥皂和新洁尔灭等)和醇类敏感。③质膜含固醇或脂聚糖(lipoglycan)等使它稳定的成分,因而比较坚韧,对渗透溶解有较高抗性,但对作用于固醇的多烯抗生素敏感。④菌落呈"荷包蛋状",直径仅 $0.1 \sim 1~mm$。⑤一般以二分裂方式繁殖,有时也出芽繁殖。⑥体外培养的条件苛刻,需用含血清、酵母膏或固醇等营养丰富的复合培养基。

根据对固醇的需要把支原体分为两个类群:①需固醇类群,有支原体属(Mycoplasma)、厌氧支原体属(Anaeroplasma)、螺原体属(Spiroplasma)和脲支原体属(Ureaplasma);②不需固醇类群,包括无胆甾原体属(Acholeplasma)和热原体属(Thermoplasma)。

3.2.4　衣原体

衣原体(Chlamydia)是一类能通过细菌滤器、自养能力丧失、专性活细胞寄生的致病性原核微生物。由于它没有产能系统，ATP 得自寄主，故有"能量寄生物"之称。曾有一段时间认为衣原体是"大型病毒"。但现在确定，它有许多细菌的性质，如细胞球形或椭圆形，直径 0.2～0.3 μm，具有革兰氏阴性细菌的细胞壁结构，同时含有 DNA 和 RNA，核糖体为 70S，二分裂繁殖，对青霉素等抗生素敏感等。不过衣原体基因组很小，仅为大肠杆菌的 1/4。

衣原体是已知细胞型微生物中生活能力最简单的，它没有产 ATP 的系统，因而只能在鸡胚等组织中培养。衣原体的蛋白质中缺少精氨酸和组氨酸，表明它们的繁殖不需要这两种氨基酸。

已发现的衣原体有：沙眼衣原体（*Chlamydia trachomatis*）、鹦鹉热衣原体（*C. psittaci*）和肺炎衣原体（*C. pneumoniae*）等。沙眼衣原体首先是由我国微生物学家汤飞凡等 1956 年通过鸡胚培养分离出来的。它引起沙眼、小儿肺炎等多种疾病（非淋菌尿道炎、附件炎、淋巴肉芽肿和新生儿眼炎等）。鹦鹉热衣原体引起鹦鹉、鸽、鸡、鹅以及牛、羊的多种疾病。值得注意的是，虽然鹦鹉热衣原体的天然寄主是鸟类和人以外的哺乳动物，但人吸入鸟的感染性分泌物后，能导致肺炎和毒血症，因此鹦鹉热衣原体是人畜共患病的病原体。

3.2.5　螺原体

螺原体（Spirochaeta）是一群形态结构和运动机理独特的单细胞原核微生物。细胞非常细长，(0.1～3.0) μm×(3～500) μm，螺旋状，极柔软易弯曲，无鞭毛，但能做特殊的弯曲扭动或蛇形运动。

螺原体的细胞主要由 3 个组成部分：原生质柱（protoplasmic cylinder）、轴丝（axial fiber，axial filament）和外鞘（outer sheath）。原生质柱呈螺旋状卷曲，外包细胞膜与细胞壁，为螺原体细胞的主要部分。轴丝连于细胞和原生质柱，外包有外鞘，外鞘通常只能在负染标本或超薄切片的电镜照片中观察到。每个细胞的轴丝数为 2～100 条，视螺原体种类而定。轴丝的超微结构（基部有钩，有成对的盘状结构）、化学组成（亚基螺旋排成的蛋白质）以及着生方式（一端连于细胞，一端游离）均与鞭毛相似。螺原体正是靠轴丝的旋转或收缩运动的。螺原体的运动取决于所处环境。如果游离生活，细胞沿着纵轴游动；如果固着在固体表面，细胞就向前爬行。

螺原体以二分裂方式繁殖。螺原体广泛分布于水生环境（水塘、江湖和海水）和动物体中，哺乳动物肠道、睫毛表面、白蚁和石斑鱼的肠道、软体动物躯体和反刍动物瘤胃中都有螺原体。有些是动物体内固有的微生物区系成员，有些则是病原菌，能引起梅毒、回归热、慢性游走性红斑和钩端螺原体病等。

3.3　细菌的培养和生长

3.3.1　细菌培养和生长的研究方法

1. 细菌纯培养物的获得

自然环境中，微生物常以不同物种混杂的群体形式存在，如土壤、水体、动植物体内的微生物群体等。大多数受到感染的动植物样品（如被感染动物的脓液、内脏、排泄物）、受病原侵染的植物组织形成的病斑、肿瘤等，都含有多种微生物。其中除病原菌外，还混生有其他非致病性的微生物。如果我们希望研究某一种微生物，必须把混杂的微生物群体分离开并获得只含有一种微生物的培养物。在试验条件下,从一个单细胞繁殖得到的后代称为纯培养物。获得微生物的纯培养物有多种方法,对于细胞较大的微生物种类如真菌,可采用显微镜下直接挑取单个细胞(孢子)进行培养,获得纯培养物;对于细菌,常用系列稀释和划线的方法来分离和纯化。我们通常所说的培养是对微生物纯培养物的培养,培养过程中要防止其他微生物混入,其他微生物进入了纯培养物中便称之为污染。

2. 细菌的培养

培养基(culture media)是适合细菌生长繁殖的各种营养物质按一定比例配制而成的营养基质,可供细菌生长繁殖。微生物的培养方法通常根据培养过程中对氧气的需要与否分为好氧培养和厌氧培养,还可根据所用培养基的物理特性分为固体培养和液体培养等。

好氧培养是将菌种接种于培养基后,使之暴露于空气中生长,实验室中用液体培养基进行好氧培养时主要采用摇瓶培养,将菌种接种到装有液体培养基的三角瓶中,在摇床上震荡培养,使空气中的氧不断溶解于液体培养基中。氧气对厌氧微生物有害,所以厌氧培养不需要提供氧气。不管是液体厌氧培养还是固体厌氧培养,都需要特殊装置隔绝氧气。实验室中常用 CO_2 培养箱进行厌氧微生物的培养。

3. 细菌计数方法

判断细菌群体数量大小,需要对细菌进行计数。微生物计数方法很多,可根据不同目的和研究对象选择不同方法。

总细胞计数:对于细胞个体较大的微生物如真菌,可采用血球计数板法或涂片计数法,在显微镜下直接计数,然后换算成单位体积的微生物总数。细菌个体小,一般显微镜下不易分辨,因此细菌计数常采用比浊法。含菌液体由于菌体细胞对光的消散作用而呈浑浊状态,细胞数目越多,对光的消散作用越强,浑浊度也就越高。浑浊度可用比色计或分光光度计来测量,以吸光值来表示。单细胞生物在一定范围内的吸光值大小与液体中细胞数目成正比,可用于总细胞数的计数。但该方法需用直接显微镜计数或平板活菌培养计数法制作标准曲线进行换算。比浊法虽然灵敏度差,但具有简便、快速、不破坏样品的优点,广泛用于生长速率测定。

活菌计数:通过测定样品在培养基上形成的菌落数来间接测定活菌数的方法,又称平板记数法。如果样品中的活细胞数目太多,涂布到培养平板后,形成的菌落相互重叠,无法计数,因此活菌计数常常需要将样品进行系列稀释。一般认为,在充分稀释的情况下,一个菌落是由一个活细胞繁殖形成的。

3.3.2　影响细菌生长的因素

微生物的生长表现在个体生长和群体生长两个水平上。单个细菌的生长表现为细胞基本成分的合成和细胞体积的增加,细胞生长到一定程度后,就分裂成为两个子细胞。但由于多数微生物个体微小,个体的生长不易观察,所以常以微生物群体作为生长研究对象,以群体数量的增加作为生长指标。

1. 细菌群体生长曲线

少量的细菌纯培养物接种到新鲜液体培养基后,在适宜条件下培养,每隔一定时间测定培养液中细菌的数量,绘制成以培养时间为横坐标,以细菌浓度的对数为纵坐标的曲线,即细菌的生长曲线(图3-9)。生长曲线代表细菌在测试环境中生长、分裂直至衰老、死亡过程的动态变化规律。细菌生长曲线的一般规律是经历迟缓期、对数期、稳定期和衰亡期(图3-9)。细菌接种到新鲜培养基中后,开始阶段并不进行分裂和增殖,细菌细胞数量并不增加,这段时间为迟缓期。迟缓期细胞代谢活跃,体积增大,为细胞分裂做准备。细菌细胞完成生理修复和调整后,细胞快速分裂,细胞数目呈几何级数增加,称为对数生长期。这一时期细胞分裂最快,代时最短,代谢旺盛,对环境敏感。在一个封闭系统中,细菌的对数生长只能维持很短时间,随着营养的消耗和环境变化,细菌生长速度降低,代时延长,细胞活力下降,进入稳定期。这时新生细胞数目与死亡数目相等,总菌数达到最大值,活菌数保持稳定。如果继续培养,细菌的死亡率逐渐增加,活细胞数目急剧下降,此阶段称为衰亡期。

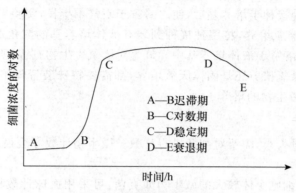

图3-9　细菌的生长曲线

2.环境因素对细菌生长的影响

培养基中营养物质的组成不同往往对细菌生长有很大的影响。同一种细菌在不同的碳源、氮源组成的培养基中,相同培养时间内生物量的增加可以相差很大。因此,细菌发酵培养研究中,培养基的组成和优化工作是必不可少的环节。

细菌的生长还受到环境理化条件的影响,同一环境条件对不同细菌的影响程度往往不同。温度是影响细菌生长的重要因子,细菌生长的适宜温度一般在 28～30℃。温度太低,原生质膜处于凝固状态,不能正常进行营养物质的运输;温度太高,蛋白质和核酸等胞内物质会发生变性。由于栖生环境的不同,许多微生物进化产生了对极端温度的适应性。根据微生物的生长温度范围,可分为嗜冷微生物、嗜温微生物、嗜热微生物等。

pH影响细菌的生长,因为介质中的pH影响环境中营养物质的供给状态和有毒物质的毒性,影响菌体细胞膜的带电荷性质、膜的稳定性和对物质的吸收能力,使菌体表面蛋白变性或水解。每种微生物都有一个可生长的pH范围和最适生长pH。大多数微生物适宜生长的pH范围为 5～9,只有少数微生物能在 pH<2 或 pH>10 的环境中生长。

微生物对氧的需要和耐受能力在不同类群中变化很大。根据微生物和氧的关系可分为几种类群:好氧微生物,所有需要氧气才能生长的微生物;兼性厌氧微生物,在有氧条件下通常进行好氧代谢,但氧缺乏时可以转变为厌氧代谢,有氧条件下比无氧条件下生长旺盛;厌氧微生物,缺乏呼吸系统,不能利用氧作为末端电子受体的微生物。

3.4　细菌的繁殖

　　细菌通过二分裂(binary fission)或称作裂殖(fission)的方式进行无性繁殖。裂殖时原生质膜向内生长至细胞的中心形成横向的隔膜,将细胞质分成大致相等的两个部分,然后在两层细胞膜之间形成与其外面细胞壁相连的两层细胞壁物质。当细胞壁合成之后,两层细胞壁分离,将细胞分成两个部分(图 3-10)。

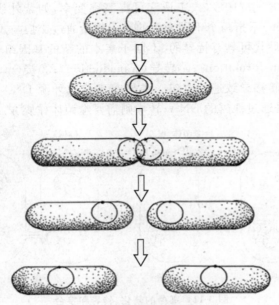

图 3-10　细菌的繁殖

　　在细胞壁和细胞质分裂的同时,核物质也形成了一个环状的染色体结构,该结构自我复制,然后均等地分配到分裂形成的两个子细胞中。质粒也进行复制并且平均分配到两个子细胞中。

　　细菌能以惊人的速度进行繁殖。在合适的条件下,有些细菌每 20～50 min 分裂一次,一分为二,二分为四,四分为八,依此类推。按照这种速度,一个细菌可能在不到一天的时间内产生 100 万个后代细菌。然而,由于养分供应的减少,代谢废物的积累及其他限制因素,细菌的繁殖会逐渐减慢并最终停止。不管怎样,细菌可以在极短时间内形成巨大的群体,并造成其所在环境巨大的化学变化。正是这种细菌庞大群体所造成的变化使其在生命世界以及动植物病害的形成中极具重要性。

　　少数细菌以其他方式繁殖,例如,柄细菌的不等二分裂、暗网菌的三分裂、蛭弧菌的多分裂、生丝微菌的出芽繁殖等。

3.5　细菌的遗传和变异

　　微生物亲代与子代间性状的相似现象统称为遗传,但子代常常与亲代有某些差异,而且可再遗传给后代,这种子代与亲代间的差异称为变异。遗传现象保证了物种的存在和延续,而变异则推动了种的进化和发展。遗传和变异的物质基础是 DNA,按其在细胞中的存在形式可分成染色体 DNA 和染色体外 DNA。原核微生物细胞无核膜和核仁的分化,只有一个称为拟核的核区。染色体 DNA 处于拟核区。原核细胞中染色体外 DNA 主要是指质粒 DNA。

性状是构成一个生物个体的结构、形态、物质和功能等各方面特征的总称。基因决定性状,而性状则是基因表达的最终结果。造成性状变化的原因往往是 DNA 产生了变化,包括基因突变和基因重组。基因突变是指 DNA 链中的碱基序列发生改变,造成基因的改变。自然情况下微生物的基因突变虽然是一种偶然事件,但却是生物界的一种普遍现象。自然情况下细菌变异频率很低($1/10^9 \sim 1/10^6$),人工诱变可提高突变率,如紫外线、γ 射线诱变等。基因重组(gene recombination)系指两个不同来源的遗传物质通过交换与重新组合,形成新的基因型的过程。基因重组的后代可具有特异的、不同于亲本的新基因组合。细菌基因转移主要有 3 种形式:①转化(transformation);②转导(transduction);③接合(conjugation)(图 3-11)。它们共同之处在于基因转移导致遗传重组。差异在于获取外源 DNA 的方式不同:接合是通过细菌间的接触;转化是通过裸露的 DNA;转导则需要噬菌体作媒介。

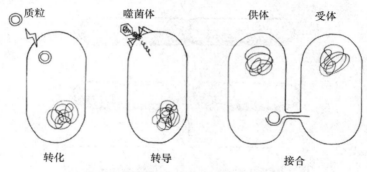

图 3-11　细菌的转化、转导和接合

1. 转化

转化是指受体细胞从外界直接吸收来自供体细胞的 DNA 片段,并与自身染色体同源片段进行遗传物质交换,从而使受体细胞获得新的遗传特性。经转化后出现了供体性状的受体细胞称为转化子(transformant)。细菌能够从周围环境中吸收 DNA 分子实现转化的生理状态称为感受态(competence)。只有处于感受态的细菌才能吸收外源 DNA 实现转化,但对于感受态形成的机制还不是非常清楚。不是所有的细菌都能发生转化,常见的植物病原细菌中大多数发现了转化现象,如土壤杆菌属、假单胞菌属、黄单胞菌属、欧文氏菌属等。与阳性细菌相比,革兰氏阴性细菌转化现象更为普遍。

2. 转导

转导是以噬菌体为媒介,将外源遗传物质转移到受体细菌,使受体菌获得新性状。通过转导获得供体部分遗传性状的重组受体细胞,称为转导子(transductant)。携带供体部分遗传物质(DNA 片段)的噬菌体称为转导噬菌体或转导颗粒。在噬菌体内仅含有供体 DNA 的称为完全缺陷噬菌体;在噬菌体内同时含有供体 DNA 和噬菌体 DNA 的称为部分缺陷噬菌体(部分噬菌体 DNA 被供体 DNA 所替换)。根据噬菌体和转导 DNA 产生途径的不同,可将转导分为普遍性转导和局限性转导。

3.接合

接合是供体菌和受体菌细胞通过性菌毛的直接接触传递 DNA(或质粒)遗传信息的现象。接合产生的受体菌称为接合子(conjugant)。

3.6　原核微生物的分类

微生物分类学(microbial taxonomy)是根据微生物的亲缘关系把它们排列成一个有规律的分类系统的科学。分类学由分类(classification)、鉴定(identification)和命名(nomenclature)3 个部分组成。分类是根据一定的原则对微生物进行分群归类,即根据相似性和相关性水平把一个有机体放在一个分类单元中。鉴定是借助现有的微生物分类系统,通过对某一未知微生物纯培养物的各种性状特征研究以后确定其相应归属的过程,通过鉴定可达到知类辨名的目的。命名是指根据国际命名法规为一个未知的新培养物确定其学名的过程。

3.6.1　原核微生物的分类单元

分类单元(taxon)是指某一个具体的分类群,如原核生物(procaryote)中的埃希氏菌属(*Escherichia*)和芽胞杆菌属(*Bacillus*)分别代表不同的属水平分类单元。与其他生物一样,原核微生物分类的基本单元也是种(species)。微生物种是显示高度相似性、亲缘关系极其接近、与其他种有明显差异的一群菌株的总称。在每一个种中都有一个菌株被指定为模式菌株(type strain),它是这个种名称的代表,是这个种永久的标准标本。微生物形体微小,容易变异等特点给微生物种的鉴定带来一定困难。

1.原核微生物种以上的分类单元

种(包括种)以上的分类单元自上而下依次分为 7 个等级,它们分别是:域(Domain)、门(Phylum)、纲(Class)、目(Order)、科(Family)、属(Genus)、种(Species)。

一个或多个种构成一个属,一个或多个属构成一科,依此类推。有些分类单元之间还设立有中间类群。例如,在门与纲之间可设超纲(Superclass);在纲与目之间可设亚纲(Subclass)、超目(Superorder);在目与科之间可设亚目(Suborder)、超科(Superfamily);在科与属之间可设亚科(Subfamily);过去在分类系统尚不完善时,还使用过临时的单位族(Tribe)、亚族(Subtribe)等。目前这些亚分类单位一般很少使用。

在细菌的分类单元中,"种"是最重要、也是最基本的分类单元。分类学中对微生物"种"的概念有不同观点,经常引起争论。尤其是细菌种的概念没有高等动植物那样明确。其原因是高等生物的种是通过有性生殖特点来确定的,是彼此能杂交繁殖的群体。而许多微生物不能进行有性生殖,绝大多数的原核生物是单细胞,没有真正意义上的有性生殖。所以,目前认为原核生物的"种"是由一群具有许多稳定特征的菌株组成,这些菌株与其他类群的菌株存在明显差异。这个概念没有明确的量化标准,不同的学者常给予不同的解释。不同种的细菌在形态结构、化学组成、生理生化性状和生命大分子序列等方面存在明显差异,细菌分类学历史上这些特征都曾被用于细菌种水平的区分和鉴定。但现代细菌分类学越来越倾向于依据基因序列特征界定细菌分类地位,目前确定两个细菌菌株属于同一个种的主要依据是它们基因组平均核苷酸一致性(average nucleotide identity,ANI)≥95%,这与 16S rDNA 序列一致性≥98.5%

基本相当。此外,DNA-DNA 杂交一致性阈值应≥70%。当然,符合基因序列一致性标准的菌株在表型特征方面也应具有高度的相似性。

2.种以下的分类单元

鉴定微生物种时,只有在所有鉴别特征都与已知种的模式菌株相同的情况下才能定为同种。而实际上,由于变异的绝对性,被鉴定的菌株总是在某个或某些特征上与所属种的模式菌株有明显而稳定的差异。因此,在微生物种以下可再进一步分为亚种、变种或型等不同级别。

亚种(subspecies,subsp.,ssp.)是在一个种内,根据少数几个稳定的变异特征或遗传性状区分成两个或多个小群,这些小的分类单元称为亚种。亚种是细菌分类中具有正式分类地位的最低等级。如金黄色葡萄球菌厌氧亚种(*Staphylococcus aureus* subsp. *anaerobius*)、胡萝卜软腐果胶杆菌胡萝卜软腐亚种(*Pectobacterium carotovorum* subsp. *carotovorum*)。不是所有细菌种下都有亚种。

亚种以下的分类单元,是将同一亚种下具有相同或相似特性的菌株类群,作为一个分类类群看待。但它们都不是正式的分类等级,而是某一领域中习惯使用的术语或推荐使用的辅助用语。亚种以下的细分,常以"型"作为单位,当同亚种的不同菌株之间性状有明显差异,又不足以分为新的亚种时,可以细分为不同的型。过去常以"type"一词表示"型",但该词既可代表"型",又可代表"模式",为避免混淆,现在多用"-var"词尾表示"型"。例如,在细菌分类中,以生物型(biovar)表示具有特殊的生物化学或生理特性的菌株群,化学型(chemovar)表示能产生特殊化学物质的菌株群,培养型(cultivar)表示具有特殊培养性状的菌株群,形态型(morphovar)表示具有特殊形态特征的菌株群,致病型(pathovar)表示对特定寄主范围具有致病性的菌株群,噬菌型(phagovar)表示对噬菌体有特异性反应的菌株群,血清型(serovar)表示具有特殊抗原特征的菌株群。

菌株(strain)是指由一个单细胞繁衍而来的克隆(clone)或无性繁殖系中的一个微生物或微生物群体。一种微生物可以有许许多多菌株,它们在遗传上是一致或相似的。同一种微生物的不同菌株虽然在分类鉴定的一些主要性状上是相同的,但是在次要性状(如生化性状、代谢产物和产量性状)上可以有或大或小的差异。同一种微生物可以有许许多多菌株,常用字母和(或)编号来区分。例如,*Escherichia coli* K12 和 *E. coli* B 分别表示大肠杆菌 K12 菌株和 B 菌株。在上述表示菌株的符号中,有的较为随意,如个人姓名缩写、分离地点、数目等,有的为收藏该菌株的菌种保藏机构的缩写。例如,CGMCC 为中国普通微生物菌种保藏管理中心(China General Microbiological Culture Collection Center)的缩写,ATCC 为美国模式培养物收集中心(American Type Culture Collection)的缩写等。

3.原核微生物的命名

微生物的名字有俗名(common name)和学名(scientific name)两种。俗名是通俗的名字,如结核分枝杆菌俗称结核杆菌,铜绿假单胞菌俗称绿脓杆菌等。俗称简洁易懂,记忆方便,但是它的含义不够确切,并受适用范围和地区性等方面的限制。因此,每一个微生物都需要有一个名副其实的、国际公认并通用的名字,便是学名。学名是微生物的科学名称,它是按照国际委员会拟定有关微生物分类的法则命名的。学名由拉丁词、希腊词或拉丁化的外来词组成。

原核微生物学名的命名采用双命名法,由属名和种名构成,用斜体表示。属名在前,而且第一个字母要大写。种名在后,全部小写。学名后还要附上首次命名者的名字和命名的年份,但这些都用正体。例如：

丁香假单胞菌 *Pseudomonas syringae* van Hall 1902

蜡样芽胞杆菌 *Bacillus cereus* Frankland 1887

不过在一般情况下使用时，后面的正体字部分可以省略。

随着分类学的不断深入，常会发生种转属的情况。例如，Yabuuchi 等在 1996 年把原来引起茄科作物细菌性青枯病的茄科假单胞菌（*Pseudomonas solanacearum* Smith 1896）由假单胞菌属转入罗尔斯通氏菌属，定名为茄科罗尔斯通氏菌（*Ralstonia solanacearum*），这时就要将原命名人的名字置于括号内，放在学名之后，并在括号后再附以现命名者的名字和年份，这样就成了 *Ralstonia solanacearum*（Smith）Yabuuchi et al 1996。类似这样的例子很多，例如，*Escherichia coli*（Migula）Castellani et Chalmers 1919，*Bacillus subtilis*（Ehrenberg）Cohn 1872 以及 *Pseudomonas aeruginosa*（Schroeter）Migula 1920 等。

如果是命名一个新种，则要在新种学名之后加"sp. nov."（sp. 为 species 的缩写，nov. 为 novel 的缩写）。亚种的命名也是在种名后加上用正体书写的 subsp.（subspecies），然后再附上用斜体书写的亚种的名称。如胡萝卜软腐果胶杆菌胡萝卜软腐亚种（*Pectobacterium carotovorum* subsp. *carotovorum*）、苏云金芽胞杆菌蜡螟亚种（*Bacillus thuringiensis* subsp. *galleria*）。若为新亚种时，则在亚种名称后加"subsp. nov."。

4. 细菌分类和伯杰氏手册

《伯杰氏手册》最初是由美国宾夕法尼亚大学的细菌学教授伯杰（David H. Bergey，1860—1937）及其同事为细菌的鉴定而编写的手册，全名为《伯杰氏鉴定细菌学手册》（Bergey's Manual of Determinative Bacteriology）。该书自 1923 年至 1994 年共出版发行了 9 版，是当时细菌分类鉴定工作的权威性参考书。1984—1989 年分四卷出版了《伯杰氏系统细菌学手册》（Bergey's Manual of Systematic Bacteriology）的第 1 版，以下简称《系统手册》。第一卷包括革兰氏阴性细菌，第二卷包括革兰氏阳性细菌，第三卷包括一部分革兰氏阳性细菌、古生菌和蓝细菌，第四卷包括放线菌。从总体上看，当时细菌系统发育资料仍较零碎，所以有相当一部分类群未能进行科、目等级的分类，对纲、门、界水平的分类也只提出了初步的讨论意见，因而也就未能全面按照界、门、纲、目、科、属、种系统分类体系进行安排，而是从实用需要出发，主要根据表型特征将整个原核生物（包括蓝细菌）分为 33 组，然后对各组细菌进行进一步的分类描述。1994 年出版的《伯杰氏鉴定细菌学手册》的第 9 版即是将《系统手册》1～4 卷中有关属以上分类鉴定资料进行少量的修改补充后汇集而成的。

《系统手册》第 1 版开始发行后，细菌分类已取得巨大进展，不仅是从数量上新命名的种属大量增加，更重要的是 20 世纪 80 年代以来，rRNA、DNA 和蛋白质序列分析方法日趋完善，加上计算机技术的显著进步，利用生物大分子序列分析方面的研究为细菌的系统发育积累了大量新的资料。在此背景下，《系统手册》第 2 版分 5 卷于 2001—2012 年出版，各卷内容如下：

第 1 卷（2001 年）：古生菌、蓝细菌、光合细菌以及系统发育最早分支的细菌

第 2 卷（2005 年）：变形杆菌（包括形态学和生理学特征极为多样的革兰氏阴性菌）

第 3 卷（2009 年）：厚壁细菌，低 GC 含量（摩尔百分比，50% 以下）的革兰氏阳性菌

第 4 卷（2011 年）：拟杆菌、浮霉状菌、衣原体、螺旋体、纤维杆菌、梭杆菌等 12 个门

第 5 卷（2012 年）：放线菌

第 2 版与第 1 版最大的区别是根据系统发育资料而不是根据表型特征对分类群和整体安排进行了较大的调整。第 2 版将原核生物分为古生菌域和细菌域。古生菌域分 2 门 9 纲,细菌域分 24 门 32 纲。不难发现,过去根据表型特征归类在一起的属,有的根据系统发育关系被重新归类在不同的目、纲,甚至不同的门中。例如,在第 1 版中,微球菌属和其他种属的"革兰氏阳性球菌"归在同一组进行分类描述,而在第 2 版中则由于其系统发育关系与放线菌相近而将微球菌属归类在放线菌门放线菌纲中。革兰氏阴性菌分类调整的幅度也很大。对这方面的变化,在查阅文献时必须予以注意。

自 2015 年以来,推出了网络版的《伯杰氏古生菌和细菌系统学手册》(Bergey's Manual of Systematics of Archaea and Bacteria),对原核生物分类学方面的进展进行实时更新。截至 2021 年初,原核生物分类系统整体现状可以归纳如下:原核生物可划分为 2 个域,即古生菌域和细菌域,其中古生菌域有 10 个门,细菌域有 58 个门。原核生物目前共计有 68 个门(部分为暂定门),其下符合《国际原核生物命名法规》(International Code of Nomenclature of Prokaryotes,ICNP)的有 144 个纲 268 个目 621 个科 3 562 个属以及 2 万多个种。

3.6.2 微生物的分类系统

最初根据形态和生理特征把地球上的生物分为动物界和植物界两类,20 世纪 60 年代又根据细胞核的结构把生物分为原核生物和真核生物两类。近代又有人提出三界、四界、五界和六界的生物分类系统。这些分类系统存在的共同问题是没有很好地反映生物之间的亲缘关系。20 世纪 70 年代后期伍斯(Woese)通过对某些代表生物 16S rRNA(或 18S rRNA)基因序列进行同源性分析后,首次提出了生命第三种形式——古细菌的存在。古细菌包括产甲烷细菌、极端嗜盐菌和嗜热嗜酸菌。进而提出将生物分为三域(以前曾称为三原界),即古细菌(archaebacteria)、真细菌(eubacteria)和真核生物(eukaryotes)。为了避免古细菌和真细菌的混淆,又于 1990 年把三域改为古生菌(archaea)、细菌(bacteria)和真核生物,并绘制了一个涵盖整个生物界中各种细胞生物之间的亲缘关系的树状分支图形(图 1-3)。这种树状分支的图形称为系统发育树(phylogenetic tree)。目前这种分类系统已逐渐被世界各国分类学家所接受。

三域理论提出后,国际上对生物系统发育进行了更广泛的研究,除了继续对 rRNA 序列进行分析比较外,还广泛研究了其他特征,许多研究结果也在一定程度上支持了三域生物的划分。将古生菌与细菌分开单独作为一域,除了因为两者的 16S rRNA 基因有明显的不同外,古生菌还有以下突出特征与细菌不同:①细胞壁无胞壁酸;②有醚键分支链的膜脂;③tRNA 的 T 或 T C 臂没有胸腺嘧啶;④特殊的 RNA 聚合酶;⑤核糖体的组成和形状也不同。某些全基因组序列研究也表明,古生菌确实不同于细菌和真核生物。例如,第一个古生菌(詹氏甲烷球菌 *Methanococcus jannaschii*)全基因组序列测定结果表明它只有 44%(1 738 个)的基因与其他细菌和真核生物同源;该菌 DNA 复制、转录和翻译相关的基因类似于真核生物而不同于细菌。另外一些古生菌全基因组测定结果也有类似情况。当然,古生菌基因组中还存在大量未知基因,要全面阐明基因组的数据资料还有许多问题需要解决,三域理论也还需要进一步深入研究。古生菌作为生活在地球上某些极端环境的特殊群体,其特殊生境与地球生命起源初期的环境有许多相似之处。因此,三域学说的建立和发展,意义并不局限于目前研究所取得的结论,更重要的是为进一步探讨生命起源和进化,进一步认识、研究和开发微生物资源提出了新的思路。

3.6.3　原核微生物分类鉴定方法

要对某一未知菌种进行分类鉴定首先要获得该菌种的纯培养物(pure culture),然后对其形态特征、生理生化特性、遗传特性以及分子生物学特征进行深入研究,在此基础上确定其分类地位。下面简要介绍常规分类法、遗传学分类法、化学特征分类法及数值分类法的基本原理和方法。

3.6.3.1　常规分类法

常规分类是微生物分类鉴定中经常采用的方法,主要根据微生物形态、生理生化、生态和抗原等表型特征进行分类。

1.形态特征

个体形态特征:主要包括细菌细胞的形状、大小和排列方式;革兰氏染色;运动性;鞭毛的着生位置与数目;是否产芽胞及芽胞的形状、大小与着生位置;细胞贮藏物;细菌的荚膜、菌毛、气泡和色素等。

群体形态特征:固体培养特征包括菌落形状、大小、边缘、表面质地(光滑、粗糙、湿润、干燥、光泽、暗淡、皱褶、细小颗粒状与凹凸不平等)、隆起程度、易挑取性或黏稠度、透明度与色泽等。还包括斜面培养特征和穿刺培养特征等。液体培养特征包括生长量、生长类型与分布、浑浊度、表面生长状态、沉淀物、气味和颜色等。

2.生理生化特征

对营养或生长基质的要求:包括所能利用的碳源、氮源、无机盐以及生长因子等。

生理生化反应:水解大分子的能力,如淀粉水解、油脂水解等试验;糖或醇类试验、甲基红试验、VP 试验;吲哚试验和 H_2S 试验;硝酸盐还原试验、柠檬酸盐或丙酸盐利用试验和丙二酸盐利用试验等;用作分类特征的酶如氧化酶、过氧化氢酶、凝固酶、脲酶、氨基酸脱羧酶、精氨酸双水解酶、苯丙氨酸脱氨酶以及 β-半乳糖苷酶等;产色素、抗生素等次级代谢产物也常是某些微生物的分类依据。

抗逆性:对噬菌体、抗生素、染料和化学药品等抗微生物因子(antimicrobial agent)的反应等。

3.生态特征

包括微生物的天然生境以及微生物与环境因子的关系。

氧气:根据微生物与氧的关系可将其分为专性好氧、兼性好氧、微好氧、耐氧和专性厌氧等。

温度:根据微生物生长的温度范围可将微生物分为嗜冷菌(psychrophiles)、耐冷菌(psychrotroph)、中温菌(mesophiles)、嗜热菌(thermophiles)和超嗜热菌(superthermophiles)。

pH:根据微生物生境的 pH 范围可将其分为嗜酸菌(acidophiles)和嗜碱菌(alkaliphiles)。

盐度:根据微生物生长生境的盐浓度范围可将其分为耐盐菌(halotolerant microbes)和嗜盐菌(halophiles)。

与其他生物之间的互相关系:微生物与其他生物之间的相互关系(如寄主种类与致病性等)常常也是分类的依据。

4.抗原特征

抗原特征即免疫关系(immunological relationship)。细菌细胞含有蛋白质、脂蛋白、脂多糖等具有抗原性的物质,不同细菌抗原物质结构不同,赋予了它们不同的抗原特征:一种细菌的抗原除了与它自身的抗体起特异性反应外,若它与其他种类的细菌具有共同的抗原组分,它们的抗原抗体之间就会发生交叉反应。有些微生物类群中单纯按照形态和生理生化等特征难以区分诸多亲缘关系相近的成员,但它们在抗原结构或血清学上有明显差异,可以借助这些特征对其进行分型或区分菌株。用作分类鉴定的抗原主要有表面抗原,如伤寒沙门氏菌 Vi、M 和 S 抗原、志贺氏菌和大肠杆菌的 K 抗原以及产甲烷菌表面的抗原表位(epitope)等;菌体抗原,如胞壁脂多糖或 O 抗原、鞭毛抗原(H 抗原)等。致病性大肠杆菌还有特异菌毛抗原,如 K88、K99 以及定殖因子抗原(colonization factor antigen,CFA)等。

3.6.3.2 遗传学分类法

遗传学分类法是指根据核酸分析得到的遗传相关性(genetic relatedness)所做的分类。因为遗传分类法是以决定生物表型特征的遗传物质——核酸作为比较的准绳,因此是一种客观可信的分类方法。被用作分类的遗传学特征能客观地反映微生物之间的亲缘关系,所以近年来在微生物分类鉴定中,特别是在正式定名新属或新种时广泛应用。

1.DNA GC 含量(摩尔百分比)

对某一特定的微生物来说,其 DNA GC 含量(摩尔百分比)是恒定的,可作为代表性遗传特征。原核微生物 DNA GC 含量(摩尔百分比)范围在 20%～80%,真核微生物 DNA GC 含量(摩尔百分比)在 30%～60%。因为细菌 GC 含量(摩尔百分比)变化范围比真核生物大得多,所以这一指标多用于细菌的分类鉴定研究。一般而言,亲缘关系密切的细菌有相似的 GC 含量(摩尔百分比),GC 含量(摩尔百分比)相差超过 5% 时就不可能属于同一个种;相差超过 10% 时,可考虑是不同属。GC 含量(摩尔百分比)常这样表示:GC 含量(摩尔百分比)=[(G+C)(mol)/(A+T+G+C)(mol)]×100%。但要注意,有着相同或相近 GC 含量(摩尔百分比)的微生物不一定有密切的亲缘关系。如假单胞菌属和棒状杆菌属是不同类群的细菌,但其 DNA 的 GC 含量(摩尔百分比)都是 57%～70%。这种巧合只是说明两种细菌 DNA 中 GC 含量(摩尔百分比)相近,不代表其碱基顺序也相似。因此,GC 含量(摩尔百分比)不能作为判断两个物种具有亲缘关系的唯一指标,只能在一定范围内、与其他分类特征共同用于分类鉴定研究。

2.核酸杂交

生物的遗传信息通过 4 种碱基(A、T、G、C)的组合线性排列在 DNA 分子中,某一物种的 DNA 碱基排列顺序是其长期进化的结果。亲缘关系越近的微生物,碱基顺序差异就越小,反之就越大。核酸杂交可以用来比较不同微生物 DNA 碱基排列顺序的相似性,并以此进行微生物分类。核酸杂交比 DNA GC 含量(摩尔百分比)值更加客观地反映微生物的亲缘关系。

双链 DNA 的 2 条互补链在加热时解开成为单链(变性),变性的 DNA 分子在缓慢冷却(退火)的条件下,互补的单链又重新结合,恢复形成双链结构(复性)(图 3-12)。来自同种微生物的同源 DNA 单链可复性成为双链;来自不同微生物的 DNA 单链,只要彼此有互补的核苷酸序列,也会形成异源 DNA 双链。两种微生物亲缘关系越近,DNA 中相同的核苷酸序列越多,杂交的互补区就越多。DNA-DNA 同源性通常以同源百分比表示,代表整个基因组中 DNA 碱基序列相似性的平均值。菌株间 DNA-DNA 杂交的同源性阈值在 70% 以上则两者属于同一个种,在 20%～70% 之间则属于同一个属内不同的种。DNA-DNA 杂交在细菌"种"水平的鉴定方面非常可靠,被称作"黄金标准"。目前,DNA-DNA 杂交分析可通过对已知基因组序列的菌株进行计算机模拟完成,得到 *is*DDH(*in silico* DNA-DNA hybridization)阈值。

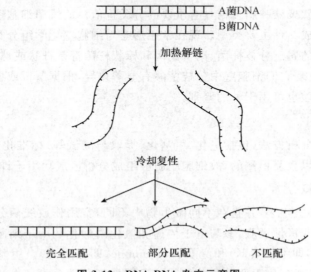

图 3-12　DNA-DNA 杂交示意图

3. 核糖体 RNA 基因序列分析

核糖体 RNA(rRNA)参与核糖体的构建,在细胞生物中非常保守,可用于不同物种之间进化地位的比较。其中,16S rRNA 基因序列(16S rDNA)比较分析现已被公认为是鉴定原核微生物最重要的方法之一。主要原因是:①16S rDNA 的一级结构极其保守,但同时又含有可变区段;②相对分子质量大小适中(大约 1 500 个核苷酸),信息量大且易于分析;③各类原核微生物都含有该基因且执行相同的功能。因此,16S rDNA 是一个比较客观和可信度较高的分类特征。目前认为两株细菌的 16S rDNA 序列一致性≥98.5%,则可能是同一个种;一致性在 85%～98.5% 的菌株一般为同属。利用 16S rDNA 序列的系统发育分析对于鉴定细菌的"属"水平分类地位可靠性很高,但在"种"水平的鉴定方面还要结合 DNA-DNA 杂交和 ANI 分析等方法。

现在一般通过直接分析 16S rDNA 序列来比较不同原核生物之间的亲缘关系,首先提取纯化细菌的总 DNA 作为模板,利用细菌保守引物通过 PCR 技术扩增得到 16S rDNA 序列,纯化或克隆后在自动测序仪中进行序列分析。对于真核生物则通过比较 18S rDNA 序列来分析他们之间的亲缘关系。

4. 基因组平均核苷酸一致性(ANI)分析

随着细菌全基因组测序数据的不断增加,基因组序列间的一致性比较成为分析细菌间亲缘关系的重要方法。ANI 分析一般选取两个细菌基因组中 1 000 个以上同源蛋白的编码基因片段进行序列一致性分析,给出两株细菌基因组整体上的相似性。ANI≥95%时,两株细菌属于同一个种,这与 16S rDNA 序列一致性≥98.5%基本相当。

3.6.3.3 化学特征分类法

化学分类法是应用电泳、色谱和质谱等技术分析比较不同微生物细胞组分、代谢产物等特征,并依此进行分类的方法。

1.细胞壁化学成分

细菌细胞壁中的肽聚糖和脂多糖具有重要的分类价值。放线菌细胞壁化学组成按其所含氨基酸和糖的种类分成 9 种主要类型。现在常用形态与细胞壁化学组分类型相结合的方法来划分放线菌目中不同的属。分枝杆菌、诺卡氏菌和棒状杆菌都是杆状或球菌状小体,细胞壁化学组分都为Ⅳ型,但发现它们细胞壁中分枝菌酸有显著差异,根据层析或质谱分析可将这 3 个属区别开来。分枝菌酸也可用于种的鉴别。

2.脂肪酸组成

只要培养条件与分析方法(包括皂化、甲基化、提取与测试等)标准化,同一细菌的胞壁脂肪酸谱是稳定而且可以重复检测的,故细胞脂肪酸组成分析已成功用于许多细菌的分类鉴定。

3.磷脂、醌、多胺分析

磷脂为极性脂,种类很多,并且在不同微生物中不同,常用作放线菌分类指征。醌是位于很多细菌细胞膜中的非极性类脂,参与电子传递和氧化磷酸化。用于细菌分类的醌主要是甲基萘醌(menaquinone,即维生素 K)和泛醌(ubiquinone,即辅酶 Q)。甲基萘醌用于放线菌与革兰氏阳性细菌分类,泛醌用于假单胞菌等革兰氏阴性细菌的分类。在一些较小的细菌类群中,多胺(polyamines)是另一个可利用的化学分类指征。黄单胞菌属(Xanthomonas)的成员与植物致病假单胞菌以及一些腐生假单胞菌,大多数特征是一样的,用经典分类方法不易区分这两个属的成员,利用多胺分析却能快速地将它们区分开来。

4.可溶蛋白质谱

同一种微生物在一定条件下生长时,合成一定种类和数目的蛋白质,不同种类的微生物在相同条件下生长时合成不同种类和数目的蛋白质,因此通过分析微生物细胞中的可溶性蛋白可判断微生物之间的亲缘关系。微生物细胞蛋白质的聚丙烯酰胺凝胶电泳(PAGE)分析已成功地用于支原体、嗜盐细菌及放线菌等的分类鉴定,土著根瘤菌群分离物的鉴别等。

3.6.3.4 数值分类法

数值分类法(numerical taxonomy)是根据数值分析,借助计算机用数理统计的方法处理拟分类微生物的各种性状特征,求出相似值,并以相似性的大小决定细菌分类地位。遵循的主要原则:选择尽可能多的分类性状;各个性状不分主次,同等重要。

1.分类单位与性状的选择

分类单位可能是菌株、种或属,统称每个分类单元为一个操作分类单元(operational taxonomic unit,OTU)。多数情况下 OTU 是指菌株。其中须包括与该分类单元有关的分类单元的模式菌株,如有可能,新近分离的菌株与世界不同地区的菌株也应包括在内。选择的性状通常不应少于 50 个,多者可到上百个甚至几百个。一般来说,所选性状数目越多,分类结果越可靠。所选性状应尽可能广泛而又均匀遍布于所研究的微生物中,形态、生理生化、生态、免疫、遗传等方面的性状都可以。但要注意,无意义性状和全同性状(即全部 OTU 都相同的性状,如根瘤菌均为革兰氏阴性菌)不宜选用。相关性状,如运动性与鞭毛也不能同时选用。

2. 性状编码

将观察和测得的性状用计算机所能识别和运算的符号记录下来。如对某种碳源利用与否、有无某种酶、能否在 45℃生长等,阳性结果用"+"表示,阴性结果用"−"表示。将性状编码后,把它们排列成顺序号,形成一个性状(原始数据)矩阵,然后分别用 1 和 0 符号输入计算机。

3. 相似度系数的计算

相似度系数是被比较的 OTU 对偶间整体相似程度的度量,最简单的方法是计算 OTU 对偶间相似性状的数目。相似度系数(S)计算公式如下:

$$S = \frac{NS}{NS + ND} \times 100\%$$

式中:NS 表示被比较的 OTU 对偶有相同性状的数目;ND 表示被比较的 OTU 对偶有不同性状的数目。算出的相似度以百分数或比例表示。

4. 系统聚类及分析

根据相似系数对 OTU 进行系统聚类归类,得到相似度矩阵(similarity metrices),即 S 矩阵。再由此矩阵转换成能显示这些菌株相互关系的树状图谱(dendrogram),可清楚直观地显示分类结果。数值分类得到的是表观群或表元。大约 80% 相似度的表观群等于种,而相似度为 75% 的表观群相当于属。

3.7　重要代表性植物病原细菌介绍

目前已知的细菌超过 2 万种,其中大多数是严格腐生菌,这些细菌可以帮助分解自然界产生的大量有机废物,对人类有益。早在 1882 年就发现了植物病原细菌,迄今已知大约有 100 种细菌引起植物病害,其中多数是兼性腐生菌,能在人工营养培养基上生长。早期发现的植物病原细菌都是很容易在培养基上生长的细菌,但现在已知有些类型的植物病原细菌很难培养,其中有些种至今仍无法培养。例如,韧皮部和木质部栖居的难养菌,直到 1972 年才被发现,它们前些年被认为是类立克次氏体(RLO)。此外还有许多细菌,例如沙雷氏菌属(*Serratia*)、鞘氨醇单胞菌属(*Sphingomonas*)、克雷伯氏菌属(*Klebsiella*)等,它们对植物的致病性还正在研究中,其特征及与其他植物病原细菌的关系所知甚少。以下列举了常见植物病原原核生物的分类地位和引起的代表性病害。

域:细菌域

　门:变形菌门(Proteobacteria)

　　纲:α 变形菌纲(Alphaproteobacteria)

　　　目:根瘤菌目(Rhizobiales)

科：根瘤菌科（Rhizobiaceae）

属：土壤杆菌属（*Agrobacterium*）引起乔木、灌木根癌病、发根病

异根瘤菌属（*Allorhizobium*）引起葡萄根癌病

韧皮部杆菌属（*Liberibacter*）引起柑橘黄龙病

纲：β 变形菌纲（Betaproteobacteria）

目：伯克霍尔德氏菌目（Burkholderiales）

科：伯克霍尔德氏菌科（Burkholderiaceae）

属：罗尔斯通氏菌属（*Ralstonia*）引起茄科作物细菌性青枯病

伯克霍尔德氏菌属（*Burkholderia*）引起水稻细菌性谷枯、洋葱酸腐病

科：丛毛单胞菌科（Comamonadaceae）

属：食酸菌属（*Acidovorax*）引起西甜瓜果斑病

嗜木杆菌属（*Xylophilus*）引起葡萄细菌性溃疡病

纲：γ 变形菌纲（Gammaproteobacteria）

目：肠杆菌目（Enterobacteriales）

科：欧文氏菌科（Erwiniaceae）

属：欧文氏菌属（*Erwinia*）引起苹果和梨的火疫病

泛菌属（*Pantoea*）引起玉米萎蔫病

科：果胶杆菌科（Pectobacteriaceae）

属：果胶杆菌属（*Pectobacterium*）引起大白菜软腐病

布伦纳氏菌属（*Brenneria*）引起杨树溃疡病

迪克氏菌属（*Dickeya*）引起多种蔬菜软腐病

目：溶杆菌目（Lysobacterales）

科：溶杆菌科（Lysobacteraceae）

属：黄单胞菌属（*Xanthomonas*）引起水稻白叶枯病、十字花科黑腐病

木杆菌属（*Xylella*）引起葡萄皮尔斯氏病

目：假单胞菌目（Pseudomonadales）

科：假单胞菌科（Pseudomonadaceae）

属：假单胞菌属（*Pseudomonas*）引起番茄细菌性斑疹病、黄瓜角斑病

门：放线菌门（Actinobacteria）

纲：放线菌纲（Actinobacteria）

目：微球菌目（Micrococcales）

科：微杆菌科（Microbacteriaceae）

属：棒状杆菌属（*Clavibacter*）引起番茄细菌性溃疡病、马铃薯环腐病

目：链霉菌目（Streptomycetales）

科：链霉菌科（Streptomycetaceae）

属：链霉菌属（*Streptomyces*）引起马铃薯疮痂病

门：柔壁菌门（Tenericutes）

纲：柔膜菌纲（Mollicutes）

目：无胆甾原体目（Acholeplasmatales）

　　　科：无胆甾原体科（Acholeplasmataceae）
　　　　属：植原体属（*Candidatus* Phytoplasma）引起枣疯病、葡萄黄化病
　　目：虫原体目（Entomoplasmatales）
　　　科：螺原体科（Spiroplasmataceae）
　　　　属：螺原体属（*Spiroplasma*）引起玉米矮化病、柑橘僵化病

由于大多数细菌缺乏鉴定性的形态特征，细菌的分类和命名越来越依赖基因组序列和系统发育分析。植物病原细菌的分类地位在近 20 年间变化较大，从事相关工作时应注意参考近年来发表的专业文献。

3.7.1　植物病原细菌的特征

3.7.1.1　形态学特征

大多数植物病原细菌呈杆状，少数例外的包括呈丝状的链霉菌属细菌和呈螺旋状的螺原体属细菌等。大多数植物病原细菌有结构精细的线状鞭毛，长度明显比菌体要长许多。有些种的细菌细胞仅有一条鞭毛；而另外一些细菌则带有一端成簇的鞭毛（极鞭）；还有一些细菌是周生鞭毛，即鞭毛分布在整个细胞的表面。多数植物病原细菌可通过鞭毛在液体中运动，而其他没有鞭毛的细菌则不能自主运动。少数细菌可产生孢子，如链霉菌能够通过气生菌丝产生孢子，称作分生孢子。

大多数种的细菌其细胞壁包被有一层黏稠物质，如果该物质较薄且呈发散状，则称作黏液层（slime layer）；如果较厚，形成明确的包被层，则称作荚膜（capsule）。

在复式显微镜下，细菌的单个细胞呈浅色透明状，难以观察到细节结构。当单个细菌在固体培养基表面生长时，后代迅速形成可见的群体称作菌落（colony）。不同种的细菌菌落形态各异。菌落直径可从不到 1 mm 至几厘米之间，菌落可呈圆形、卵形或者不规则状，边缘光滑、波浪状或不规则，隆起部分可以是扁平的、突出的或者皱褶的。大多数病原细菌的菌落呈白色或灰色，也有一些呈黄色，如黄单胞菌。有些细菌在琼脂培养基中产生可扩散的色素，有些色素在紫外光下可呈现荧光，如假单胞菌属。

3.7.1.2　生态学和传播

大多数植物病原细菌在其寄主植物上以寄生形式生存；而在植物表面，尤其是芽上，作为附生物生存；有时在植物残体或土壤中作为腐生物生存。不同种的细菌在某种环境下的生长状况差别很大。植物病原细菌或者其他细菌常以生物膜（biofilm）形式存在，即相同的或不同的微生物相互附着并且在某一固体的表面上形成一个群体。

有些细菌病原菌，如引起梨火疫病的解淀粉欧文氏菌，在寄主植物上可大量繁殖形成群体，但在土壤中数量会迅速减少，土壤中残存的病原菌通常对病害的代间传播不起作用。这类病原菌通过昆虫介体传播可形成连续的植物间侵染循环，这可能与寄主为多年生植物有关，或是由于细菌总与植物营养繁殖器官或种子接触，已经逐渐丧失了在土壤中生存的能力。

其他一些细菌病原菌，如引起冠瘿病的根癌土壤杆菌、引起茄科作物细菌性萎蔫的罗尔斯通氏菌，尤其是引起马铃薯疮痂病的链霉菌，都是非常典型的土壤栖居菌（soil inhabitants）。

这些细菌不仅能在寄主植物体内繁殖形成群体，它们进入土壤后仍有生存能力，群体只是缓慢递减。如果在随后几年里带菌土壤中连续种植了感病寄主，细菌的数量会显著提高，在代间形成净增长。然而，大多数的植物病原细菌作为腐生菌的竞争力较差，所以这些细菌常常是以植物组织为介体在土壤中存活，而且只能在土壤中存活到寄主组织被腐生菌降解。土壤温湿条件适宜的情况下，有些细菌在寄主组织降解后仍能存活一段时间。

土壤中的植物病原细菌多在植物组织上存活，游离存活或者腐生存活的较少。也有少数细菌在它们自然形成的菌溢中存活，这种菌溢可以保护细菌免受不良条件的影响。细菌还可能在种子表面或内部、植物的其他部位或土壤中的昆虫上存活。在植物上，细菌经常在芽、伤口、植物分泌物或它们所侵染的各种组织器官内存活。

植物病原细菌在植物间或者同一植物不同部位间的传播主要是通过水，其次是昆虫、动物和人类活动。即使具有鞭毛的细菌，靠自身能力也只能运动很短的距离。雨水的冲刷和飞溅可在不同植物间或者同一植物的不同部位间传播细菌，也可造成土壤中的细菌传播到植物距地面较近的部位。水还可能将土壤中的细菌传播到其他可能有寄主植物的地方。昆虫不仅能够将细菌传至植物上，还能将细菌接种到利于细菌生长的植物部位。在有些情况下，植物病原细菌依赖昆虫存活和传播；另一些情况下，昆虫对于某些病原细菌的传播非常重要，但并不是必需的。鸟类、兔子和其他动物也可携带细菌并在植物间传播。人类通过接触植物的农事操作，可在短距离传播细菌，也可通过运输受侵染的繁殖材料而远距离传播细菌。如果细菌侵染了寄主的种子，它可在种子内部或表面存活并随种子进行短距离或者长距离的传播。

3.7.1.3 植物病原细菌的鉴定

1. 症状识别

植物病原细菌在寄主植物上可造成多种症状，如坏死、萎蔫、变色、畸形、腐烂等。任何一种已知的症状都可能由不同属的植物病原细菌引起，每个属的植物病原细菌也都含有能导致不同症状的病原细菌。但链霉菌中的植物病原菌只引起作物地下部分的疮痂或病斑。土壤杆菌属的细菌只引起器官的增生或肥大，但增生这种症状也可能由红球菌或假单胞菌属中的某些种引起。需要注意的是，根瘤菌属(*Rhizobium*)和与其相近的固氮根瘤菌属(*Azorhizobium*)、慢生根瘤菌属(*Bradyrhizobium*)中的一些革兰氏阴性土壤习居细菌能引起豆科植物的根结瘤，这些根瘤可以固氮并被植物利用，对植物有益无害。

许多情况下对病原细菌的鉴定始于观察细菌在植物上造成的外部症状，例如植物呈现萎蔫或在叶部形成带有晕圈的病斑。然后是对一些较简单的内部症状的观察，例如萎蔫植物的维管束组织变色，据此可以判断萎蔫是由病原菌引起而不是由干旱造成。进一步可切取萎蔫植物的茎放入盛有水的试管或平皿中观察茎秆中是否排出云雾状扩散物——菌溢(bacterial ooze)，如果有扩散物，说明萎蔫是由细菌造成的而不是真菌或者其他原因。

2. 室内镜检

植物典型发病部位的切段置于水中在低倍显微镜下观察时，往往可以看到大量细菌在切口处不断涌出的现象，称作"喷菌"(菌溢)。该现象可以帮助确认病害是由病原细菌引起。

3. 分离培养

如果仍需进一步鉴定，则需要培养细菌并观察培养物的形状、大小和颜色。某些选择性培养基(selective media)的使用有助于判断已知的病原细菌。选择性培养基含有能够促进特定细菌生长抑制其他细菌生长的物质。很少有选择性培养基只允许某一种细菌生长,因此鉴定工作通常需要在选择性培养基中进行连续的分离和继代培养。选择性培养基的利用对病原细菌的常规分离很有帮助,有时对细菌的属、种甚至是致病型的鉴定也有帮助。

4. 致病性测定

为了确认所分离的细菌是病原菌而不是腐生菌,可通过柯赫氏法则试验进行验证,也可以通过在非寄主植物上激发坏死反应的现象初步确认致病性。将配制的细菌悬浮液注射非寄主植物,如烟草的叶片中,非病原细菌在叶片注射位点一般没有明显变化;但如果细菌具有病原性,注射位点附近组织则迅速坏死,即产生过敏性坏死反应(hypersensitive response)。

5. 细菌学性状

在细菌学性状的检测方面,植物病原细菌与普通细菌研究方法相似。总的来说,病原细菌中链霉菌属与其他细菌属极易区分,因为它产生大量分枝、发育完好的菌丝体和弯曲的分生孢子串。然而要鉴定呈杆状的细菌,则困难和复杂得多。不仅要考虑可见的特征,如大小、形状、结构和颜色,而且要考虑一些不可见的特征,如化学组成、血清学反应,利用某些营养元素的能力、酶活性、对植物的致病性以及在选择性培养基上是否能生长等特点。

杆状的植物病原细菌中只有棒杆菌属和链霉菌属以及一些相对不重要的植物病原菌属,如短小杆菌属、节杆菌属、芽胞杆菌属和红球菌属是革兰氏阳性;多数常见的植物病原细菌,如土壤杆菌属、欧文氏菌属、假单胞菌属、罗尔斯通氏菌属、黄单胞菌属和木杆菌属等均为革兰氏阴性。

6. 分子鉴定技术

16S rDNA 等细菌保守基因序列分析已广泛用于植物病原细菌的鉴定工作。此外,特异性 PCR 技术和 DNA 探针也用于病原细菌的快速鉴定和检测。某些植物病原细菌具有特异性的 DNA 序列,例如细菌的特异性毒素或毒性基因 DNA,以其作为模板设计 PCR 引物,可以通过 PCR 方法特异性地检测到一粒种子、繁殖材料或植株、土壤中混杂的少量病原细菌。还可以将这种特异性的 DNA 标记上放射性元素或发色物质,待测细菌经处理后其 DNA 释放到尼龙膜或者滤片上,然后与探针杂交。如果探针与膜上互补的 DNA 结合,即使经过清洗,探针仍保留在膜上。通过检测探针所带的放射性元素或产生颜色的化合物确认是否有病原细菌存在。

3.7.2　重要代表性植物病原细菌

下面介绍几个常见植物病原细菌属的主要特征。

1. 土壤杆菌属(*Agrobacterium*)

隶属于变形菌门 α 变形菌纲根瘤菌目根瘤菌科。

土壤杆菌属细菌为革兰氏阴性杆状,(0.6~1.0) μm×(1.5~3.0) μm。该属细菌通过 1~4 根周生鞭毛运动,当只有一根鞭毛时,通常侧生的情况比极生情况要多。在含有碳水化合物的培养基上生长时,细菌产生大量多糖黏液。菌落圆形,光滑,突起,不产色素。好氧细菌,适宜生长温度 25~28℃。该属细菌多为根围和土壤习居菌,目前有 11 个种,模式种为根癌土壤杆菌(*Agrobacterium tumefaciens*)。GC 含量(摩尔百分比)为 57%~63%。

该属中有多种植物病原菌,能侵染 90 多科 300 多属的木本或草本植物。病原细菌通过伤口侵染双子叶植物和裸子植物根或茎基部,引起许多木本植物的冠瘿瘤,包括核果、仁果、柳树;苹果发根(发根土壤杆菌(*A. rhizogenes*))以及悬钩子和黑莓藤条上的肿瘤[悬钩子土壤杆菌(*A. rubi*)]。致病性是由土壤杆菌所携带的质粒决定的。携带成瘤质粒(Ti plasmid)的细菌引起冠瘿瘤,而携带发根质粒(Ri plasmid)的细菌引起发根症状。Ti 质粒上的一段特殊 DNA 序列在细菌侵染植物时,会转移到被侵染的植物细胞内,最终整合到植物细胞的基因组中,并随细胞增殖遗传给新生细胞,导致植物细胞增生和膨大,形成肿瘤。去除 Ti 质粒上的致病基因,病原菌就不能引起冠瘿瘤。

土壤杆菌侵染植物在本质上是自然发生的物种间转基因事件,所以土壤杆菌也被称作自然界的遗传工程师。科学家正是利用土壤杆菌的这个特征,以 Ti 质粒作为载体将其他功能基因如编码抗病性的基因,插入植物基因组中,使之表达新的性状,这种经遗传工程改造的植物被称作转基因植物。土壤杆菌的 Ti 质粒是目前应用最为广泛的转基因植物的遗传操作材料之一。

2. 欧文氏菌属(*Erwinia*)

隶属于变形菌门 γ 变形菌纲肠杆菌目欧文氏菌科。

欧文氏属细菌为革兰氏阴性直杆状,$(0.5\sim1.0)$ $\mu m\times(1.0\sim3.0)$ μm。单个或成对出现。通过周生鞭毛运动。欧文氏菌为兼性厌氧菌,但该属中一些种的厌氧生长能力很弱。适宜生长温度 27~30℃,最高生长温度 40℃。不产生果胶酶。该属细菌与植物关系密切,包括植物病原菌、附生菌、腐生菌等。该属目前有 20 个种,模式种为引起梨火疫病的解淀粉欧文氏菌(*Erwinia amylovora*)。GC 含量(摩尔百分比)为 49.8%~54.1%。

解淀粉欧文氏菌是人类最早鉴定的植物病原细菌。它造成的火疫病是梨和苹果树最具破坏性的病害,是我国的检疫性细菌病害。火疫病菌可通过传粉昆虫(如蜜蜂)自花器和蜜腺侵染,也可从植物的气孔和伤口侵染,典型症状是导致花和嫩枝枯死,也可在大的枝条或主茎上形成环斑,从而造成整树死亡。美国和欧洲各国曾为控制果树火疫病而大量使用抗生素,导致病原菌抗药性迅速上升,给该病害的防治带来更大的困难。

3. 果胶杆菌属(*Pectobacterium*)

隶属于变形菌门 γ 变形菌纲肠杆菌目果胶杆菌科。

该属是 1998 年自欧文氏菌属分离出来的。果胶杆菌属细菌为革兰氏阴性直杆状,$(0.5\sim1.0)$ $\mu m\times(1.0\sim3.0)$ μm,末端钝圆,单个或成对出现。通过周生鞭毛运动。果胶杆菌为兼性厌氧菌。适宜生长温度 27~30℃,最高生长温度 40℃。产生果胶酶,能利用乙酰氨基葡萄糖产酸;水解七叶苷(esculin),但不水解淀粉。该属目前有 18 个种,模式种为胡萝卜果胶杆菌(*Pectobacterium carotovorum*)。GC 含量(摩尔百分比)为 50.5%~56.1%。

果胶杆菌属引起许多肉质水果、蔬菜、庭院植物的软腐,主要病原菌包括胡萝卜果胶杆菌(*P. carotovorum*)、黑腐果胶杆菌(*P. atrosepticum*)、维管束果胶杆菌(*P. betavasculorum*)、山萮菜果胶杆菌(*P. wasabiae*)等。这些细菌通过伤口侵染植物,并沿维管束迅速扩展,主要致病因子是产生果胶酸盐裂解酶等多种降解植物细胞壁的酶。果胶酸盐裂解酶瓦解细胞壁和中胶层,造成植物组织崩溃,形成软腐症状。自然情况下,受果胶杆菌侵染腐烂的组织容易着生其他腐生细菌,这些细菌分解植物组织时释放出气体物质,使腐烂组织发出难闻的气味。

4. 假单胞菌属（*Pseudomonas*）

隶属于变形菌门 γ 变形菌纲假单胞菌目假单胞菌科。

假单胞菌革兰氏染色阴性，呈直杆状或弯曲杆状，$(0.5 \sim 1.0)$ $\mu m \times (1.5 \sim 5.0)$ μm。通过 1 至数根极生鞭毛运动。严格好氧。假单胞菌属非常庞大，目前有超过 240 个种。许多种是土壤、淡水或海水环境中常见习居菌。大多数病原假单胞菌的种侵染植物，少数几种侵染动物和人。多种植物病原假单胞菌如丁香假单胞（*Pseudomonas syringae*）在低铁培养基中生长时产生可扩散的黄绿色荧光色素。该属的模式种为铜绿假单胞菌（*P. aeruginosa*），是人的机会性病原菌，在特殊条件下也可以侵染植物。该属 GC 含量（摩尔百分比）为 58% $\sim$ 69%。

假单胞菌属的植物病原细菌多造成植物叶片、茎秆和果实上的细菌性斑点和疫病。病斑为圆形或近圆形坏死斑，有时环绕着黄色的晕圈。某些双子叶植物上的细菌性病斑受大的叶脉限制而呈角状。

假单胞属植物病原菌种下有大量的致病型分化。当某一株或几株细菌能够侵染某种植物而其他同一种的菌株不能侵染该植物时，这些具有侵染性的细菌菌株即构成了该细菌种下的一个致病型（pathovar，简称 pv.）。丁香假单胞菌（*P. syringae*）种下有很多致病型，在不同植物上造成病害，如烟草致病型（*P. syringae* pv. *tabaci*）造成烟草野火病、菜豆生致病型（*P. syringae* pv. *phaseolicola*）造成菜豆晕斑疫病、丁香致病型（*P. syringae* pv. *syringae*）造成丁香疫病、番茄致病型（*P. syringae* pv. *tomato*）造成番茄细菌性斑点病等。

扁桃假单胞菌角斑致病型（*P. amygdali* pv. *lachrymans*）引起黄瓜角斑病，是我国常见的假单胞菌病害，病原菌可侵染黄瓜、南瓜、香瓜和西瓜等葫芦科作物的叶片、茎秆和果实。起初在叶片上形成圆形小斑点并迅速扩大成角状或不规则的水渍状区域。在潮湿环境下，下层叶片表面上的病斑会分泌出菌脓；天气干燥时，菌脓变干形成一层白色的膜（菌膜）。受侵染的组织后期死亡并萎缩，经常开裂脱落，在叶片上形成较大的不规则孔洞。受侵染果实通常在表面呈现小圆斑。受侵染的组织死亡、变白并破裂，随后软腐类真菌和细菌侵入进一步造成整个果实的腐烂。

5. 罗尔斯通氏菌属（*Ralstonia*）

隶属于变形菌门 β 变形菌纲伯克霍尔德氏菌目伯克霍尔德氏菌科。

该属是 1996 年由假单胞菌属分离出来建立的属，又称雷（劳/拉）尔氏菌属。革兰氏染色阴性，菌体杆状（少有弧形），无鞭毛或有鞭毛，有鞭毛细菌为单极生或周生鞭毛。严格好氧。该属细菌不产生荧光色素。在含有红四氮唑的特殊培养基上生长时，病原菌产生中央红色、边缘白色、形状不规则的黏稠菌落。罗尔斯通氏菌属现有 6 个种，模式种为皮氏罗尔斯通氏菌（*Ralstonia pickettii*），该属 GC 含量（摩尔百分比）64% $\sim$ 68%。

罗尔斯通氏菌属病原菌侵染植物引起的主要症状是萎蔫。细菌自根部侵入并在寄主植物的木质部导管中繁殖和移动，干扰寄主的水分和营养运输，导致植物地上部低垂萎蔫和死亡。该属有 3 个种引起植物细菌性萎蔫病，分别为假茄科罗尔斯通氏菌（*R. pseudosolanacearum*）、茄科罗尔斯通氏菌（*R. solanacearum*）和蒲桃罗尔斯通氏菌（*R. syzygii*）。在我国造成危害的主要是假茄科罗尔斯通氏菌。这些病原菌广泛分布于世界各地的热带及温带地区，造成烟草、番茄、马铃薯和茄子等茄科作物及其他植物的严重损失。病原菌至少有 5 个生理小种，可在不同寄主上引起病害。茄科作物的细菌性萎蔫病表现为植株叶片在没有变色的情况下突然萎蔫,幼苗受侵染会迅速死亡,成株首先表现为幼嫩叶片萎蔫或一侧叶片萎蔫,逐渐发展为整株萎蔫死亡。

细菌性维管束萎蔫病可通过是否有菌溢现象来鉴定,将小块的受侵染的茎秆、叶柄、叶片切开后放置水中,在显微镜下观察,可看到大量的细菌从切面的维管束中涌出。也可将发病的茎秆切断,在清水中静置一段时间,可看到白色絮状菌溢自发病组织中溢出,在水中逐渐扩散。

6. 黄单胞菌属(Xanthomonas)

隶属于 γ 变形杆菌纲溶杆菌目溶杆菌科。

革兰氏染色阴性,细胞呈直杆状,$(0.4\sim0.6)~\mu m \times (0.8\sim2.0)~\mu m$。通过 1 根极生鞭毛运动(少数例外)。严格好氧。在培养基上菌落通常呈黄色、光滑、有黏性,大多数生长缓慢。黄色色素是溴化芳基多烯类化合物菌黄素(xanthomonadin),结构上与胡萝卜素相似,分布在细菌胞壁的外膜上。黄单胞菌属中大多数种是植物病原细菌,或植物相关细菌。该属现有 31 个种,模式种为野油菜黄单胞菌(Xanthomonas compestris),该属的 GC 含量(摩尔百分比)是 63.3%~69.7%。

根据寄主的不同,黄单胞菌属内部分种下划分了大量的致病型,如《伯杰氏系统细菌学手册》第一版中记载野油菜黄单胞菌种下有 125 个致病型(pathovar)。

黄单胞菌是我国农业生产上危害最严重的病原细菌之一,在多种重要粮食和经济作物上造成严重损失。十字花科黑腐病是由野油菜黄单胞菌的野油菜致病型(X. campestris pv. campestris)引起,该病在全世界范围内分布。它能侵染十字花科所有成员,常造成重大损失。病原菌主要侵染植物的地上部分,像甘蓝黑腐病,黄单胞菌自叶缘的水孔侵入,沿维管束扩展,形成"V"字形病斑,严重时腐烂变黑。掰开发病的叶片,会看到维管束变色的症状。

我国水稻生产上最严重的细菌性病害白叶枯病和细菌性条斑病分别是由稻黄单胞菌水稻致病型(X. oryzae pv. oryzae)和稻黄单胞菌水稻生致病型(X. oryzae pv. oryzaecola)引起的。白叶枯病症状主要发生在叶片及叶鞘部位,病菌自叶片的叶尖或叶缘水孔侵入后先产生黄绿色、水渍状条斑,后沿叶脉继续发展成为波纹状黄色、黄绿色或灰绿色病斑;病、健组织界线明显,在空气湿度大时,新鲜病斑上出现蜜黄色胶珠状的菌脓,干涸后硬结成粒,易脱落。水稻细菌性条斑病的病原菌主要由叶片上的气孔侵入,初发期为暗绿色水渍状半透明小斑点,很快在叶脉之间扩展,形成暗绿色或黄褐色的狭窄条斑。病斑上形成成串的黄色细珠状菌溢,形小而量多。

7. 食酸菌属(Acidovorax)

隶属于变形菌门 β 变形菌纲伯克霍尔德氏菌目丛毛单胞菌科。

食酸菌属是 20 世纪 90 年代以后,Willems 等根据 DNA/DNA 和 DNA/rRNA 杂交、生化、营养谱、脂肪酸谱等特征的数值分析、全细胞聚丙酰胺凝胶电泳的结果等,将假单胞菌属中的部分种分出另立的新属。食酸菌属细菌革兰氏阴性,菌体直杆状或略微弯曲的杆状,$(0.2\sim 0.7)~\mu m \times (1.0\sim5.0)~\mu m$,单细胞或短链状存在,通过 1 根极生鞭毛运动。严格好氧。多数种不产色素,但少数植物病原菌产生黄色至浅棕色可扩散色素。该属细菌适生范围广泛,包括土壤、水体、污泥、医学临床样品、植物等。食酸菌属目前有 18 个种,模式种为敏捷食酸菌(Acidovorax facilis),该属的 GC 含量(摩尔百分比)是 62%~70%。

该属中重要的植物病原细菌是西瓜食酸菌(Acidovorax citrulli),引起西瓜和甜瓜细菌性果斑病。该病最早发现于 20 世纪 60 年代初期,在美国多个西瓜产区发生,东南部尤为严重。西瓜果斑病的早期症状是在子叶和真叶背面形成水渍斑,进而形成干燥的坏死斑,病斑常沿叶脉扩展。该病的鉴定性症状是采收前瓜皮上呈现大面积水渍状病斑,随着病害的发展,病斑表面变褐破裂。在我国西瓜食酸菌主要为害甜瓜和西瓜,也侵染南瓜、西葫芦等葫芦科作物。

8. 韧皮部杆菌属(*Liberibacter*)

隶属于变形菌门变形菌纲根瘤菌目根瘤菌科。

韧皮部杆菌属中大多数细菌是难养维管束细菌。难养菌是指人工培养时营养条件要求复杂苛刻,或尚未得到纯培养物的细菌。在植物韧皮部筛管中的韧皮部杆菌细胞通常呈线状,在其传播介体昆虫木虱的淋巴系统和唾液腺中也能存活。革兰氏染色呈阴性,$(0.2\sim0.5)$ μm×$(1.0\sim4.0)$ μm,好氧,不能运动。细菌由一层细胞膜和细胞壁包被,有些韧皮部杆菌的细胞壁很薄,看起来像是第二层细胞膜,而不像是一层细胞壁。韧皮部杆菌属目前有 1 个可培养种和 8 个暂定种(尚不可培养)。模式种为山木瓜韧皮部杆菌(*Liberibacter crescens*),是该属第一个可培养的种,分离自山木瓜。该属的 GC 含量(摩尔百分比)很低,在 31%～37% 之间。

国际上对于可详细描述但不能人工培养的细菌尚不能给出法定学名,而用暂定名代替。暂定名的写法包括 *Candidatus*(斜体,首字母大写),加上属种名称(正体,属名首字母大写)。我国柑橘黄龙病(Huanglongbing)主要由亚洲韧皮部杆菌(*Candidatus* Liberibacter asiaticus)引起。发病树冠外围长出的新梢叶片不能转绿,叶片呈黄色,即潮汕柑农称为"黄龙"的黄梢,"黄龙病"就是据此得名。柑橘黄龙病典型症状为初期病树嫩梢和叶片呈斑驳型黄化,病树开花早而多,坐果率低,果实变小、畸形、着色不均匀,种子败育。其中叶片斑驳型黄化最具有特征性,可列为诊断病害的主要症状依据。病害通过种苗、嫁接和木虱介体等途径传播。

9. 棒(棍)状杆菌属(*Clavibacter*)

隶属于放线菌门放线菌纲微球菌目微杆菌科。

细胞呈直杆状或轻微弯曲的杆状,多变形。革兰氏染色呈阳性,菌体$(0.4\sim0.75)$ μm×$(0.8\sim2.5)$ μm。严格好氧,无鞭毛,不能运动,不产芽胞。适宜的生长温度为 $20\sim29$℃,最高不超过 35℃。胞壁中含有 2,4-二氨基丁酸。有时细胞中具有不规则有色片状或颗粒状物质,并且有棒状膨胀。该属细菌多为植物病原菌,引起植物病害的主要症状为萎蔫、腐烂和溃疡。棒杆菌属现有 6 个种,模式种为密歇根棒状杆菌(*Clavibacter michiganensis*)。该属的 GC 含量(摩尔百分比)是 65%～75%。

番茄细菌性溃疡病由密歇根棒状杆菌(*C. michiganensis*)引起,在世界许多地方发生并引起严重危害。病原菌由伤口或自然孔口侵染番茄的不同部位,在叶片、茎秆和果实上形成病斑,并沿维管束扩展,造成叶片和新芽萎蔫,严重时茎秆开裂,整株萎蔫腐烂。在番茄果实上形成中心褐色、边缘白色的雀眼状病斑,是该病害的典型症状。

马铃薯环腐病由坏腐棒状杆菌(*C. sepedonicus*)引起。该病曾在北美和欧洲造成严重损失。发病植株叶片边缘向上卷曲并坏死。严重时整株叶片萎蔫,茎秆死亡。如果将萎蔫的茎秆基部切开并挤压,可见维管束溢出乳白色的菌溢。病害通过维管束扩展,可侵染马铃薯块茎。如果切开受侵染的块茎,首先可以看到一圈维管束呈浅黄色或褐色,因此称作"环腐",如果挤压块茎会看到细菌菌溢。

10. 链霉菌属(*Streptomyces*)

隶属于放线菌门放线菌纲链霉菌目链霉菌科。

链霉菌属细菌形态上与其他单细胞细菌不同,具有细长分枝的菌丝,没有横隔。革兰氏染色呈阳性。菌丝直径 0.5~2 μm。成熟的气生菌丝上形成 3 个至多个链状孢子。孢子不运动。在营养培养基上形成的菌落表面干燥,呈粒状、粉状或者是绒状。许多链霉菌属的种及菌株产生多种多样的色素,使菌丝体和培养基呈现不同颜色。该属细菌产生多种抗生素,可抑制细菌、真菌、藻类、病毒、原生动物或者是肿瘤组织。链霉菌属是一个庞大的属,目前有 600 多个种,模式种为白色链霉菌($Streptomyces\ albus$)。该属的 GC 含量(摩尔百分比)是 66%~78%。

链霉菌在马铃薯上引起重要病害马铃薯疮痂病,全世界范围内发生危害。病原菌有多个种,包括疮痂链霉菌($S.\ scabies$)、酸疮痂链霉菌($S.\ acidiscabies$)、肿痂链霉菌($S.\ turgidiscabies$)、欧洲疮痂链霉菌($S.\ europaeiscabiei$)等。具有致病性的链霉菌共有特征是能产生毒素 thaxtomin,是主要的致病因子。马铃薯疮痂病菌的孢子可在土壤或病残体上存活越冬,次年病原菌孢子在合适环境条件下萌发形成菌丝体,在薯块膨大期自未成熟的皮孔侵染。病原菌主要侵染块茎,受侵染块茎最初表现为褐色隆起的小病斑,随后病斑扩大连接成片,并木栓化,导致马铃薯块茎周皮破裂,形成疮痂,块茎上的疮痂病斑可扩展到 3~4 mm 深。该病在中性或微碱性土壤中发生严重,在相对干燥的年份尤其严重。病原菌也侵染甜菜、萝卜及其他根类作物。通常病害导致块茎或根表面损伤,主要影响农作物品质,对产量影响较小。

11. 植原体属($Candidatus$ Phytoplasma)和螺原体属($Spiroplasma$)

(1)植原体属 隶属于柔壁菌门柔膜菌纲无胆甾原体目无胆甾原体科。

1967 年,用电子显微镜在一种黄化类型病害植物的韧皮部和其昆虫介体中发现了一种没有细胞壁的微生物。这种病害在当时一直被认为由病毒引起,这种新的微生物与支(菌)原体(mycoplasma)非常相似,后来被叫作类菌原体(mycoplasma-like organism)。随后证明尽管同属柔膜菌(也就是没有细胞壁的原核生物),但这些微生物并不是支原体。大多数呈圆形至长圆形,现在称作植原体($Candidatus$ Phytoplasma)。

植原体属细菌无细胞壁,形状不稳定,多为近圆形,直径 0.2~0.8 μm。对营养要求苛刻,目前该属有 50 多个暂定种,所有成员均不能在人工培养基上培养,所以学名前均应冠以"$Candidatus$"。该属细菌均为植物病原菌,侵染植物韧皮部筛管细胞,也可在介体昆虫的肠道和淋巴系统中存活。植原体抗青霉素,但对四环素和氯霉素敏感。植原体属细菌基因组很小,为 0.53~1.35 Mb,GC 含量(摩尔百分比)很低,在 23%~29%之间。

植原体可侵染数百种植物,造成植物变色、矮化、花变绿、花变叶、增生和不育等症状。重要植物病害有枣疯病、泡桐丛枝病、翠菊黄化、苹果疯枝、欧洲核果黄化、椰子的死黄病、榆树黄化、白蜡树黄化、葡萄黄化、桃 X 病、梨树衰退等。

我国枣树上植原体引起的枣疯病危害严重。病原菌为枣植原体($Candidatus$ Phytoplasma ziziphi)。病菌主要由昆虫介体叶蝉或嫁接传播,在枣树上造成的症状包括植株黄化丛枝、叶片变小、花变叶、果实畸形等。植原体也侵染枣树根部,造成根部根蘖增多,畸形,严重时腐烂。

(2)螺原体属 隶属于柔壁菌门柔膜菌纲虫原体目螺原体科。

螺原体属细菌没有细胞壁,细胞形态多样,包括螺旋形、非螺旋形的分枝丝状、圆形、卵圆形等。典型的螺旋形细胞大小(0.1~0.2)μm ×(3~5)μm,圆形细胞直径约 0.3 μm。螺旋形丝状细菌可蹭行运动和颤动,但没有鞭毛,不能游动。兼性厌氧。不同种的螺原体细菌生长适宜温度不同,变化范围在 5~41℃。螺原体可以人工培养,但培养基营养要求复杂,生长缓慢。固体培养基上通常产生典型的煎蛋状小菌落,菌落直径 0.1～4.0 mm。菌落常可扩散,边缘不规则。螺原体属高抗青霉素,对利福平不敏感,但对红霉素和四环素敏感。螺原体栖息于植物表面或维管束的韧皮部以及多种昆虫的肠道和淋巴系统。该属目前有 38 个种,模式种为柠檬螺原体(*Spiroplasma citri*)。基因组大小 0.78～2.22 Mb,GC 含量(摩尔百分比)24%～31%。

螺原体引起多种经济上有重要意义的病害。

模式种柠檬螺原体(*S. citri*)是柑橘僵化(顽固)病的病原菌。该病害发生在干热地区,如大多数地中海国家、美国西南部、巴西和澳大利亚、南非等。在地中海国家,僵化病被视为甜橙和柚子生产最大的威胁。受侵染的树木分枝增多,节间变短,并产生过多的新芽。有些树木出现不同程度的矮化,叶片变小,常呈现斑驳状或褪绿,开花不正常,结果少。受侵染的果实小且不匀称,味道发酸,变苦,并有难闻的气味,常过早脱落,不能形成种子。病原菌定殖于植物的韧皮部,可在人工培养基上培养。柑橘僵化病通过嫁接、芽接或果园中的叶蝉传播。

孔氏螺原体(*S. kunkelli*)是玉米矮化病的病原菌。受侵染玉米的早期症状是幼叶上出现黄色条斑,成熟叶片黄化更加明显普遍。后期多数叶片叶面呈紫红色,受侵染植物茎秆节间缩短矮化,植物顶端呈束状。植株抽穗多但小,不能形成种子或形成种子很少,通常受侵染植物的穗不育,大量产生吸根。自然条件下该病原菌在田间由叶蝉传播。

3.8　有益原核微生物的利用

微生物是地球上的重要生物资源,也是自然界中生态和物质循环的重要组成部分,微生物与人类生活有着密切的关系。在医药卫生领域微生物广泛应用于抗生素等药物的生产;在食品领域大量用于乳制品、腌制和酿造食品的生产,微生物发酵还用于大量生产调味品和酶制剂等;在能源和环境领域微生物可用于采油浸矿、污水处理、污染修复等。在农业生产中微生物也有着广泛的应用,主要作用体现在微生物肥料和微生物农药方面。

3.8.1　微生物农药

微生物农药是指应用微生物活体及其代谢产物制成的防治作物病害、虫害、杂草的制剂,也包括保护微生物活体的助剂、保护剂和增效剂,以及模拟某些杀虫毒素和抗生素的人工合成制剂。具有对人畜安全无毒、选择性强、不伤害天敌、害虫不易产生抗药性、不污染环境等优点。微生物农药的使用还可减少化学农药用量,减轻对大自然生态平衡的破坏和环境污染。

用于制备微生物农药的微生物类群主要是细菌、真菌和病毒 3 大类。按照用途,微生物农药包括微生物杀虫剂、微生物杀菌剂、微生物除草剂、微生物生长调节剂、微生物杀鼠剂等。

1. 微生物杀虫剂

目前,国内外使用的细菌杀虫剂种类不多,已分离到的昆虫病原细菌的菌种和变种约有100 种,但生产的商品仅有十几种。其中研究最多、效果最好的是芽胞杆菌属的苏云金芽胞杆菌(*Bacillus thuringiensis*)和丽金龟芽胞杆菌(*B. popilliae*)。苏云金芽胞杆菌最早由日本微生物学家石渡从病蚕体中分离到,是目前世界上产量最大、应用最广的微生物杀虫剂。用其防治害虫已有近百年的历史,在害虫的综合治理中起到了极其重要的作用。

苏云金芽胞杆菌能产生多种毒素,现在已知的至少有 4 种,即晶体毒素(一种碱性蛋白)、

β 外毒素(一种热稳定性核酸衍生物)、α 外毒素(一种卵磷脂酶)和 γ 外毒素。苏云金杆菌菌剂的杀虫成分包括芽胞、晶体毒素及 β 外毒素等,起毒杀作用的主要是晶体毒素。苏云金杆菌主要是由昆虫的口进入,在中肠碱性肠液中晶体溶解,并水解为具有毒性的短肽。这些毒性肽作用于昆虫肠上皮细胞,导致肠壁穿孔,芽胞、菌体及肠道内含物侵入血腔,细菌大量繁殖,昆虫发生败血症而死亡。对苏云金杆菌敏感的昆虫主要是鳞翅目、双翅目和鞘翅目中一些种类的幼虫。

金龟子乳状杆菌:包括丽金龟芽胞杆菌和缓死芽胞杆菌两种。这些细菌是寄生范围较窄的专性病原菌。只对金龟子幼虫有感染作用。金龟子乳状病芽胞杆菌菌剂的杀虫成分是芽胞。芽胞随昆虫取食进入肠道,在肠内萌发成营养体,穿过肠壁细胞进入体腔,大量繁殖,引起昆虫患败血症而死亡。由于死亡后的虫体含大量芽胞呈乳白色,故称为乳状病。

2.微生物杀菌剂

微生物杀菌剂是一类控制作物病原菌的制剂,主要包括农用抗生素、细菌杀菌剂、真菌杀菌剂和病毒杀菌剂等类型。

农用抗生素:农用抗生素是微生物发酵过程中产生的次生代谢产物,多由链霉菌属的细菌发酵生产,在低浓度时可抑制或杀灭作物的病原菌并调节作物生长发育。我国农用抗生素的研究起步较晚,始于 20 世纪 50 年代初,但发展迅速,至今已取得了很大的成绩。井冈霉素、农抗 120、春日霉素、多抗霉素、公主岭霉素、中生菌素、武夷菌素等农用抗生素品种相继研制和利用。

井冈霉素(Jinggangmycin):1968 年上海农药研究所在江西井冈山地区土壤中发现一株链霉菌,定名为吸水链霉菌井冈山变种(*Streptomyces hygroscopicus* var. *jinggangensis*)。其主要活性物质为井冈霉素 A,属于低毒杀菌剂,是我国防治水稻纹枯病安全理想的生物农药。

细菌杀菌剂:近年来,有多种细菌相继用于植物病害的防治并取得了较大的进展。在国外用放射土壤杆菌 K84 或其衍生菌株 K1026 防治果树根癌病即是成功的例子。世界上多个国家已经有商品化的链霉菌菌剂、芽胞杆菌菌剂和假单胞菌菌剂,用于防治各种作物病害。我国的植物病害细菌杀菌剂以芽胞杆菌制剂最多。

3.8.2 微生物肥料

微生物肥料又称生物肥料,是农业生产中肥料制品的一种,与化学肥料、有机肥料、绿肥性质不同,它是利用微生物的生命活动及代谢产物的作用,改善作物养分供应,向农作物提供营养元素、生长物质,调控其生长,达到提高产量和品质、减少化肥使用、提高土壤肥力的目的。

狭义的微生物肥料是指微生物接种剂,即由具有特殊效能的微生物(如根瘤菌)经过扩大培养后与草炭或蛭石等载体组成制剂,此类制品主要用于拌种。广义的微生物肥料是指一类含有活微生物的特定制品,应用于农业生产中,能够获得特定的肥料效应,制品中活微生物起关键作用。

微生物肥料的作用主要是提高土壤肥力,制造并协助农作物吸收营养;除此之外,微生物肥料中的一些菌种还可分泌植物激素、维生素等,刺激作物生长,增强植物抗病(虫)和抗旱能力,同时减少化肥的施用量并提高作物品质。应用微生物肥料还有一些间接的好处:①可以节约能源,降低生产成本,与化学肥料相比,生产微生物肥料所消耗的能源要少得多;②微生物肥料不仅用量少，而且由于它本身无毒无害，大大减少了环境污染的问题。

1. 根瘤菌肥料

根瘤菌肥料是推广最早、效果显著的一种高效微生物肥料，可使豆科植物增产并提高土壤中的氮素含量。根瘤菌的多样性是目前生物固氮资源调查和利用的一个热点。根瘤菌与豆科植物的共生固氮效果是举世公认的，但其共生固氮作用有明显的寄主专化性。我国目前生产的根瘤菌肥料中使用的菌种有日本慢生根瘤菌（*Bradyrhizobium japonicum*），弗氏根瘤菌（*Sinorhizobium fredii*），华癸中间根瘤菌（*Mesorhizobium huakuii*），豌豆根瘤菌蚕豆生物型（*Rhizobium leguminosarun* bv. *viceae*），苜蓿根瘤菌（*S. meliloti*），菜豆根瘤菌菜豆生物型（*R. leguminosarum* bv. *phaseol*）或豆根瘤菌（*R. etli*）等。此外，还有一些针对不同豆科植物生产的根瘤菌剂品种，如三叶草根瘤菌肥、百脉根根瘤菌肥、胡枝子根瘤菌肥、绿豆根瘤菌肥等。有关根瘤菌资源的研究进展很快，也将会有更多的菌种出现在制品中。

2. 磷细菌肥料

磷细菌肥料是一类促进土壤中不能被作物利用的有机态或无机态磷化物转化为有效磷，从而改善作物的磷素营养，促使作物增产的菌肥。据计算，一般每公顷农田耕作层中磷的总储存量可达数千千克，但其中大部分为不溶性的无机磷矿物和动植物体中的有机磷，作物不能吸收利用，只有极少量的可溶性磷酸盐才可被利用。因此，土壤中的有效磷满足不了作物的需要，致使许多地区土壤中存在着不同程度的缺磷现象。

磷细菌是可将不溶性磷化物转化为有效磷的某些腐生性细菌的总称。关于磷细菌肥料的解磷机制通常认为是磷细菌可分泌有机酸，使环境 pH 降低或与铁、铝、钙、镁等离子相结合，从而使难溶性磷酸盐溶解。目前，研究报道较多的解磷细菌有假单胞菌属（*Pseudomonas*）、土壤杆菌属（*Agrobacterium*）、欧文氏菌属（*Erwinia*）、沙雷氏菌属（*Serratia*）、黄杆菌属（*Flavobacterium*）、肠杆菌属（*Enterbacter*）、微球菌属（*Micrococcus*）、固氮菌属（*Azotobacter*）、芽胞杆菌属（*Bacillus*）、色杆菌属（*Chromobacterium*）、产碱菌属（*Alcaligenes*）、节杆菌属（*Arthrobacter*）、硫杆菌属（*Thiobacillus*）等。

3. 钾细菌肥料

钾细菌肥料又称生物钾肥、硅酸盐菌剂，是由人工选育的高效硅酸盐细菌经过工业发酵而成的一种生物肥料。其主要有效成分是活的硅酸盐细菌。目前常用芽胞杆菌属中的一些种，如胶胨样芽胞杆菌（*Bacillus mucilaginosus*）和环状芽胞杆菌（*B. circulans*）等。这些细菌具有分解正长石、磷石灰，并释放磷、钾矿物中磷、钾元素的作用。生物钾肥的施用，缓解了我国钾肥供求矛盾，改善了土壤大面积缺钾状况。

思考题

1. 细菌的主要形态有哪几种？如何观察细菌的形态结构？
2. 什么是革兰氏染色？其原理是什么？
3. 比较革兰氏阳性菌和革兰氏阴性菌细胞壁的成分和构造，说明各有哪些特殊成分及这些成分的功能。
4. 细菌的细胞结构包括一般结构和特殊结构，试说明这些结构及其生理功能。
5. 比较原生质体、L 型细菌和植原体的异同。

6.什么是菌落？常见细菌的菌落和放线菌的菌落有何区别？

7.细菌间的基因转移有哪几种途径？有哪些细菌的特殊结构参与？

8.Woese 的三域分类系统主要依据是什么？古生菌与细菌的主要区别有哪些？

9.如果已经获得了一个未知细菌的纯培养物,你需要做哪些工作才能将它鉴定到"种"？需要参考哪些工具书和资料？

10.与非病原细菌相比,植物病原细菌的鉴定需要考虑哪些特殊性状？

11."pathovar"和"race"是根据什么划分的？两者有何不同？

12.病原细菌在植物上引起的症状主要有哪些？举例说明各由哪些属的细菌引起。

13.植物病原原核生物中哪些属于难养菌？哪些至今仍不可人工培养？

14.哪些属的植物病原细菌栖居于植物的维管束系统？造成何种症状？

15.有益细菌在农业上有哪些利用？

第4章 植物病毒

病毒是一类没有细胞结构的微生物，个体微小，结构简单，广泛存在于自然界。在各种细胞生物中均发现有病毒存在，与人类和生态的关系密切。有些病毒引起的疾病直接影响人类健康甚至生命，如历史上分布广泛、传染性强的天花病毒，致死率高于25%。近些年来，流感病毒新株系的出现和蔓延，艾滋病（由人类免疫缺损病毒导致）的扩散，埃博拉病毒的高致死率，都给人类健康和社会稳定带来极大危害，也给人们的生活方式敲响了警钟。有些病毒病严重影响社会生产和经济生活，如禽流感、疯牛病、发酵工业中的噬菌体污染以及一些重要的作物病毒病害（如南方水稻黑条矮缩病毒病、小麦黄矮病、玉米粗缩病、番茄黄化曲叶病等）。2019年底出现的新型冠状病毒在2020年肆虐全球，具有极强的传播能力，且变异快，至2021年6月底全球已超过1.8亿人感染，数百万人丧生，改变了人们的生活方式。

植物病毒作为一类重要的植物病原物，给农业生产造成了严重危害。据统计，全世界植物病毒病害造成的总损失每年达600亿美元，仅粮食作物每年因病毒病害造成的损失达200亿美元。水稻东格鲁病每年给东南亚地区的水稻造成的损失达15亿美元。水稻条纹病毒（rice stripe virus，RSV）引起的水稻条纹叶枯病曾是我国南北稻区的重要病毒病，每年发病面积超过133万 hm^2，严重时地块绝收。大麦黄矮病毒（barley yellow dwarf viruses，BYDVs）引起的小麦黄矮病在我国西北、华北、东北、西南及华东麦区广泛分布，在我国造成多次间歇性流行暴发。近年来，水稻黑条矮缩病毒（rice black-streaked dwarf virus，RBSDV）和南方水稻黑条矮缩病毒（southern rice black-streaked dwarf virus，SRBSDV）在我国华东、华南稻区发生普遍，危害水稻和玉米，造成大面积绝收。其他较常见的植物病毒有黄瓜花叶病毒（cucumber mosaic virus，CMV）、烟草花叶病毒（tobacco mosaic virus，TMV）、大麦条纹花叶病毒（barley streak mosaic virus，BSMV）、甘蔗花叶病毒（sugarcane mosaic virus，SCMV）、番茄黄化曲叶病毒（tomato yellow leaf curl virus，TYLCV）、花椰菜花叶病毒（cauliflower mosaic virus，CaMV）等。因此，必须加强对植物病毒及其所致病害的研究，避免和降低植物病毒病的危害，为保证粮食安全服务。另一方面，病毒也可以为生产或科研服务，有些病毒（如核型多角体病毒）可以制成生物防治制剂用于防治农业害虫等，有些病毒如烟草花叶病毒、豇豆花叶病毒（cowpea mosaic virus，CPMV）、烟草脆裂病毒（tobacco rattle virus，TRV）等，已成为现代生命科学和分子生物学研究中的重要工具。

4.1 病毒的定义和形态结构

病毒的发现和证实始于19世纪末期对烟草花叶病毒（TMV）的研究。迈尔（Mayer，1886）描述了称为"花叶病"的一种烟草病害并证实了通过接种来自发病植株的提取液，可以将该病害传染至健康植株。伊万诺夫斯基（Iwanowski，1892）证实了发病植株的提取液用细菌滤器过滤之后仍具有侵染性。荷兰学者贝耶林克（Beijerinck，1898）重复了这个实验并发现发病汁液能在凝胶中扩散,他将该侵染性因子称为"传染性活液(contagium vivum fluidum)",并使用术语"病毒(virus)"以区别于细菌等颗粒性侵染性因子。贝耶林克的发现标志着病毒学的诞生,因而被尊称为"病毒学之父"。

随着研究技术的进步,人们对病毒和病毒病害的认识逐渐深入,病毒的特征和本质逐渐清晰。斯坦利(Stanley,1935)成功分离了 TMV 病毒蛋白结晶,鲍顿等(Bawden et al.,1936)从 TMV 侵染的植物中分离出了结晶态的含有戊糖类型核酸的核蛋白。柏斯特(Best,1937)证实了 TMV 的核蛋白性质。这些结果表明病毒由蛋白质和戊糖核酸所组成。随后的研究发现核酸在病毒复制中的重要性,证明了裸露的 TMV RNA 的侵染性以及蛋白质外壳的保护作用。这些发现标志着现代病毒学时代的来临。

现代病毒学研究的迅猛发展增进了我们对病毒的了解。1960 年,由 158 个氨基酸组成的 TMV 外壳蛋白(Coat Protein,CP)亚基的序列被确定。利用密度梯度和聚丙烯酰胺凝胶分离技术,鉴定了许多具有多分体基因组(multipartite genome)的病毒。随后应用电子显微镜技术和 X 射线结晶学方法促进了对病毒结构、复制的了解,阐明了一些植物病毒蛋白质外壳的三维结构。进入 20 世纪 80 年代,血清学技术与基于核酸杂交的方法促进了病毒诊断和鉴定技术的发展,多种形式的酶联免疫吸附测定(enzyme-linked immunosorbent assay,ELISA)技术广泛应用于植物病毒高灵敏度的分析与检测,斑点杂交(dot blot)和聚合酶链式反应(poly-merase chain reaction,PCR)技术广泛应用于病毒检测和鉴定。病毒侵染性克隆(infectious clone)技术的成功,使反向遗传学(reverse genetics)被用于阐明病毒基因以及控制序列的功能,并构建了可以表达外源蛋白和引起寄主基因沉默的病毒载体。植物遗传转化系统、鉴定分子互作的酵母杂交系统、高通量微阵列(microarray)、基因沉默(gene silencing)、晶体结构解析、转录组学、蛋白质组学、深度测序技术等最新技术体系有助于揭示病毒以及病毒与寄主之间相互作用的复杂性,为我们全面认识病毒的特性、致病机制和新病毒的鉴定提供了前所未有的机遇。互联网等信息技术的发展也促进了病毒的研究,世界上许多研究所和实验室建立了专门的病毒学相关网站和数据库,详细信息可以通过登录 All the Virology on WWW(http://www.virology.net/)获得多个网站和数据库的链接。

4.1.1 病毒的定义和特征

对病毒定义的表述随着对病毒研究的深入和对病毒本质认识的深化而不断完善。病毒最初被认为是"传染性活液",随后被认为是一种由蛋白和核酸构成的具有侵染性的寄生物,再到"分子寄生物"。我国植物病毒学家裘维蕃教授认为"病毒是由蛋白质和核酸组成的、具有生命的无胞型的有机体"。马修斯(Matthews,1991)提出病毒的定义:病毒是一套(一个或一个以上)核酸模板分子,通常包装在由蛋白质(或脂蛋白)组成的一个(或一个以上)保护性衣壳中,只能在适宜的寄主细胞里才能组织其自身的复制。

病毒作为非细胞生物,性质特殊,结构简单,是一种分子寄生物。病毒粒体一般由蛋白质、核酸等几种物质组成,具有大分子物质的一些特性。就其大小而言,直径小至 20 纳米(nm),大到数百纳米(甚至比某些细菌还要大);就其核酸而言,有 DNA 和 RNA 之分,而且有单链、双链之分,正义链、负义链之分;基因组大小差异很大,小至一个单顺反子(monocistronic)的 mRNA(如卫星病毒),大到大于一个最小细胞的基因组,可编码 1~979 个蛋白质。在合适的寄主中,病毒借助寄主的酶系统、能量和场所进行复制增殖,通过细胞间移动和长距离移动分布到寄主多个器官、组织。病毒能够发生变异,产生新的变异体。

4.1.2　病毒的类别

依据病毒侵染寄主种类的不同可以将病毒分为人类病毒(医学病毒)、植物病毒、动物病毒、真菌病毒、细菌病毒(噬菌体)等。20 世纪 70 年代以来,一些比病毒更小、结构更简单的亚病毒陆续被发现,包括类病毒、卫星病毒、卫星 RNA、卫星 DNA 和朊病毒。依据病毒核酸类型不同,将病毒分为 DNA 病毒和 RNA 病毒两大类,目前没有发现病毒粒体内既含有 DNA 又含有 RNA 的病毒。根据核酸链的性质,DNA 病毒可分为单链 DNA(single-stranded DNA,ssDNA)病毒和双链 DNA(double-stranded DNA,dsDNA)病毒;RNA 病毒可以分为正单链 RNA(+ssRNA)病毒、负单链 RNA 病毒(−ssRNA)和双链 RNA(dsRNA)病毒。

4.1.3　病毒的形态结构和组成

病毒虽然个体微小,但具有多种形态,组成和结构严密。

1.病毒的形态和大小

病毒的基本单位为病毒粒体(virion,或 virus particle),是指完整、成熟、具有侵染性的病毒粒子,有典型、固定、相对简单的形态。病毒粒体的形态有球形、杆状、卵圆形、砖形、弹状、丝状、线状等,其中多数为球形、弹状、丝状、杆状和线状(图 4-1)。各种病毒粒体的大小差异悬殊,侵染阿米巴变形虫的巨型病毒(mimiviruses)直径达 400 nm,小型病毒的直径仅有 20 nm。由于多数病毒具有固定的形态和大小,同一病毒科属的成员一般具有相似的形态特征,可以为病毒鉴定提供参考。

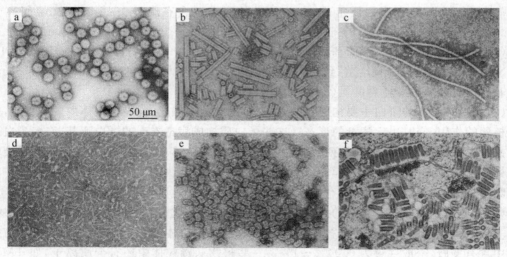

图 4-1　不同形状的病毒粒体(Description of Plant Virus,www. dpvweb. net)
a.球形(黄瓜花叶病毒)　b.杆状(烟草脆裂病毒)　c.线状(马铃薯 Y 病毒)　d.丝状(玉米线条病毒)
e.联体状(双生病毒)　f.弹状(植物弹状病毒)

2.病毒的结构

病毒的基本结构为核蛋白,即病毒内部作为遗传物质的核酸和外部起保护作用的蛋白质外壳（图 4-2）。较为复杂的病毒具有包膜或突起等结构，如弹状病毒科成员，其内部的核蛋白核心称为核衣壳（nucleocapsid）。病毒的核酸称为病毒基因组（genome），编码病毒复制、移动、包装、致病等所需的遗传信息；病毒的蛋白质外壳称为衣壳（capsid），由多个外壳蛋白亚基以一定的排列方式组成。

　　病毒的外壳蛋白（capsid/coat protein，CP）由病毒基因组编码，按照一定的方式组装成病毒衣壳。病毒的结构表现高度对称性，有等轴对称、螺旋对称、复合对称及复杂对称等类型（图4-3）。等轴对称和螺旋对称是病毒的两种基本结构类型，分别对应于球形和杆状形态的病毒。复合对称是前两种对称的结合，是蝌蚪状噬菌体和逆转录病毒的主要结构形式。

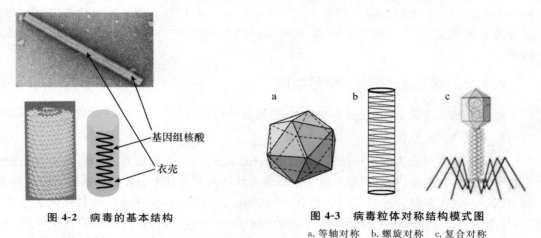

图 4-2　病毒的基本结构　　　　图 4-3　病毒粒体对称结构模式图
　　　　　　　　　　　　　　　　　　a. 等轴对称　b. 螺旋对称　c. 复合对称

3. 病毒的组成

　　病毒主要由核酸和蛋白质组成，有些种类的病毒还含有脂类、多糖、多胺、金属离子等物质。

　　（1）核酸　核酸构成病毒的基因组，是病毒的遗传物质。每种病毒只含有一种核酸，DNA或 RNA，控制病毒的复制、增殖、致病性以及变异。描述核酸分子的大小常用碱基（base，b）、千碱基（kilobase，kb）和千碱基对（kilobase pair，kbp）表示。

　　（2）蛋白　病毒的蛋白主要构成衣壳，由病毒的基因组编码，并在寄主体内进行组装，起到保护核酸的作用，同时决定病毒的形态。这些蛋白质构成病毒衣壳的蛋白亚基，许多蛋白亚基以非共价键和一定的对称形式排列形成固定形状的病毒粒体。病毒外壳蛋白在病毒侵染和介体传播过程中对寄主细胞和介体具有识别作用，有些还具有决定病毒的致病性、抑制寄主的基因沉默等功能。病毒外壳蛋白含有抗原决定簇，决定病毒的抗原（antigen）特性。

　　（3）其他化学物质　有包膜的病毒均含有脂类、多糖等成分，如痘病毒以及一些植物病毒。脂类一般来自寄主的细胞质膜或核膜，多为磷脂，占病毒粒体的 $10\%\sim25\%$。一些植物病毒粒体中含有多胺，一般含量为 $0.04\%\sim1\%$。一些植物病毒粒体中还有金属离子，如 TMV 粒体的每个蛋白亚基结合两个 Ca^{2+}。

4.2　植物病毒引起的症状和寄主范围

　　植物病毒侵染引起寄主植物表现一定特征的症状。不同的植物病毒侵染的植物类群不同,每种植物病毒都有一定的寄主范围。植物病毒在与寄主植物的互作中,会发生不同的反应,亲和性植株会被植物病毒侵染,表现一些症状,非亲和性植株表现抗病性。

4.2.1　植物病毒侵染引起的症状

植物病毒侵入合适的寄主植物后,引起植物细胞、组织发生一系列生理、代谢等生命活动变化,植物正常的新陈代谢等生理机能受到扰乱,致使植物在外观和组织内部表现不正常状态,这种不正常状态称为症状(symptom)。不同病毒侵染引起症状的严重程度不同,有的病毒引起非常严重的症状甚至引起植物死亡,有的病毒引起的症状非常轻微,甚至被侵染的植株不表现症状,如一些潜隐病毒和无症病毒的侵染。但通常,病毒为了在寄主植物中生存,不会直接导致植物死亡。病毒病影响植物的正常生长,特别是在农作物上,植物病毒的侵染导致农作物产量和品质下降,严重时绝收,造成重大经济损失。

植物病毒侵染引起的症状一般表现在叶片、茎和果实上,有些在根部也有明显症状。常见的植物病毒病害症状类型有变色、畸形、坏死。变色是最常见的类型,是指植物被病毒侵染后局部或全部失去正常的绿色或变为其他颜色,通常是叶片褪绿黄化,叶片表现花叶或斑驳症状,还包括明脉、条纹、线条、条点、碎色、红化等症状。畸形主要表现为线条状叶片、蕨叶、叶片卷曲、皱缩、耳突、小叶、矮缩、肿枝、茎沟、小果、畸形果等症状。坏死是指病毒侵染造成植物的某些组织和细胞死亡,如坏死斑、坏死环、坏死条纹、沿脉坏死等症状。环斑也是常见的症状,通常在叶片、果实或茎的表面产生一些环状症状,多数为褪绿环,也有变色的环。在病毒引起的症状中,萎蔫是很少见的,蚕豆萎蔫病毒(broad bean wilt virus,BBWV)侵染蚕豆引起萎蔫直至植株枯死。

植物病毒侵染引起的症状具有复杂性,症状有一个发展变化的过程,同一病毒在不同寄主上产生相同或不同症状,同一病毒的不同株系在同一寄主上也可能产生不同症状,同一病毒的一个株系在同一种植物的不同品种上症状也可能不同,如 TMV 侵染普通烟(*Nicotiana tobaccum*)产生系统花叶症状,当侵染含有 *N* 基因的珊西烟(*N. tobaccum* Xanthi[NN])则表现为局部枯斑症状。不同病毒混合侵染时,会出现复合症状。少数病毒侵染植物不表现或只表现轻微的症状。有的病毒侵染植物后表现一定的症状,当环境条件改变时如温度升高,症状会消失,产生隐症现象,也称为恢复(recovery)。

病毒侵染引起的内部症状包括细胞病变和内含体。细胞病变主要有细胞和组织增生、变形等,还会导致一些细胞器的异常变化,特别是叶绿体的变化,如 CMV、番茄花叶病毒(tomato mosaic virus,ToMV)侵染引起叶绿体产生空泡结构,严重时导致叶绿体解体。ToMV 还可以引起叶绿体边缘产生泡囊结构。有些植物被病毒侵染后,在细胞质或细胞核内产生特征性的内含体结构,如 TMV、马铃薯 Y 病毒属成员(potyviruses)等。内含体通常是由病毒构成或病毒与植物蛋白、线粒体或核糖体等共同构成的微小异常结构,有不同的形状和大小,从不定形结构到精细的晶体结构,大的内含体可以在光学显微镜下观察到。对内含体进行适当染色或利用免疫荧光显微镜可以比较容易地观察和区分不同类型的内含体。不同属的病毒往往产生不同类型、不同形状的内含体,如马铃薯 Y 病毒属成员侵染的细胞通常产生柱状内含体结构,被横切后显示为风轮状,电子显微镜下观察马铃薯 Y 病毒属成员形成的内含体时,由于角度不同,往往可以观察到涡旋状、圆柱状、带状、束状等多种形态,这些专化性内含体可作为鉴定马铃薯 Y 病毒属成员的重要依据。

植物病毒侵染会引起寄主植物发生一些生理变化:干扰叶绿体活性,降低叶绿体光合效率,影响植物的光合作用;植物被病毒侵染后,呼吸作用有所增强,特别是症状严重时,植物呼吸量显著增加;导致叶片中淀粉积累速度和转运速度降低;另外,病毒侵染影响植物内源激素的变化,导致植株矮缩等症状。

4.2.2　植物病毒的寄主范围

各种病毒都有一定的寄主范围,即能够侵染一定范围的植物种类。由于不同病毒的特性不同,寄主范围差异很大。寄主范围最广的病毒是 CMV,可以侵染超过 85 个科的 1 000 多种植物,TMV 和烟草脆裂病毒(TRV)都能侵染约 400 种植物,而烟草丛顶病毒(tobacco bushy top virus,TBTV)只能侵染茄科的部分植物。寄主范围广泛,有助于一种病毒有更多机会保存下来并广泛传播和扩散;寄主范围非常窄的病毒一般是由于它们的寄主是多年生植物或营养繁殖植物,或者病毒能够通过种子有效传播。即使同一属的病毒,其寄主范围也有广泛与狭窄的不同。

有些病毒可以通过人工接种侵染一些自然状态下很少侵染的植物,这些植物被称为试验寄主。有些病毒的寄主范围虽然较窄,但试验寄主范围有所增加。一些植物,如茄科、藜科、番杏科、豆科的植物,易于被多种病毒侵染,特别是人工接种时,如昆诺藜(*Chenopodium quinoa*)几乎可以被所有的植物病毒感染,本生烟(*N. benthamiana*)也可以被多种植物病毒侵染,这些植物对于研究病毒寄主范围、分离纯化病毒以及研究病毒的分子生物学特性、致病机制和病毒–寄主互作很有用处。

在病毒分离鉴定或生物学实验中最常用到的是鉴别寄主(indicator 或 differential host)。凡是病毒接种后能快速产生稳定且具有特征性症状的植物均可以作为鉴别寄主。组合使用几种或一套鉴别寄主进行病毒的初步鉴定,称为鉴别寄主谱。鉴别寄主谱一般包括局部侵染的寄主、系统侵染性寄主和不能侵染的寄主。如 TMV 可以系统侵染普通烟、番茄、矮牵牛等,并产生系统花叶症状,在心叶烟、曼陀罗和菜豆等寄主上则产生局部坏死枯斑。

4.3　植物病毒基因组复制、表达与变异

4.3.1　植物病毒基因组的类型和结构

基因组是植物病毒的遗传物质。一种植物病毒的基因组只有一种核酸,即 DNA 或 RNA。植物 DNA 病毒的基因组有单链 DNA(single-stranded DNA,ssDNA)和双链 DNA(double-stranded DNA,dsDNA)之分。植物 RNA 病毒的基因组分为正义 RNA、负义 RNA、双义 RNA 和双链 RNA。如果病毒核酸 RNA 分子极性与信使 RNA(即 mRNA)极性相同,RNA 分子具有侵染性,称为正义 RNA,含有正义 RNA 分子的病毒称为正义 RNA 病毒;如果病毒核酸 RNA 分子不具有侵染性,进入寄主细胞后必须转录产生 mRNA 才能翻译病毒的蛋白质,这类 RNA 分子称为负义 RNA,含有负义 RNA 分子的病毒称为负义 RNA 病毒;有些种类的病毒 RNA 分子含有一些基因的编码区,在其互补链上编码其他一些基因,这类 RNA 分子称为双义 RNA,含有双义 RNA 分子的病毒称为双义 RNA 病毒。

大多数植物正义 RNA 病毒基因组为一条单链 RNA 分子,称为单分体基因组(monopartite genome)，这类病毒称为单分体病毒(monopartite virus)。有些正义 RNA 病毒的基因组由 2 条或多条不同的单链 RNA 分子组成，这类基因组称为多分体基因组(multipartite genome)，这类病毒称为多分体病毒(multipartite virus)，如黄瓜花叶病毒(CMV)的基因组由 3 条 RNA 分子组成，每条 RNA 分别由相同的外壳包装。

花椰菜花叶病毒(CaMV)的基因组 DNA 是第一个被完成测序的病毒基因组，随后是 TMV 的正单链 RNA 基因组。目前，绝大多数植物病毒的基因组序列已被确定。病毒基因组全序列或部分序列可以在 NCBI(http://www. ncbi. nlm. nih. gov)的 The Viral Genome Resource 数据库(https://www. ncbi. nlm. nih. gov/genome/viruses/)中搜索或查找到。

1. 植物病毒基因组的一般特性

病毒基因组由编码区和非编码区组成。编码区编码一个或多个可读框(open reading frame，ORF)，用于表达具有功能的蛋白质，这些蛋白质对病毒完成侵染循环、在寄主体内的移动、与寄主的互作、植株间的传播以及抵抗植物的抗性是必需的，比如病毒外壳蛋白(CP)、复制酶蛋白(replicase，Rep)、移动蛋白(movement protein，MP)、介导病毒介体传播的蛋白以及抑制寄主基因沉默的基因沉默抑制子(gene silencing suppressor)等。大多数正单链 RNA 病毒基因组编码 4～7 个蛋白质。病毒基因组非编码区(untranslated region，UTR)通常为 5′和 3′非编码区(5′-UTR，3′-UTR)，主要负责调控基因组的表达和复制，增加基因组稳定性。

2. 植物病毒基因组结构

(1)正单链 RNA 病毒 大多数植物病毒基因组为正单链 RNA，末端一般具有一些特征性结构，5′末端一般为帽子结构(m⁷G5′ppp，如 TMV)或与基因组共价连接的蛋白质(如马铃薯 Y 病毒属成员)；3′末端一般为 Poly(A)结构、tRNA 状结构或无规则序列(图 4-4)。正单链 RNA 病毒基因组一般为多个基因排列在一条 RNA 分子上，分别编码不同的蛋白质。有的基因前后排列，有的两个不同基因的编码区以不同读框的方式重叠在一起，或者一个基因可能完全包含在位于不同读框的另一个基因内。

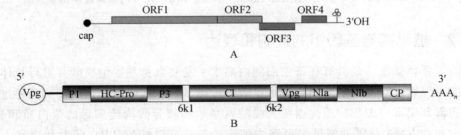

图 4-4 烟草花叶病毒(A)和马铃薯 Y 病毒(B)基因组结构示意图

⚲ 为 tRNA 状结构，AAA$_n$ 为 poly(A)尾。

(2)负单链 RNA 病毒 弹状病毒科(*Rhabdoviridae*)、番茄斑萎病毒科(*Tospoviridae*)、蛇形病毒属(*Ophiovirus*)以及纤细病毒属(*Tenuivirus*)成员基因组为负义单链 RNA。弹状病毒科成员的基因组为一条负链 RNA，长度为 11～15 kb，5′端有一个三磷酸根，3′端无 Poly(A)。番茄斑萎病毒科成员的基因组由 3 个负链 RNA 分子组成。纤细病毒属成员的基因组由 4～6 个负链 RNA 分子组成。

(3)双链 DNA 病毒 花椰菜花叶病毒科(*Caulimoviridae*)成员的基因组为双链开放环状

DNA,长 7.2~8.3 kb,每条 DNA 链上均有缺口(不连续区,discontinuity),这些缺口与病毒的复制有关。花椰菜花叶病毒属(*Caulimovirus*)成员的基因组双链 DNA 长约 8 kb,一条链(转录链或称 α-或负义链)有 1 个缺口,非转录链(互补链)上有 1~3 个缺口,基因组 DNA 至少编码 7 个基因(图 4-5)。

(4)单链 DNA 病毒　双生病毒科(*Geminiviridae*)和矮缩病毒科(*Nanoviridae*)成员的基因组为单链 DNA(ssDNA)。双生病毒科成员的基因组由一个或两个单链环状 DNA 分子组成(图 4-6)。

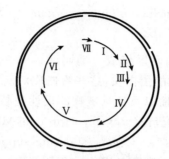

图 4-5　花椰菜花叶病毒基因组结构示意图

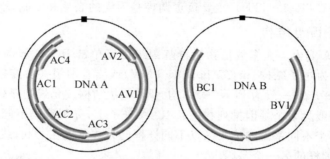

图 4-6　非洲木薯花叶病毒(African cassava mosaic virus,ACMV)基因组结构示意图

4.3.2　植物病毒基因组的复制和表达

病毒的主要特征之一是具有在寄主细胞内高水平复制自身基因组核酸并进行粒体装配完成增殖的能力。病毒基因组的复制和表达是病毒侵染、增殖、致病以及完成侵染循环过程的基本步骤。病毒利用寄主细胞物质代谢所合成的氨基酸和核苷酸构建病毒的蛋白质和核酸,病毒合成蛋白质和 RNA 所需的能量来自寄主细胞的核苷三磷酸(ATP),病毒利用寄主细胞蛋白质合成系统(核糖体、tRNA 及相关的酶和因子),以病毒 mRNA 为模板翻译合成病毒的蛋白质;大多数病毒蛋白质的翻译后修饰也依赖于寄主的酶,如糖基化(glycosylation)。

4.3.2.1　植物病毒基因组的复制

植物病毒基因组的复制和表达需借助并依赖寄主细胞。病毒基因组编码的复制酶蛋白与寄主复制蛋白一起构成复制酶复合物,借助寄主细胞的材料和场所复制自身基因组。不同类型的病毒基因组采用的复制形式不同,病毒基因组序列中含有调控基因组复制的序列。此外,寄主细胞的结构组分特别是膜结构,参与病毒的复制和核酸合成。

以正单链 RNA 病毒为例介绍病毒复制的基本过程：复制酶复合物以（＋）链 RNA 为模板合成互补的（－）链 RNA，然后以（－）链 RNA 为模板合成新的（＋）链 RNA。新生链 RNA 的合成是从模板的 3′端到 5′端。复制是在复制酶复合体中进行，复制酶复合体包括模板、新合成的 RNA、复制酶和寄主因子。典型的病毒编码的复制蛋白依赖于 RNA 的 RNA 聚合酶（RNA-dependent RNA polymerase, RdRp）、RNA 解旋酶（RNA helicase）和甲基转移酶（methyltransferase）。RdRp 负责催化合成 RNA，RNA 解旋酶在复制过程中使得 dsRNA 中间体解旋，以利于负链 RNA 的合成，甲基转移酶负责新合成 RNA 的 5′端加帽。

正链 RNA 病毒复制的一个典型特征是不对称复制，即复制产生的正链 RNA 和负链 RNA 积累数量差别很大，正链 RNA 通常比负链 RNA 多几十倍甚至上百倍，这种不对称复制对病毒是有利的，一是保证更多的复制酶和核苷酸原料用于合成正链 RNA，二是减少负链 RNA 的合成可以降低细胞内 dsRNA 积累，从而降低或延缓 dsRNA 引起的寄主基因沉默。

4.3.2.2　植物病毒基因组的表达

植物病毒基因组的表达包括基因组转录出信使 RNA（mRNA）和 mRNA 翻译两个过程，不同病毒基因组表达的差别在于基因组转录合成 mRNA 的途径和 mRNA 翻译加工的策略。

1. 植物病毒基因组转录合成 mRNA 的途径

植物病毒基因组类型有多种，但所有病毒基因组的表达都是以 mRNA 为中心，这些 mRNA 主要有两种来源：①正单链 RNA 病毒的基因组可以直接作为 mRNA；②负单链 RNA、双链 RNA、双链 DNA 和单链 DNA 病毒基因组的转录物（图 4-7）。

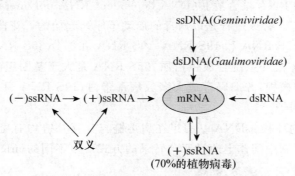

图 4-7　植物病毒基因组表达 mRNA 的途径

正单链 RNA 植物病毒：在进入寄主细胞后脱壳，直接作为 mRNA 进行翻译。对其他类型基因组的植物病毒而言，必须在侵染循环的某个阶段合成 mRNA。

负义单链 RNA 病毒：所有负义 ssRNA 病毒都在其病毒粒体中包裹着 RdRp。当病毒进入寄主细胞脱壳后，RdRp 以负单链 RNA 基因组为模板转录产生正单链 RNA，正单链 RNA 既作为 mRNA 用于病毒编码蛋白的翻译，又作为复制中间体，复制合成子代负链 RNA。例如，番茄斑萎病毒科成员的基因组由 3 个 ssRNA 片段组成。L-RNA 为负义单链 RNA，由病毒粒体内携带的 RdRp 转录成 mRNA，翻译出其中的可读框。其他的两个 RNAs，M-RNA 和 S-RNA，是双义 RNA，在病毒（基因组）链和互补链分别存在着一个可读框（ORF）（图 4-8）。

双链 RNA 病毒：dsRNA 病毒虽然含有正链 RNA，但不能作为 mRNA 直接被翻译，必须使用病毒粒体内携带的 RNA 聚合酶先以基因组 dsRNA 的负链为模板合成出 mRNA，如植

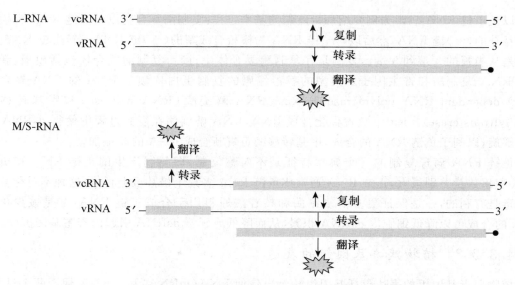

图 4-8 番茄斑萎病毒(tomato spotted wilt virus)基因组的表达

物呼肠孤病毒属(*Phytoreovirus*)、斐济病毒属(*Fijivirus*)和水稻病毒属(*Oryzavirus*)的成员。

DNA病毒:无论是花椰菜花叶病毒科(*Caulimoviridae*)的dsDNA病毒,还是双生病毒科(*Geminiviridae*)和矮缩病毒科(*Nanoviridae*)的ssDNA,mRNA的合成均是由位于寄主细胞核内的依赖于DNA的RNA聚合酶Ⅱ(DNA-dependent RNA polymerase Ⅱ)合成的,没有病毒编码的复制酶的参与。合成过程是以病毒的启动子序列起始的。花椰菜花叶病毒科成员在复制过程中转录产生35S RNA和19S RNA;19S RNA和部分35S RNA转移进入寄主细胞质后利用寄主的核糖体翻译系统合成蛋白质,35S RNA是大于基因组的转录本,通过反转录合成子代病毒DNA的模板,并编码合成大多数病毒蛋白;19S RNA只包含ORF6,编码一种促进翻译的反式激活因子。

双生病毒科成员的环状ssDNA基因组在病毒链与其互补链均有可读框;现已证明,双生病毒是从双链DNA复制中间体上通过双向转录的方式产生不同的mRNA。

2. 植物病毒的基因组表达策略

病毒利用真核生物细胞的蛋白质合成系统进行翻译表达。研究表明,多数病毒通常同时采用多种策略进行基因的表达,以保证病毒的RNA基因组或RNA转录物上所有的基因都能在真核生物细胞的蛋白质合成系统中翻译表达。植物病毒基因组表达有下面5种常见的策略。

多聚蛋白策略:病毒的整个基因组或部分片段作为一个大的可读框,翻译产生一个大分子量的多聚蛋白(polyprotein),随后多聚蛋白通过病毒自身编码的一个或数个蛋白酶在特异位点上切割产生多个最终的功能蛋白。许多植物病毒采用多聚蛋白策略表达部分甚至全部蛋白质,最典型的是马铃薯Y病毒属成员(potyviruses),整个基因组编码一个大的ORF和一个经核糖体滑动产生的小ORF,大ORF翻译表达一个约340 kDa的多聚蛋白,这个多聚蛋白随后被病毒编码的3个蛋白酶(P1,HC-Pro,NIa-Pro)切割成10个功能蛋白(图4-9)。

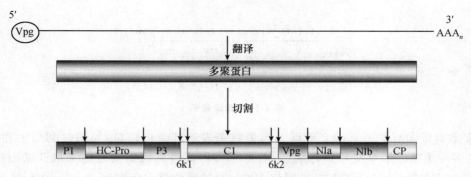

图 4-9 马铃薯 Y 病毒属成员基因组表达采用的多聚蛋白策略示意图

亚基因组 RNA 策略：大多数植物病毒采用亚基因组 RNA（subgenomic RNA，sgRNA）策略表达位于正链基因组 3′端的基因。sgRNA 是在病毒的复制过程中产生的含有一个可读框的 RNA 分子，与基因组 RNA 具有共同的 3′末端，5′端短于基因组 RNA，使得原来在基因组下游的可读框变成位于 5′端的可读框而得以表达。当在基因组的 3′端有多个基因存在时，通常会产生多个具有共同 3′末端的 sgRNA。雀麦花叶病毒（brome mosaic virus，BMV）的 CP 由 RNA3 通过 sgRNA 策略表达（图 4-10）。

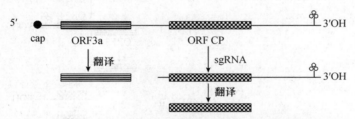

图 4-10 BMV RNA3 采用亚基因组 RNA 策略表达外壳蛋白

多分体基因组策略：病毒的多分体或多阶段基因组（multipartite/segmented genome）由 2 条或多条核酸链组成，每条链编码 1～2 个蛋白。对于正义 ssRNA 病毒而言，该策略把基因放在每一个 RNA 片段的 5′端，可以被寄主的蛋白翻译系统表达。例如 CMV 的基因组由 3 条正单链 RNA 组成，分别是 RNA1、RNA2 和 RNA3。

通读蛋白策略：位于基因组 5′端基因的终止密码子有可能是渗漏性的（leaky），当核糖体翻译 5′端 ORF 到达其终止密码子时，有一定比例的核糖体继续翻译至下游的另一个终止密码子而产生第二个较长的融合蛋白，这种现象称为通读（readthrough）或终止密码子抑制（stop-codon suppression），通读形成的蛋白质的 N 端部分与上游 ORF 编码的蛋白质序列相同，而 C 端部分为通读部分。

移码策略：从同一个 5′端 AUG 开始产生两个蛋白质的另一个机制是通过在 5′端 ORF 的终止密码子之前发生移码，向 5′端或 3′端方向移动一个碱基位点，从而继续翻译到下一个终止密码子（图 4-11）。在一个 UUUAG 序列处核糖体通过向后滑移一个核苷酸至读框 2，从而避开读框 1 的终止密码子，然后继续识读读框 2 的三联体密码子，翻译形成融合或移码蛋白（Hull，2002）。

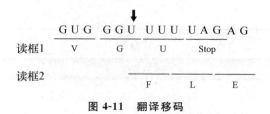

图 4-11　翻译移码

大多数病毒同时利用上述 1 种以上的策略来表达其遗传信息,如同时利用上述 2 种或 3 种或更多种策略。烟草花叶病毒属(*Tobamovirus*)成员基因组的表达采取亚基因组 RNA 和通读蛋白两种策略,如 TMV,其基因组 RNA 通过通读蛋白策略产生 126 kDa 和 183 kDa 复制酶蛋白,通过亚基因组策略表达 MP 和 CP(图 4-12)。

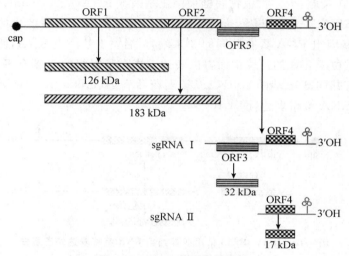

图 4-12　TMV 基因组的表达

TMV 基因组 RNA 是 126 kDa 和 183 kDa 复制酶蛋白的模板。ORF 3 和 4 由两个独立的共 3′末端亚基因组 RNA 表达,分别形成 32 kDa 的移动蛋白和 17 kDa 的外壳蛋白。

4.3.3　植物病毒编码的蛋白及其功能

植物病毒基因组编码的蛋白数量有限,但通常具有多种功能。植物病毒一般至少编码 3 种蛋白,即复制酶蛋白(Rep)、移动蛋白(MP)和外壳蛋白(CP),分别在病毒复制、移动、增殖过程中起到重要作用。如 TMV 基因组编码 4 种蛋白(图 4-12),其中 126 kDa 和 183 kDa 蛋白是组成病毒复制酶复合物的主要成分;32 kDa 蛋白是 TMV 在寄主细胞间移动所必需的,称为 MP;17 kDa 蛋白是 TMV 的 CP。由于病毒自身编码蛋白种类较少,为完成复制、增殖、致病、传播等多个生物学过程,许多病毒编码的蛋白具有多种功能。此外,病毒编码的蛋白通过与寄主因子(蛋白、核酸等)直接或间接发生作用,控制或调节病毒的生命循环和侵染活动,因此,寄主因子的参与是植物病毒编码蛋白行使功能的一个重要部分。

4.3.3.1　植物病毒编码蛋白的种类和功能

植物病毒基因编码的蛋白依据其功能可分为下面几种类型:

1. 结构蛋白

结构蛋白主要是病毒编码的用于包装病毒基因组的外壳蛋白（CP）。另外还有一些有包膜的病毒如呼肠孤病毒科（*Reoviridae*）、纤细病毒属（*Tenuivirus*）病毒，以及具有脂蛋白膜的病毒基质（matrix）、核心（core）蛋白或核蛋白。外壳蛋白的主要功能是负责包装核酸形成病毒粒体，此外还参与其他一些功能，如马铃薯 Y 病毒属（*Potyvirus*）成员编码的 CP 也是蚜虫传播所必需的，马铃薯 X 病毒属（*Potexvirus*）成员编码的 CP 还参与病毒的胞间和长距离移动。

2. 复制酶或参与核酸合成的酶

现在一般认为，所有的植物病毒（卫星病毒除外），均编码一种或多种参与病毒基因组核酸或 mRNA 合成的酶，这些酶称为复制酶或聚合酶（polymerase），如依赖于 RNA 的 RNA 聚合酶、解旋酶、甲基转移酶。RNA 病毒编码的 RNA 复制酶有保守的氨基酸模体，通过分析所有正链 RNA 病毒的 RdRp 氨基酸序列发现有 8 个保守模体，其中最保守的是 Gly-Asp-Asp（GDD）。

3. 移动蛋白

多数植物病毒编码负责病毒在寄主细胞与细胞间移动必需的移动蛋白。植物病毒编码的移动蛋白直接或间接与植物细胞胞间连丝作用，扩大胞间连丝的尺寸排阻限（size exclusion limit，SEL），使病毒粒体或基因组进入邻近细胞。有些在寄主细胞核内复制的病毒如双生病毒，还编码核穿梭蛋白（nuclear shuttle protein，NSP），将复制产生的 DNA 转移到细胞质。多数病毒编码一种移动蛋白，有些属的病毒编码多种移动蛋白，如马铃薯 X 病毒属（*Potexvirus*）成员编码 3 种移动蛋白 TGB1、TGB2 和 TGB3，其编码基因被称为三基因盒（triple gene box，TGB）。

4. 蛋白酶

有些病毒编码的个别蛋白具有蛋白酶的功能，能够将病毒蛋白加工成为成熟有功能的蛋白。如有些病毒基因组或部分基因组翻译产物为一个分子量较大的前体蛋白（多聚蛋白），然后由病毒编码的蛋白酶切割形成成熟的蛋白。最为典型的例子是马铃薯 Y 病毒属（*Potyvirus*）成员编码的 P1、HC-Pro 和 NIa-Pro，它们是不同类型的蛋白酶，这些蛋白酶对病毒基因组翻译的多聚蛋白进行切割和加工。

5. 与介体传播有关的蛋白

有些病毒通过自身编码的特定蛋白借助无脊椎动物或真菌进行传播。马铃薯 Y 病毒属（*Potyvirus*）成员编码 CP 和 HC-Pro 共同参与蚜虫的传毒过程，双生病毒的外壳蛋白（CP）参与烟粉虱的传毒，由线虫和真菌传播的病毒一般由 CP 参与，如葡萄扇叶病毒（grapevine fanleaf virus，GFLV）编码的 CP 决定该病毒由标准剑线虫（*Xiphinema index*）传播，此外还有一些病毒编码非结构蛋白也参与介体的传毒过程。

6. 基因沉默抑制子（gene silencing suppressor）

基因沉默分为转录水平的基因沉默（transcriptional gene silencing）和转录后基因沉默（post-transcriptional gene silencing），后者也称为 RNA 沉默（RNA silencing），是寄主抵御病毒等外源核酸入侵的一种防卫反应，在动物、植物、真菌等生物中广泛存在。植物病毒通过编码抑制寄主基因沉默的蛋白即基因沉默抑制子来克服寄主的防御。目前已经从植物病毒中鉴定了数十种基因沉默抑制子,如 CMV 的 2b、马铃薯 Y 病毒属(*Potyvirus*)成员编码的 HC-Pro、香石竹斑驳病毒属(*Carmovirus*)成员编码的 CP 等。这些基因沉默抑制子在序列、结构上没有保守性,且作用于基因沉默的不同阶段,但大多数具有结合双链 RNA 的特性。不同的植物病毒编码的基因沉默抑制子大多数为致病因子,增强病毒对寄主的致病性,一般不直接促进病毒基因组的复制,但促进病毒基因组的积累或病毒的移动。病毒编码的基因沉默抑制子结构和功能多样,反映了病毒在进化过程中,为了适应不同的寄主,在基因沉默过程中的不同环节抑制寄主的防御反应,使得病毒成功侵染。

7. 其他蛋白

一些病毒属,如马铃薯 Y 病毒属(*Potyvirus*)成员的基因组 5′带有 Vpg 蛋白,在病毒基因组 RNA 合成中作为引物。

4.3.3.2 病毒编码蛋白的多功能性

病毒编码的一种蛋白可能具有多种功能。最典型的多功能蛋白是马铃薯 Y 病毒属(*Potyvirus*)成员编码的蚜传辅助蛋白(helper component-proteinase,HC-Pro)。HC-Pro 是马铃薯 Y 病毒属病毒基因组编码的第二个蛋白,在病毒的生命循环中具有多种功能,主要有参与蚜虫传毒、多聚蛋白切割、基因组复制、病毒移动、抑制基因沉默、稳定病毒粒体等功能。这些功能与 HC-Pro 的结构和功能域有关。经突变研究和序列比较分析,表明 HC-Pro 可以划分为 3 个区域:N 端参与蚜虫传毒过程;C 端具有蛋白酶活性;而中间区域参与所有其他的功能,包括病毒基因组复制、与其他病毒的协生、在寄主体内的移动等。

4.3.4 植物病毒的变异和进化

病毒和其他生物一样,处在不断地变异和进化之中。病毒在复制过程能够通过变异产生新的个体,这些个体称为突变体(mutant)或变体(variant),这种变异可以使病毒种群发生变化,进而适应新的或不断变化的环境。病毒具有非常高的突变率和适应环境的能力,特别是 RNA 病毒,由于在基因组复制过程中没有校正功能,RNA 病毒的突变率高达 $10^{-5} \sim 10^{-3}$(图 4-13),而寄主细胞 DNA 的突变率仅为 $10^{-11} \sim 10^{-9}$,RNA 病毒的高突变率使得其种群多样性非常丰富。

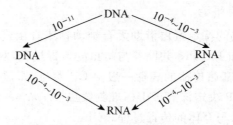

图 4-13　DNA 和 RNA 的复制/转录错误率

1. 植物病毒的变异

20 世纪初开始有关于植物病毒变异的报道。早期的植物病理学家发现,在系统感染的植物上,有些部位出现不典型的症状,从中分离出引起不同症状的病毒变异体,揭示了病毒在寄主体内复制增殖的过程中发生了变异。后来通过单斑分离实验和侵染性 cDNA 克隆的侵染性研究,均表明病毒在寄主中复制产生了变异体,病毒的自然种群或实验种群在寄主体内是一个由不同变异体组成的群体。

与病毒变异有关的名词有分离物、变异体、突变体、株系、准种等。分离物(isolate)是指从自然环境中采集的样品通过病毒分离纯化手段,如接种到鉴别寄主或指示植物上,经单斑分离或分子克隆而得到的病毒纯分离物。变体(variant)是病毒种群中在特性上有差异的分离物,如果一个变异体的来历是已知的,如从某一个分离物通过某种手段产生,这个变异体被称为突变体。株系(strain)是指具有一些已知的共同特性如寄主范围、传播方式、血清学、核苷酸序列等的分离物。准种(quasispecies)是指由一个优势基因型和一系列相关变异体组成的植物病毒种群。

病毒的种不是一个完全一致的种群(population),严格地讲是一个准种。正确理解准种的概念是理解病毒变异和进化的基础,一个准种的稳定性依赖于病毒基因组中遗传信息的复杂性(complexity)、基因组复制过程中拷贝的保真性(fidelity)以及主序列的优越性。从核酸或序列意义上讲,准种是一群围绕着优势序列分布的相关但不同的变异体,从生物学意义上讲,准种中的个体可能只是暂时存在的。

2. 病毒变异的分子基础

病毒的变异有多种机制,如突变、重组、重排、基因重复等。病毒变异主要发生在复制过程中,病毒基因组复制过程中产生的突变是病毒适应(adaptation)和进化的基础。突变和重组是复制中出现错误的两个主要途径。

突变是指在基因组复制过程中与模板序列不一致的核苷酸整合到新合成的子代链中,主要为点突变,点突变包括碱基置换(substitution)、碱基插入(insertion)和碱基缺失(deletion)。如果发生突变的核苷酸没有造成氨基酸序列的变化,这种突变称为同义突变或沉默突变(synonymous/silent mutation);如果核苷酸突变造成了氨基酸序列的变化,这种突变称为异义突变(nonsynonymous mutation)。异义突变有可能会影响到编码的蛋白质的功能,进而影响病毒的生物学特性,如造成蛋白折叠错误,病毒的传播方式或寄主范围等致病性发生改变。相对 RNA 病毒而言,DNA 病毒的突变率较低,这是因为依赖于 DNA 的 DNA 聚合酶具有校正能力,因此具有较高的保真性。但具有单链 DNA 基因组的双生病毒,在自然界中种群变异比较快,其变异机制目前尚不清楚。

重组是指由来自不同的亲本分子或相同分子上的不同位置上的片段所形成的嵌合核酸分子,通常在复制期间发生。植物 RNA 病毒和 DNA 病毒均可发生重组,重组是植物病毒进化的一个重要机制。通过重组,完成遗传信息的交换,可以消除有害突变。因此,重组可以成为病毒克服有害突变的一种修复机制,重组体可能比亲代病毒具有更高的选择优势。

重组有两种类型,即同源重组(homologous recombination)和异源重组(non-homologous recombination)。同源重组发生在两个序列相似的分子之间,重组位点附近的序列完全相同或非常相似,有些不精确的同源重组的重组位点序列不吻合,可以引入插入、缺失、错配等。同源重组对消除复制过程中产生的有害突变具有重要作用,并可能产生新的病毒嵌合体。双生病毒之间由于同源序列的存在发生同源重组的概率高,有利于新病毒的产生。异源重组也称为非同源重组,发生在不相关的分子之间,重组位点附近的序列可以没有任何相似性。异源重组是病毒种类进化的重要动力,有些病毒基因组的部分序列来自寄主植物的基因或序列,如甜菜黄化病毒(beet yellows virus,BYV)基因组中含有热激蛋白同源基因,就可能是通过异源重组获得的;有些单组分病毒的基因组结构和序列与多组分病毒的相似,也可能是通过异源重组产生的。

4.4 植物病毒的侵染、移动和传播

植物病毒的侵染循环包括病毒粒体侵入寄主植物细胞、通过基因组复制和表达及病毒粒体组装进行增殖、病毒进行细胞间移动和长距离移动、病毒在不同的植株间传播等过程。病毒在寄主体内复制、增殖、移动直到产生侵染症状的过程,是病毒基因组及其编码产物与寄主编码的因子进行复杂相互作用的结果。

4.4.1 植物病毒的侵染和增殖

1. 植物病毒的侵染

植物病毒没有专门的结构或器官直接侵入植物,必须借助外部因素,如微伤口、昆虫刺吸等,以被动方式进入寄主植物细胞。微伤口是指通过接触摩擦等外力造成的一些不会使寄主细胞死亡的微小伤口。自然界中,多数情况下,植物病毒通过机械损伤和昆虫取食活动中对植物造成的微伤口侵入寄主植物细胞。植物病毒对寄主细胞的侵染过程包括侵入(penetration)、脱壳(uncoating)、复制(replication)、转录(transcription)、翻译(translation)、装配(assembly)和成熟(maturation)。

病毒侵入寄主细胞是建立侵染的第一步,病毒首先与敏感寄主的细胞接触,然后进入细胞完成增殖。自然条件下,植物病毒通过介体或摩擦产生的微伤口进入寄主细胞以建立侵染,该过程一般在几分钟到几十分钟内完成,大多数通过机械摩擦产生的微伤口在1 h左右愈合,病毒就不能侵入了。

病毒粒体进入细胞后,只有将基因组暴露并被寄主细胞的蛋白翻译系统识别才能进行基因的转录和表达。病毒粒体的脱壳即病毒的蛋白质外壳与基因组核酸分离的过程,有囊膜的病毒还需要先脱去囊膜蛋白。大部分病毒在侵入的同时进行脱壳,所以脱壳和翻译过程是耦联的。病毒脱壳过程主要发生在细胞质中。

2. 植物病毒的增殖

植物病毒在侵入寄主细胞脱去外壳蛋白后,通过在寄主植物细胞内分别复制子代核酸和表达蛋白组装成子代病毒粒体进行增殖(multiplication)。增殖过程主要包括病毒基因组的复制、病毒编码蛋白的翻译和子代病毒粒体的组装。

以植物正单链RNA病毒为例介绍病毒的增殖过程。+ssRNA病毒以被动方式进入寄主植物细胞,脱壳释放基因组核酸,基因组核酸直接作为mRNA,在寄主核糖体翻译系统的参与下翻译表达出RNA依赖的RNA聚合酶(RdRp);RdRp以+RNA为模板,复制出大量−RNA,再以−RNA为模板复制出一些亚基因组核酸(sgRNA),并大量复制+RNA;sgRNA翻译产生一些种类的蛋白质,包括CP等。最后为病毒粒体的组装,复制产生的+RNA与CP进行组装,形成完整的子代病毒粒体。

（1）病毒基因组的复制　基因组核酸复制是病毒增殖的中心环节，完成遗传信息的传递，包括产生翻译病毒蛋白质的 mRNA 和子代病毒基因组核酸。病毒核酸复制需要寄主植物提供场所和原材料，植物 RNA 病毒的复制在寄主细胞质内一些与细胞内膜相连的结构内进行，部分 DNA 病毒的复制在细胞核内进行。

（2）病毒蛋白的合成　病毒转录出 mRNA 后，开始由寄主植物的蛋白质翻译系统进行病毒蛋白质的合成。植物病毒蛋白的合成需要寄主核糖体的参与，主要是 80S 细胞质核糖体，还需要寄主提供氨基酸、tRNA 等。翻译后的蛋白有些需要进一步加工才能形成成熟蛋白。

（3）病毒粒体的装配和成熟　病毒的装配是指复制产生的子代病毒基因组核酸和翻译表达的 CP 亚基进行组装，形成完整病毒粒体的过程。病毒装配的场所取决于病毒复制的位置，RNA 病毒在寄主细胞质中进行复制，装配也在寄主细胞质中进行。DNA 病毒的装配在寄主细胞核中进行，将病毒粒体释放到细胞质中。病毒粒体的成熟是指组装的病毒粒体需要经过一些结构或构象的变化才能具有侵染性。这些变化如蛋白的断裂使得病毒粒体形成成熟产物，在装配过程中蛋白的构象发生变化。

4.4.2　植物病毒在寄主体内的移动和分布

病毒通过微伤口侵染植物细胞后，由于植物对病毒的抗感性不同，病毒在植物体内的移动和分布不同。一些种类的病毒被局限在接种的叶片中，而另外一些种类的病毒可以在植物体内进行长距离移动而形成系统侵染。如果一种病毒能够在初始侵染的细胞内复制，但不能移动到相邻的细胞，这一现象称为阈下侵染（subliminal infection）。

病毒采用两条基本的路径在植株体内移动而产生系统侵染：细胞到细胞的移动（细胞间移动，cell-to-cell movement）和长距离移动（long-distance movement）。

1. 病毒的细胞间移动

植物病毒不能直接穿过细胞壁，必须利用连接相邻细胞的胞间连丝（plasmadesmata，PD）进行细胞间移动。病毒粒体，或者即使是自由的、折叠的病毒核酸，都因体积太大而不能通过未经修饰的 PD。病毒编码的 MP 可以促进 PD 的尺寸排阻限增加。多数植物病毒编码一个 MP，有些病毒编码 2～3 种参与病毒细胞间移动的蛋白，如马铃薯 X 病毒属（*Potexvirus*）成员编码 TGB1、TGB2 和 TGB3 共 3 种蛋白参与病毒的细胞间移动。

病毒编码的移动蛋白识别病毒基因组核酸，然后将其从复制位点运送到 PD，穿过寄主细胞壁完成病毒的细胞间移动。有的病毒以移动蛋白-核酸复合体形式进行细胞间移动，如 TMV；有的病毒以完整粒体的形式通过其编码的 MP 参与形成可以通过 PD 或细胞壁的管状结构（细管）到达相邻细胞，如豇豆花叶病毒、番茄斑萎病毒等（图 4-14）。

2. 植物病毒的长距离移动

病毒通过寄主植物的维管束系统进行长距离移动。病毒通过维管束鞘细胞、韧皮部薄壁细胞、伴胞和筛分子，在维管束系统中被动地依靠植物疏导组织中的营养流动力进行移动，可以进行上、下双向移动，进入植物根部及顶端生长的组织。大多数病毒需要 CP 进行长距离运输。植物病毒进入韧皮部后移动速度较快，如甜菜曲顶病毒（beet curl top virus，BCTV）移动速度为 2.5 cm/h，TMV 在筛管中的移动速度为 0.1～0.5 cm/h。

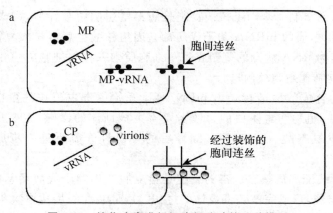

图 4-14　植物病毒进行细胞间移动的两种模型

a.移动蛋白-核酸复体形式　b.完整病毒粒体通过管状结构

3.植物病毒在寄主体内的分布

植物病毒在寄主体内的分布一般是不均匀的,受病毒本身、寄主和环境等因素的影响。有些病毒局限在特定的组织,如大麦黄矮病毒仅分布在寄主植物的韧皮部、薄壁细胞、伴胞和筛管细胞,一些双生病毒则局限在寄主植物的韧皮部。

大多数引起花叶、斑驳等症状的病毒一般不受植物组织的限制,可侵染植物叶片大部分的细胞,但在叶片以及其他组织中的分布也不均匀。如显花叶症状的叶片有黄色区域和绿色区域(绿岛组织),黄色区域含有较多的病毒,绿色区域病毒含量低甚至没有病毒,研究表明这与寄主的抗病毒基因沉默机制有关。另外,植物顶端分生组织等生长旺盛的区域病毒含量低,甚至没有病毒,可以利用分生组织对植物进行脱毒获得无毒苗木。2020 年我国科学家揭示了顶端分生组织阻止 CMV 侵入的机制,发表在国际期刊 Science 上。

4.4.3　植物病毒的传播

植物病毒的传播(transmission)是指病毒在寄主植株不同个体间的侵染,是植物病毒的一个特性,也是造成病毒病害扩散和流行的必要条件。病毒一般通过一种或多种有效的传播方式扩散到新的植物个体并进行侵染。植物病毒的传播方式可以分为两类,即介体传播和非介体传播。通过昆虫、螨虫、线虫、真菌等生物介体的活动(取食、侵染等)而进行的传播称为介体传播。由机械损伤、风、雨、水流、农事操作、种子、花粉、无性繁殖材料等造成的病毒传播称为非介体传播。不同科、属的病毒在传播方式上存在明显的差异,有些病毒仅能通过介体传播,有些种类的病毒既可以通过介体传播也可以通过非介体传播。传播方式是植物病毒鉴定和分类的重要依据之一。了解病毒在寄主间的传播方式和规律,是研究病毒病害发生规律、采取合理有效防治措施的前提。

4.4.3.1　非介体传播

非介体传播的过程是机械性而非生物性的,一般没有特异性。通过机械损伤等方式在植物表面造成的微伤口侵入是非介体传播的重要方式。在实验室中常用到的机械摩擦接种是人为地在植物叶片上造成微伤口,使得植物病毒直接进入植物细胞而形成侵染。自然界中,非介体传播主要通过带毒植株与健康植株的直接接触、风雨等造成伤口传播。植物接触碰撞时,病毒可以通过伤口侵入;农业生产劳动过程中的农事操作、使用的工具以及人的衣物,都可造成病毒的传播,如定植、整枝、打杈、摘果、修剪等农事操作。有些病毒在自然界中非常稳定,如TMV 在水和土壤中可存活数年,遇到适宜条件和寄主就可以侵染。有些植物叶片的表皮毛较多,病毒可以从断裂的表皮毛中渗出和侵入。携带病毒的无性繁殖材料,如块根、块茎、用于扦插的枝条、嫁接用的接穗和砧木等,也可造成病毒的传播。种子传播也是非介体传播的一种方式,但一般种子传毒率较低,主要是因为高传毒率可能造成花和种子发育缺陷,导致种子不能正常发育和萌发,从而造成病毒的自身毁灭。

一些果树病毒在果园里通过修剪工具进行传播,使得果树病毒病发生呈现一定的规律。草坪草上一些病毒也很容易通过割草机等机械进行传播。

4.4.3.2　介体传播

多数植物病毒通过无脊椎动物介体传播。植物病毒的传毒介体包括以昆虫为主的节肢动物、线虫和菌物,其中昆虫是最重要的传毒介体。介体传播通常具有病毒和介体的特异性,表现在一种病毒通常仅能通过一种昆虫传播。病毒通过无脊椎动物在植物之间传播是许多引起巨大经济损失的病毒在田间传播的主要途径。

1. 昆虫和螨

昆虫是植物病毒传播的最常见和最重要的介体,大约 70% 的植物病毒由昆虫传播。重要的昆虫介体包括蚜虫、飞虱、叶蝉、粉虱、蓟马等。

蚜虫种类多,生命周期短,繁殖力强,几乎危害各种植物,是最重要的病毒传播介体。近一半种类的植物病毒由蚜虫传播,其中许多是侵染具有重要经济意义的作物如蔬菜、麦类、果树、烟草等作物的病毒。

飞虱和叶蝉在介体中的重要性居第二位,传播的病毒种类不如蚜虫传播得多,但传播许多经济上非常重要的病毒,尤其是侵染禾本科粮食作物的病毒,如近几年在我国华东、华南稻区逐年严重发生的水稻黑条矮缩病毒病是由灰飞虱传播的。由飞虱和叶蝉传播的一些病毒能够在昆虫体内复制和增殖,导致介体一旦获毒而终生具有传毒性。

近年来,粉虱成为越来越重要的传毒介体,而且随着气候变暖和栽培方式的改变,由粉虱传播的病毒病发生越来越严重。烟粉虱(*Bemisia tabaci*)是双生病毒科(*Geminiviridae*)菜豆金色黄花叶病毒属(*Begomovirus*)成员的传播介体,引起许多经济作物的重要病毒病,如非洲木薯花叶病毒(African cassava mosaic virus,ACMV)危害非洲的主要粮食作物木薯,番茄黄化曲叶病毒(tomato yellow leaf curl virus,TYLCV)造成番茄植株绝收。近年来,由烟粉虱传播的毛状病毒属(*Crinivirus*)成员,如番茄褪绿病毒(tomato chlorosis virus,ToCV)、瓜类褪绿黄化病毒(cucurbit chlorotic yellows virus,CCYV)给番茄、瓜类作物生产造成严重危害。

蓟马是极端杂食性昆虫,为害植物种类繁多,也是植物病毒的重要介体,传播正番茄斑萎病毒属(*Orthotospovirus*)病毒,这些病毒危害粮食、蔬菜、花卉等经济作物。

螨和传粉昆虫的活动也造成一些病毒的传播,甲虫和螨类也是一些植物病毒传播的介体。

2. 线虫

线虫传播的病毒主要危害烟草、番茄、马铃薯、葡萄等经济作物。有两个属的植物病毒是由线虫传播的,烟草脆裂病毒属(*Tobravirus*)成员和线虫传多面体病毒属(*Nepovirus*)成员分别由不同属的线虫传播。烟草脆裂病毒属的所有 3 种病毒都是由线虫传播的。线虫传毒的方式与一些蚜虫的传毒方式类似,线虫从发病植物的根部取食获毒后,通过取食健康植株的根部进行传毒。

3. 菌物

在麦类、水稻、烟草、蔬菜等作物发现有经菌物传播的病毒。目前已发现和证实的能够传播植物病毒的主要是壶菌中的油壶菌属(*Olpidium*)和根肿菌中的多黏菌属(*Polymyxa*)、粉痂菌属(*Spongospora*)的菌物。油壶菌属传播球状病毒,多黏菌属和粉痂菌属传播棒状或线状病毒。能传毒的菌物本身都能够侵染寄主植物,但不是重要的植物病原菌。传毒菌物靠游动孢子带毒,当游动孢子侵染植物根组织时将病毒传给植物。

4.4.3.3　介体与所传病毒的关系

介体传毒过程可分为 3 个阶段:①获毒期(acquisition phase),即介体在被侵染植物上取食并获得足够量病毒的时期;②潜育期(latent period),指介体从获得病毒到能够传播病毒的一段时间;③持毒期(retention period),即介体保持传毒能力的时间。

介体与所传病毒之间具有特异性,不同的病毒以不同的方式由不同的介体传播。传毒介体(节肢动物和线虫)在取食获得病毒后,不同的病毒与介体有不同的传播关系。根据病毒是否需在介体内循环后才能被传播,分为循回型传毒和非循回型传毒。循回型传毒是指病毒经介体取食后,经消化道进入血液循环后到达唾液腺,再经口针排出体外完成传播的过程,这种病毒与介体的关系称为循回型关系,其中的病毒称为循回型病毒,介体称为循回型介体。循回型传毒关系中根据病毒是否在介体内增殖又分为增殖型和非增殖型,大部分增殖型病毒是由飞虱或叶蝉传播的。非循回型是指病毒被介体取食后,病毒附着在口针或前肠,不在介体内循回,这种关系称为非循回型关系。大多数介体的传毒属于非循回型,介体获毒和传毒时间短,且介体很快失去传毒能力。

根据介体持毒时间的长短可以分为非持久性传毒、半持久性传毒和持久性传毒。非持久性传毒也称口针传带型传毒,是指昆虫取食时很快获毒,获毒后很快便可传毒,但传毒时间较短。持久性传毒是指昆虫获毒后,需要在体内循回一定的时间后才能传毒,而一旦开始传毒,则保持传毒能力相当长一段时间,甚至终身传毒。循回型或持久性传毒的重要特征是传毒过程需要潜育期。半持久性传毒介于上述两者之间。非循回型的关系全是非持久性的,而循回型关系中又进一步分为半持久性和持久性两种。

4.5　植物病毒的分类和命名

病毒的分类和命名与其他生物不同,随着对病毒本质研究的不断深入,病毒的分类和命名逐渐科学化和规范化。国际病毒分类委员会(International Committee on Taxonomy of Viruses,ICTV)负责对病毒进行分类和命名,有一套完善的分类命名准则。应在 ICTV 网站(http://www.ictvonline.org)查询病毒分类现状、命名方法、名称书写格式、最新发现的病毒信息等。

4.5.1　病毒的分类单元

ICTV 于 2020 年 3 月公布了最新病毒分类系统,首次采用十五级分类单元,依次为:域、亚域、界、亚界、门、亚门、纲、亚纲、目、亚目、科、亚科、属、亚属、种。目前公布的所有病毒有 6 590 种,分属于 4 个域(realm)9 个界(kingdom)16 个门(phylum)2 个亚门(subphylum)36 个纲(class)55 个目(order)8 个亚目(suborder)168 个科(family)103 亚科(subfamily)1 421 个属(genus)68 个亚属(subgenus)(图 4-15)。在描述一种病毒的分类地位时一般描述到科、属。

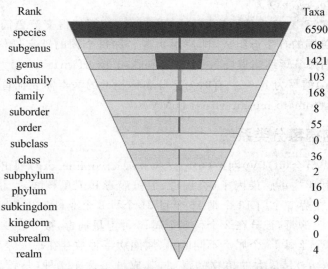

图 4-15　最新病毒分类单元及每单元的分类数量

(Gorbalenya and Siddell,2021)

4.5.2　病毒的分类依据

随着对病毒研究的深入,病毒的分类依据逐渐发展变化,其标准和内容越来越符合病毒的本质,如病毒基因组核酸的类型、结构(单链、双链、线状、环状)和序列已成为确定病毒分类的首要依据。此外,还包括病毒形态、蛋白质特性、复制策略、翻译及翻译后加工特性、抗原性质,以及病毒生物学特性,如寄主范围、传播途径等。

不同分类单元的划分依据不同,病毒种的划分主要依据病毒基因组核苷酸序列同源性、生理生化性质、血清学关系、寄主范围、介体传播特性、致病性、组织分布特异性、地理分布等;病毒属的划分依据病毒基因组大小、结构、核苷酸序列同源性、复制策略、介体传播特性等。

4.5.3　病毒种的命名和名称书写规则

病毒种的命名采用病毒的英文俗名。病毒种的名称一般由"寄主名称(host)+症状(symptom)+病毒(virus)"3 部分组成,如烟草花叶病毒(tobacco mosaic virus,TMV),该病毒的名称中包括侵染寄主烟草(tobacco)、被侵染的烟草表现花叶症状(mosaic)和病毒(virus)。现已不再使用人名、地名等敏感词。

病毒的名称具有特定的书写规则,印刷或书写时要遵守如下规则:

(1)病毒的目、科、属的名称一律用斜体,首字母大写,如 *Bromoviridae*(雀麦花叶病毒科)、*Cucumovirus*(黄瓜花叶病毒属)。

(2)病毒种名的写法一般按普通英文单词的写法,正体小写,如描述"烟草花叶病毒(tobacco mosaic virus,TMV)侵染烟草引起花叶病"。病毒名称中专有名词,如地名等的首字母需大写。只有当强调病毒的分类地位时,病毒种名的书写格式较为复杂,为斜体、首单词首字母大写、最后一个单词将 virus 写为病毒所在属的名称,如引起我国玉米矮花叶病的主要病原甘蔗花叶病毒(*Sugarcane mosaic potyvirus*)在分类上属于马铃薯 Y 病毒科(*Potyviridae*)马铃薯 Y 病毒属(*Potyvirus*)。

在文献和日常交流中,广泛使用病毒名称的缩写。缩写使得交流更简洁。缩写通常由病毒英文名称中每个单词的首字母组成,即使用病毒名称每个词的首字母构成首字母词(acronym)的形式,如水稻黑条矮缩病毒(rice black-streaked dwarf virus)缩写为 RBSDV,马铃薯 Y 病毒(potato virus Y)缩写为 PVY。有时为区分名称相近的病毒需要加首单词第二个字母小写,如番茄花叶病毒(tomato mosaic virus,ToMV)。

4.5.4　植物病毒分类系统

国际病毒分类委员会(ICTV)网站(http://www.ictvonline.org)列出的寄主为植物的病毒涵盖了植物病毒和亚病毒感染因子(类病毒、卫星病毒和卫星核酸)。植物病毒共有 1 608 种,被分在 2 个域 3 个界 8 个门 13 个纲 16 个目 31 个科 8 个亚科 132 个属 3 个亚属。亚病毒感染因子包括 33 种类病毒,被分在 2 个科 8 个属;6 种卫星病毒,被分在 4 个属;142 种卫星核酸,被分在 2 个科 2 个亚科 13 个属。不同的科、属间病毒种数存在很大差异,如菜豆金色黄花叶病毒属(*Begomovirus*)是最大的植物病毒属,其成员多达 424 种,马铃薯 Y 病毒属(*Potyvirus*)是最大的植物 RNA 病毒属,成员有 183 种;而有些植物病毒属如柑橘病毒属(*Citrivirus*)、东格鲁病毒属(*Tungrovirus*)等仅有 1 个成员。

4.6　类病毒、卫星病毒和卫星核酸

类病毒、卫星病毒和卫星核酸属于亚病毒,结构简单,具有比较特殊的性质,一些种类具有危害性,引起重要病害或在病害发生中起主要作用。

4.6.1　类病毒

1. 类病毒的定义和危害

类病毒(viroid)是一类侵染植物的小的单链环状 RNA 分子,通常由 246～475 个核苷酸组成,没有衣壳包被,具有高度的二级结构和自身稳定性,不编码蛋白质和多肽,能够进行自我复制,是最小的具有侵染性的病原物。迪纳(Diener)于 1971 年描述马铃薯纺锤块茎病害的侵染性病原物时提出并证实马铃薯纺锤块茎病是由一类新的病原——类病毒引起的。类病毒可引起多种植物主要病害,同时由于分子结构简单而成为生物学上的典型研究材料。

类病毒可侵染植物引起严重损失,如马铃薯纺锤块茎类病毒(potato spindle tuber viroid,PSTVd)、苹果锈果类病毒(apple scar skin viroid,ASSVd)、柑橘裂皮类病毒(citrus exocortis viroid,CEVd)、椰子死亡类病毒(coconut cadang-cadang viroid,CCCVd)等在马铃薯、苹果、柑

橘、椰子等多种经济植物上引起严重病害。类病毒侵染造成的症状与病毒侵染症状类似,包括黄化、斑驳、畸形、坏死等。PSTVd 侵染马铃薯引起植株矮化、僵直,叶片变小,块茎伸长呈纺锤形,减产 25％以上。ASSVd 侵染苹果树导致树势减弱,使国光和部分富士系列苹果果实表面产生锈斑、着色不均匀,严重降低或失去经济价值。CEVd 侵染柑橘引起裂皮病,已严重影响世界柑橘生产。有些类病毒为无症状侵染,如啤酒花潜隐类病毒(HLVd),在世界范围内广泛分布,不引起明显的病害症状。

2. 类病毒的复制、移动和传播

类病毒为单链环状 RNA 分子,GC 含量(摩尔百分比)(53％～60％),分子内部碱基高度配对,形成稳定的杆状或拟杆状结构。所有类病毒的序列均存在一定程度的相似性,由于类病毒具有这样一些高度保守的区域,在复合侵染的复制过程中易发生重组。

类病毒的复制与病毒不同,类病毒不编码任何蛋白质,缺少复制酶,其复制完全依赖于寄主的转录酶系统。类病毒的复制均是从 RNA 直接转录为 RNA。类病毒以自身 RNA 为模板经滚环复制方式产生子代类病毒 RNA,有对称滚环复制和非对称滚环复制之分(图 4-16)。鳄梨日斑类病毒(avocado sunblotch viroid,ASBVd)采用对称滚环复制,复制时以自身 RNA 为模板产生多个单位长度的(一)链复制中间体,经切割加工、自我连接形成(一)链单体环,再以此为模板转录出多个单位长度的(十)链复制中间体,经切割加工和连接形成具有侵染性的单体环状类病毒 RNA 分子。不对称滚环复制方式,如 PSTVd,复制时先转录出多个单位长度

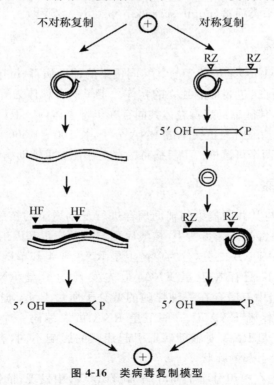

图 4-16　类病毒复制模型

(十)链(实心线)负责转变成大量的侵染性 RNA,(一)链(空心线)转变成其互补链。可选择的非对称和对称途径分别包括 1 个或 2 个滚环复制。在对称途径中,多聚链的(十)和(一)链由锤头状的核酶(RZ)切割,形成线状的单体 RNA,5′端为羟基,3′端为环磷酸末端。箭头标明切割位点。在非对称途径中,由寄主因子(HF)切割多聚链,形成线状单体 RNA,5′端为羟基,3′端为环磷酸末端(Hall 著,范在丰等译,2007)。

的（一）链复制中间体，不经切割加工，直接作为模板转录成（＋）链复制中间体，再经切割加工和连接形成类病毒 RNA 分子。

类病毒的细胞间移动和长距离移动分别通过胞间连丝和韧皮部进行，类病毒可能通过结合一些寄主蛋白质而进行转运。类病毒主要通过无性繁殖材料、机械污染、花粉和种子等进行传播。例如，CEVd 和 ASSVd 主要通过嫁接、修剪传播，PSTVd 以无性繁殖材料马铃薯块茎传播为主。

3. 类病毒的分类和书写规则

依据 RNA 分子的序列和推测的结构，类病毒分为两个科：马铃薯纺锤块茎类病毒科（*Pospiviroidae*）和鳄梨日斑类病毒科（*Avsunviroidae*）。根据中央保守区类型及是否存在末端保守区和末端保守发卡结构，将马铃薯纺锤块茎类病毒科 28 个成员分为 5 个属：马铃薯纺锤块茎类病毒属（*Pospiviroid*）、啤酒花矮化类病毒属（*Hostuviroid*）、椰子死亡类病毒属（*Cocadviroid*）、苹果锈果类病毒属（*Apscaviroid*）和锦紫苏类病毒属（*Coleviroid*）。鳄梨日斑类病毒科仅有 5 个成员，根据锤头状结构类型、基因组 GC 含量（摩尔百分比）和在氯化锂中的可溶性分为 3 个属：鳄梨日斑类病毒属（*Avsunviroid*）、桃潜隐花叶类病毒属（*Pelamoviroid*）和茄潜隐类病毒属（*Elaviroid*）。

类病毒的英文名称书写规则参照植物病毒英文名称书写规则，最后一个单词为 viroid，在缩写时加上"d"以区别于病毒名称缩写，如马铃薯纺锤块茎类病毒（potato spindle tuber viroid，PSTVd）、苹果锈果类病毒（apple scar skin viroid，ASSVd）。

4.6.2　卫星病毒

卫星病毒（satellite virus）是依赖于与其共同侵染的辅助病毒（helper virus）进行复制增殖的病毒，自身编码外壳蛋白，包装形成独立的粒体。卫星病毒粒体为等轴状，直径约 17 nm，是植物病毒中最小的粒体，伴随辅助病毒粒体共同存在于寄主体内。卫星病毒的核酸序列与辅助病毒基因组没有同源性，基因组为正义单链 RNA 分子，长 800~1 500 nt，编码一个 17~24 kDa 的外壳蛋白，有些还具有两个可读框。卫星病毒的存在往往加重辅助病毒侵染引起的症状。

4.6.3　卫星核酸

卫星核酸是依赖于与其共同侵染的辅助病毒进行复制增殖的核酸分子，自身不编码外壳蛋白，而是包装在辅助病毒的外壳蛋白中，核酸序列与辅助病毒基因组序列没有同源性。卫星核酸有卫星 RNA 和卫星 DNA 之分，分为单链卫星 RNA 亚组和单链卫星 DNA 亚组。

植物 RNA 病毒中广泛存在卫星 RNA，最先发现的卫星 RNA 来自黄瓜花叶病毒（CMV），在 CMV 基因组中有时存在一种伴随的低分子质量 RNA，这种 RNA 分子的复制依赖于 CMV，称为 CMV 伴随 RNA5。有些卫星 RNA 可以编码一个非结构蛋白，参与卫星 RNA 的复制。不同的卫星 RNA 对辅助病毒引起症状的影响不同，有的没有影响，有的加重症状，有的减轻辅助病毒引起的症状。

卫星 DNA 分子首先在单组分番茄曲叶病毒（ToLCV）中发现，依赖辅助病毒进行复制、移动和传播，对辅助病毒症状没有明显影响。近年来，又在多种单组分菜豆金色黄花叶病毒属（*Begomovirus*）成员中发现一类新的卫星 DNA，即 DNA β 分子。DNA β 包装在辅助病毒粒体中，通过粉虱传播，目前发现 DNA β 分布范围广泛，且多数情况下与辅助病毒一起引起典型症状,在病毒致病性、与寄主及传毒介体互作中发挥重要作用。

4.7 植物病毒的检测和鉴定

植物病毒的检测和鉴定,是认识、研究和控制植物病毒病的基础,同时也是植物病毒分类学研究的一个重要环节,具有重要的实践和理论意义。随着血清学、分子生物学等技术的发展,植物病毒检测、鉴定技术不断改进,灵敏度和准确度显著提高,并得到广泛应用,促进了植物病毒学的进展。植物病毒的检测和鉴定方法很多,主要围绕着病毒的生物学特性、粒体物理特性、病毒的蛋白质特性和核酸特性几个方面进行,主要分为 4 类:生物学测定、电子显微镜方法、血清学方法和分子生物学方法。

4.7.1 生物学测定

生物学测定是病毒检测和鉴定的传统方法。通过测定病毒的寄主范围、侵染寄主后的症状表现以及传播方式等生物学特性对病毒进行鉴定。采用实验的方法确定病原的侵染性,证明病毒与病害的直接相关性和侵染性,这种方法非常重要,一直以来是病毒检测和鉴定的基础。

1. 寄主范围和症状表现

每种病毒都有一定的寄主范围,对于不同的病毒来说寄主范围可能不同,即使拥有相同的寄主也可能产生不同的症状。一般来说,仅凭田间植株的症状来确定病毒种类往往证据不足,通常需要借助鉴别寄主。不同的病毒往往都有一套鉴别寄主(鉴别寄主谱),依据这些鉴别寄主所表现的不同症状反应,可以初步确定病毒的种类及归属。常用的鉴别寄主有茄科、藜科、豆科、葫芦科等草本植物,主要通过汁液摩擦方式接种,而果树和林木植物病毒则多采用嫁接方式转接到木本鉴别寄主上。这种方法简单易行,比较直观,但工作量较大,耗时长并且易受气候及其他条件的影响而使结果不够稳定。

2. 传播方式

每种病毒的自然传播机制具有特异性,传播方式是病毒检测和鉴定的重要依据之一。大多数植物病毒都能够机械传播,许多病毒还可以通过专一性介体进行传播。确定病毒的传播方式不仅可以为病毒的鉴定提供依据,同时也可以为病毒的研究和病毒病的防治提供依据。但对于一些通过无脊椎动物和菌物传播的病毒,由于介体生物难以饲养、传毒测定烦琐等原因,在常规检测和鉴定中用得较少。

4.7.2 电子显微镜技术

病毒粒体的形态、大小和表面特征是鉴定病毒的重要依据。此外,病毒侵染寄主植物后所引起的细胞超微病理变化,特别是产生的特定内含体的形态结构,也是植物病毒检测鉴定的重要依据。借助电子显微镜可以对这些方面进行直观地观察。因此,电子显微镜技术自建立以来,已成为检测和鉴定植物病毒的重要手段之一。最常用的电子显微镜测定方法是负染法、超薄切片法和免疫吸附电镜法。采用电子显微镜技术一般可以将病毒诊断到属的水平,有些细胞病理变化和内含体形态特征还有助于区别病毒的种甚至株系。

4.7.3　血清学测定

血清学测定是利用抗体和抗原的特异性反应对病毒进行检测和鉴定,在植物病毒诊断鉴定中具有重要意义。植物病毒的 CP 等蛋白具有免疫原性,因此可以在动物体内产生抗体,根据抗原与抗体的特异性反应,可以检测某种病毒的存在与否或者判断病毒的归属。

血清学测定方法中普遍使用的是酶联免疫吸附测定法(enzyme-linked immunosorbent assay,ELISA)。ELISA 是将抗原和抗体的免疫反应特异性与酶对底物高效催化作用相结合的方法。一般将待测病毒样品或病毒特异性抗体吸附在聚苯乙烯酶联板孔的底部,加入待测抗体或待测植物病毒样品,最后借助于酶和底物反应产物的颜色来进行检测。通常颜色的深浅与抗原(病毒)含量成正相关,用肉眼观察即可定性地判断是否含有待测病毒,借助酶联免疫检测仪(酶标仪)检测的读数还可以更精确地判断结果以及样品中病毒的相对含量。常用于标记抗体的酶有碱性磷酸酶和辣根过氧化物酶。ELISA 具有灵敏度高(低至 $1\sim10$ ng/mL)、特异性强、操作简单、适合大规模样本检测等优点,已成为一种常用的标准血清学检测方法,并且可进行商品化生产。常用的 ELISA 方法有直接法、间接法、双抗体夹心法(DAS-ELISA)等。

在 ELISA 基础上,又发展建立了斑点免疫结合测定法(dot immunobinding assay,DIBA)、组织印迹法、Western blot 等更快速或特异的方法。采用免疫层析技术的测试条(胶体金免疫层析试纸条)具有特别简便快速且无需设备的优点,一直以来在临床诊断方面具有广泛应用,已应用到一些植物病毒病害的病原检测和诊断。

4.7.4　分子生物学技术

鉴于病毒基因组核酸的类型、结构(单链、双链、线状、环状)和序列是确定病毒分类的最重要依据,逐步发展起来的核酸检测技术成为检测和鉴定植物病毒的更可靠方法。分子生物学技术在病毒核酸水平进行检测,具有灵敏度高、特异性强、操作简便快速、可用于超大量样品的检测等优点,这种技术在植物病毒检测中得以迅速广泛应用。常用的方法有双链 RNA(dsRNA)技术、聚合酶链式反应(PCR)技术、核酸杂交、基因芯片等,近些年发展成熟的深度测序技术极大地促进了新病毒的发现和检测。

1. dsRNA 技术

大约 70% 的植物病毒基因组为 ssRNA,ssRNA 病毒在寄主植物体内复制时,会产生 dsRNA 复制中间型,有些病毒如植物呼肠孤病毒其基因组本身就是 dsRNA,而在健康植物体内一般不存在 dsRNA,因此,dsRNA 可以用于植物病毒的检测。

2. PCR 技术

PCR 技术是一种选择性 DNA 体外高效扩增技术,具有灵敏度高、特异性强、操作简单、速度快、重复性好等优点,是分子生物学研究的重要工具,并广泛应用到病原物的检测鉴定。PCR 在许多植物病毒特别是含量较低的病毒检测中发挥了重要的作用。常见的 PCR 检测中,使用一对特异性引物,针对一种病毒进行检测。由于植物病毒中 RNA 病毒占 70% 以上,反转录 PCR(RT-PCR)技术的应用更为广泛。随着技术的进步,开发出了简并引物(通用引物)PCR、多重 PCR 等,使得一次 PCR 反应能够检测出某一大类或多种病毒。PCR 具有较高的灵敏度,病毒检测水平可达到 fg 级,远高于 ELISA 的 ng 级水平。但由于灵敏度高,操作中应注意防止交叉污染,减少或避免假阳性结果的产生。

实时荧光定量 PCR(real-time PCR)通过在反应体系中加入荧光标记,不仅可以对初始模板进行定量,而且灵敏度高、特异性更强,自动化程度高,已被应用于多种植物病毒的检测。目前,该技术被广泛应用于新型冠状病毒的检测。

3.核酸杂交技术

核酸杂交技术是根据互补的核酸单链可以通过碱基配对形成双链的特性,将病毒一段特异的核酸序列用放射性或非放射性物质加以标记制备探针,与固定在尼龙膜膜上的待测样品核酸进行杂交,根据杂交信号检测和鉴定病毒。待测样品核酸一般是经过提纯的核酸,也可以是将植物组织直接印在尼龙膜上留下的核酸。核酸杂交适合于各种病毒的检测,特别适合大量样品的检测,但操作技术要求相对高,步骤比较烦琐。

4.基因芯片技术

基因芯片技术又称 DNA 微阵列(microarray)技术,是近年来在核酸杂交技术基础上发展起来的一项高新技术,它综合了分子生物学、材料科学、信息科学和计算机技术等多种科学技术。在病毒检测方面,该技术的原理是将各种病毒样品的基因片段或特征基因片段点样,制成基因芯片,以荧光标记的待检核酸与芯片进行杂交,杂交信号经扫描进行检测和分析,最后经计算机进行结果判断。该技术可以一次性对大量病毒进行筛查,解决了传统核酸杂交技术操作繁杂、检测效率和自动化程度低等不足。

5.深度测序技术

深度测序(deep sequencing)是一种高通量测序技术。病毒在侵染过程中产生大量的小RNA,通过分离小 RNA,构建 cDNA 库,经深度测序获得小 RNA 序列,利用软件进行拼接,对拼接获得的序列进行比对和分析,能够发现和鉴定出序列完全未知的新病毒。这一技术已经成功用于番茄、葡萄、马铃薯等作物上病毒的鉴定。此外,转录组测序(RNA-sequencing,RNA-Seq)也用于病毒的鉴定。随着测序成本的显著降低,深度测序和 RNA-Seq 被用于发现新病毒。

4.8　重要的植物病毒属及代表性成员

4.8.1　烟草花叶病毒属(*Tobamovirus*)

烟草花叶病毒属(*Tobamovirus*)隶属植物杆状病毒科(*Virgaviridae*),是研究最早最深入的一个植物病毒属,典型种是烟草花叶病毒(*Tobacco mosaic tobamovirus*),已有 100 多年的研究历史。该属成员病毒粒体为直杆状,直径 18 nm,长 300～310 nm;基因组为一条(+) ssRNA链,长 6.3～6.6 kb,5′末端为甲基化帽子结构,3′末端具有类似 tRNA 的结构,基因组至少编码 4 个蛋白,5′端的 126～129 kDa 及 183～187 kDa 两个蛋白与病毒复制有关,其中后者是由前者通读产生的。另外两个蛋白分子质量分别为 28～31 kDa 和 17～18 kDa,为病毒的 MP和 CP,分别由病毒亚基因组表达产生(图 4-12)。

烟草花叶病毒属中大多数病毒的寄主范围较广,可侵染茄科、十字花科、葫芦科及豆科植物,其中烟草花叶病毒(TMV)的寄主范围最为广泛。烟草花叶病毒属病毒十分稳定,对外界环境的抵抗力强,纯化的病毒和病叶中的病毒能保持侵染性十几年以上。该属病毒在自然界中通过机械接触传播,某些病毒可以通过种子传毒,无自然传播介体。病毒免疫原性强,TMV在自然界中有许多株系,区分不同的株系往往需要寄主范围、症状表现、血清学、氨基酸和核苷酸序列的分析等为依据。TMV相关研究一直处于病毒学研究的前沿,对其分子生物学特性的研究促进了生命科学的快速发展。TMV还是最早被开发为基因表达载体的RNA病毒。在我国,TMV一直是番茄、辣椒、烟草等经济作物生产上的主要病毒,易于传播,防控难度大。近年来在欧洲温室番茄生产中发生一种新病毒——番茄褐色皱果病毒(tomato brown rugose fruit virus,ToBRFV)也属于烟草花叶病毒属,其传播快、果实失去经济价值,给番茄产业造成严重危害,在我国山东、江苏也有发生。

4.8.2 马铃薯Y病毒属(*Potyvirus*)

马铃薯Y病毒属(*Potyvirus*)隶属马铃薯Y病毒科(*Potyviridae*),是植物RNA病毒中成员最多的一个属,有183个种,典型种是马铃薯Y病毒(*Potato virus potyvirus*),该属成员分布于世界各地,许多是为害粮食作物、经济作物、中药材、果树的重要病毒,造成了严重的经济损失。

病毒粒体为单分体弯曲线状,无包膜,长680～900 nm,直径11～13 nm,螺旋对称结构。马铃薯Y病毒属病毒基因组为单分子正义ssRNA,全长约10 kb,核酸5′端连接VPg蛋白(viral protein,genome-linked),3′端具有Poly(A)尾,编码一个约350 kDa的多聚蛋白(polyprotein)前体和一个由于核糖体滑动产生的小蛋白P3N-PIPO。多聚蛋白在翻译后经过加工产生10个成熟蛋白,从N端到C端依次为:P1、HC-Pro、P3、6k1、CI、6k2、Vpg、NIa-Pro、NIb和CP(图4-10)。这些蛋白负责病毒基因组的复制、加工成熟、细胞间移动、组装内含体、蚜虫传播、抑制寄主基因沉默等生命过程。

该属大多数成员具有较宽的寄主范围,但一些病毒的寄主范围仅限于特定的科,少数可侵染30多科的植物种类,大多数病毒的寄主为双子叶植物,只有一少部分侵染单子叶植物。病毒的田间传播主要通过蚜虫以非持久性方式进行,并需要病毒编码的外壳蛋白(CP)和蚜传辅助因子-蛋白酶(helper component-proteinase,HC-Pro)的参与。一些病毒能通过种子传播,如引起玉米矮花叶病的甘蔗花叶病毒(sugarcane mosaic virus,SCMV)。大部分成员机械传播效率高,在实验室研究主要采用机械摩擦接种方式。

病毒存在于感病寄主植物的各个部分,病毒粒体在细胞质中分散或成束分布。该属所有成员侵入植物后都能在寄主细胞内产生形态结构特殊的核内含体和胞质内含体。胞质内含体大多为圆柱状或圆锥状,不同病毒有较大的差异,它们在组织横切面上呈风轮状、卷筒状、环状、片层状,纵切面上呈束状或管状等,其中风轮状内含体最为常见。

4.8.3 黄瓜花叶病毒属(*Cucumovirus*)

黄瓜花叶病毒属(*Cucumovirus*)隶属雀麦花叶病毒科(*Bromoviridae*)。病毒粒体为等轴对称二十面体,直径约29 nm,为三分体病毒,基因组为3条正义单链RNA。典型种是CMV,基因组RNA1长3 357 nt,RNA2长3 050 nt,RNA3长2 216 nt,病毒粒体中还包裹RNA4,为RNA3的sgRNA,长1 000 nt。每条RNA分子的5′端为甲基化帽子结构,3′端有一个约

200 nt 的同源序列区，末端为 tRNA 状结构，无 poly（A）尾。CMV 基因组编码 5 个 ORF，ORF1 编码 111～112 kDa 复制酶，ORF2a 编码 93～97 kDa 复制酶，ORF2b 编码 11～13 kDa 蛋白（2b 蛋白），ORF3 编码 31 kDa 的细胞间移动蛋白，ORF4 通过 sgRNA 表达 24～26 kDa 的外壳蛋白（图 4-17）。CMV 2b 蛋白是第一个被证明为基因沉默抑制子的病毒蛋白，具有结合小 RNA 的活性，抑制寄主基因沉默的起始。同时 CMV 2b 是一个多功能蛋白，定位于细胞核，控制病毒的长距离移动和症状表达，抵抗植物中水杨酸（salicylic acid，SA）诱导的抗性，有利于蚜虫取食及传毒等。

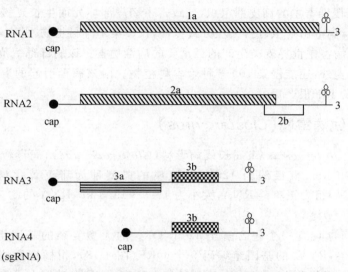

图 4-17　黄瓜花叶病毒（CMV）基因组结构及编码蛋白示意图

黄瓜花叶病毒是寄主范围最广泛的植物病毒之一。在许多双子叶和单子叶植物上都发现有 CMV 侵染，而且经常与另一种病毒复合侵染，使植物表现出复杂多变的病害症状。CMV 变异频率高，从不同地区或不同作物上分离得到的 CMV，其生物学性状的某些方面略有差异，称为不同的株系。CMV 在自然界主要依赖多种蚜虫以非持久性方式传播，也可经汁液接触传播。大量的野生寄主常常是田间发病的毒源。CMV 的侵染能引起多种重要农作物严重减产，造成巨大的经济损失，是最具经济重要性的病毒之一。

4.8.4　马铃薯 X 病毒属（*Potexvirus*）

马铃薯 X 病毒属（*Potexvirus*）隶属甲型线状病毒科（*Alphaflexiviridae*）。病毒粒体为弯曲线状，直径为 13 nm，长度为 470～580 nm；基因组为正单链 RNA，大小为 5.9～7.0 kb，5′端有帽子结构，3′端有 Poly（A）尾。该属病毒以机械摩擦方式传播。典型种为马铃薯 X 病毒（*Potato virus potexvirus*）。

马铃薯 X 病毒的基因组编码 5 个 ORF，ORF 1（166 kDa）由基因组 RNA 翻译，所编码的蛋白质含有与其他 RNA 病毒中预测的聚合酶有序列相似的结构域；ORF 2（25 kDa）、ORF 3（12 kDa）和 ORF 4（8 kDa）略微重叠，称为"三基因块（triple gene block，TGB）"，共同参与细胞间移动；ORF 5 编码病毒粒体的外壳蛋白。PVX 作为病毒载体非常稳定，既可以作为表达载体，也可以作为基因沉默载体，广泛应用于植物基因功能研究。

4.8.5　黄症病毒属(*Luteovirus*)

黄症病毒属(*Luteovirus*)隶属黄症病毒科(*Luteoviridae*)。病毒粒体为等轴对称二十面体,直径 25～30 nm,基因组核酸为一条正单链 RNA,长 5 273～5 677 nt,3′端无 Poly(A)结构,也没有类似 tRNA 结构,5′端无 Vpg,编码的 CP 分子质量为 22～23 kDa。该属的典型种为大麦黄矮病毒 PAV(*Barley yellow dwarf luteovirus PAV*)。大麦黄矮病毒(barley yellow dwarf viruses,BYDVs)基因组长 5.6 kb,分别从基因组和 3 个亚基因组 RNA 上表达 6 个ORF。BYDVs 仅侵染寄主的韧皮部组织,导致寄主韧皮部坏死而生长延缓,且叶绿素减少引起黄化症状。该属病毒由蚜虫以持久性方式传播,仅侵染禾本科植物,危害严重。

BYDVs 所致病害是世界麦类生产的最重要的病毒病害。该病毒寄主范围很广,除侵染大麦、小麦、燕麦、黑麦外,还能侵染 100 多种禾本科植物。由该病毒引起的麦类黄矮病,在我国的大麦和小麦上发生都很严重。

4.8.6　长线病毒属(*Closterovirus*)

长线病毒属(*Closterovirus*)隶属长线病毒科(*Closteroviridae*),病毒粒体为弯曲线状,粒体长 1 250～2 000 nm,直径约为 12 nm。该属的典型种为甜菜黄化病毒(*Beet yellows closterovirus*)。基因组为正单链 RNA,大小为 15.5～19.3 kb,RNA 的 5′末端可能有帽子结构,3′末端无 Poly(A)尾。

长线病毒属病毒具有一个包含多至 12 个 ORF 的大型复杂的基因组。甜菜黄化病毒(beet yellows virus,BYV)的基因组编码 9 个 ORF(图 4-18),柑橘速衰病毒(citrus tristeza virus,CTV)的基因组包含 12 个 ORF,这两种病毒所有 ORF 在功能上可分为 4 组:一组属于复制酶,一组与细胞间移动有关,一组参与病毒粒体装配,而另一组功能未知。

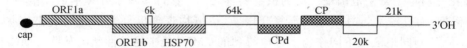

图 4-18　甜菜黄化病毒(BYV)的基因组结构和编码蛋白示意图

长线病毒属成员 BYV 和 CTV 由蚜虫以半持久性方式传播,病毒存在于寄主韧皮部。CTV 侵染柑橘引起的柑橘速衰病是一种具有经济重要性的病害,广泛分布于世界各柑橘产区,对全世界的柑橘产业造成了严重的影响。

4.8.7　正番茄斑萎病毒属(*Orthotospovirus*)

正番茄斑萎病毒属(*Orthotospovirus*)隶属番茄斑萎病毒科(*Tospoviridae*)。病毒粒体为球形,直径 85 nm,表面有一层膜包裹,膜外层由突起层组成。病毒基因组为三分体,即 3 条单链 RNA:L-RNA 为负义 RNA,长 8 897 nt;M-RNA 和 S-RNA 均为双义 RNA,长度分别为4 821 nt 和 2 916 nt。L-RNA 编码一个 332 kDa 的多聚酶,M-RNA 编码 33.6 kDa 的非结构蛋白 NSm,为病毒的移动蛋白,其互补链编码两个糖蛋白 G1 和 G2,S-RNA 编码 52.4 kDa 的非结构蛋白 NSs,可形成拟结晶状或纤维状内含体,其互补链编码 28.8 kDa 的外壳蛋白 N。

番茄斑萎病毒(tomato spotted wilt virus,TSWV)的寄主范围很广,可侵染 70 个科近千种植物,但正番茄斑萎病毒属其他成员的寄主范围则非常窄。自然界中,传毒介体为蓟马,包括烟蓟马（*Thrips tabaci*）、西花蓟马（*Frankliniella schultzei*）等。该属病毒也可以通过汁液传播，种子带毒但不传毒。

4.8.8　纤细病毒属（*Tenuivirus*）

纤细病毒属（*Tenuivirus*）隶属纤细病毒科（*Tenuiviridae*），该属的典型种为水稻条纹病毒（*Rice stripe tenuivirus*）。病毒粒体由很长的细丝状核蛋白组成，直径为3～10 nm，其基因组结构与布尼亚病毒科成员相似，但没有与包膜相结合的粒体。水稻条纹病毒（rice stripe tenuivirus，RSV）的丝状核蛋白粒体中含有一种RdRp。病毒基因组由4个或更多的片段组成，最大的片段为负链RNA，其他3个或更多的片段为双义RNA。RNA1为负义链，编码RNA聚合酶（337 kDa）。另外3条RNA（RNA2～4）每条都含有两个双义排列（ambisense arrangement）的ORF（图4-19）。RNA3毒义链的ORF编码核衣壳蛋白，RNA4毒义链的ORF编码在受侵染的植物细胞中一种主要的非结构蛋白。这几条RNA上的其他4个ORF产物的功能还不确定。纤细病毒属病毒主要侵染禾本科植物，由灰飞虱（*Laodelphax striatellus*）以持久性增殖型方式传播，并能通过卵将病毒传播给后代。

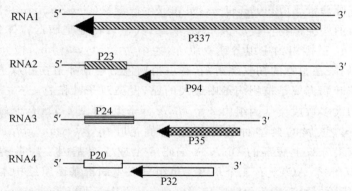

图4-19　纤细病毒属典型种水稻条纹病毒（RSV）的基因组结构和编码蛋白示意图

单线表示负单链RNA的基因组节段，最终基因产物的编码区由框标识。

4.8.9　斐济病毒属（*Fijivirus*）

斐济病毒属（*Fijivirus*）隶属呼肠孤病毒科（*Reoviridae*）。该科包括侵染脊椎动物、无脊椎动物和植物的病毒属。其中一些成员既侵染脊椎动物又侵染无脊椎动物。侵染植物的病毒也侵染其相应的无脊椎动物介体。病毒粒体的组成比较复杂，该科的多数病毒粒体有表面刺突（spike）。不同属的病毒基因组分别由10、11或12条线性双链RNA组成。该科中侵染植物的有3个属，划分的依据是病毒粒体的结构和病毒基因组片段的数目。

斐济病毒属病毒粒体为球形，直径约75 nm，由双层衣壳组成，基因组由10条dsRNA组成。斐济病毒属是植物呼肠孤病毒中成员最多、分布范围最广的一类病毒，由飞虱科（Delphacidae）昆虫以持久方式传播，既不能种传也不能机械传播。寄主范围限于禾本科（Graminae）和百合科（Liliaceae）两类单子叶植物。

近几年来，水稻黑条矮缩病毒（RBSDV）和南方水稻黑条矮缩病毒（SRBSDV）在我国发生越来越严重。RBSDV病毒粒体为二十面体对称，外观为球形，直径为70～80 nm，没有类脂膜。基因组由 10 条双链 RNA,共 29 194 nt 组成,是至今所报道的呼肠孤病毒科中最大的基因组。RBSDV 通过灰飞虱等介体昆虫以持久性方式传播,自然寄主主要有水稻、玉米、小麦、大麦、燕麦及其他多种禾本科杂草,造成矮缩等症状,导致绝收。

4.8.10　甲型双分病毒属(*Alphapartitivirus*)

甲型双分病毒属(*Alphapartitivirus*)隶属双分病毒科(*Partitiviridae*)。双分病毒科病毒粒体等轴对称,无包被,直径 30～40 nm。病毒基因组为双链 RNA,分为两个片段:小片段编码外壳蛋白,大片段编码依赖 RNA 的 RNA 聚合酶。该科中有两个属的成员侵染真菌,两个属的成员侵染植物,因侵染植物后不引起或很少引起症状,因此被称为"隐潜病毒(cryptic viruses)"。该科病毒通过种子高效率传播。甲型双分病毒属的典型种为白三叶草隐潜病毒1 号(*White clover cryptic alphapartitivirus 1*),病毒粒体直径 30 nm,基因组大小为 1.7～2.0 kb,病毒衣壳由一种 55 kDa 的蛋白亚基构成。

4.8.11　菜豆金色黄花叶病毒属(*Begomovirus*)

菜豆金色黄花叶病毒属(*Begomovirus*)隶属双生病毒科(*Geminiviridae*)。该科病毒是世界范围内广泛分布的一类植物单链环状 DNA 病毒,其显著特征是病毒粒体为孪生颗粒状,大小约 18 nm×30 nm,基因组为单组分或双组分,大小为 2.5～3.0 kb。由介体昆虫以持久性方式传播,大多数局限在植物的韧皮部组织,寄主植物包括单子叶植物和双子叶植物。

菜豆金色黄花叶病毒属是植物病毒中最大的属,侵染双子叶植物,寄主范围较窄,通过烟粉虱传播。该属的大多数成员基因组由 2 个 DNA 分子组成(图 4-6),有少数成员的基因组为单分体 DNA 分子。该属的典型种为菜豆金色黄花叶病毒(*Bean golden yellow mosaic begomovirus*)。双组分双生病毒的 DNA A 编码 5 个或 6 个基因。病毒链(称为 AV)上有1 个或 2 个基因,互补链(AC)上有 4 个基因。单组分双生病毒基因组结构本质上与双组分病毒的 DNA A 是相同的,如番茄黄化曲叶病毒(tomato yellow leaf curl virus,TYLCV)等。

在双生病毒的侵染中,常常发现有卫星 DNA 存在,植物病毒的第一个卫星 DNA 是从番茄曲叶病毒中发现的,为含有 262 nt 的环状单链 DNA。另外,在一些双生病毒中还发现另外一种卫星 DNA,为一种环状 DNA,称为 DNA β,只有辅助病毒 DNA A 的一半大小(1 374 nt)。DNA β 依赖于辅助病毒进行复制,由病毒 DNA A 组分编码的 CP 包装,多数情况下与辅助病毒一起决定侵染的症状。以番茄黄化曲叶病毒为代表的侵染番茄的双生病毒在世界多地发生,给当地番茄生产造成了毁灭性危害。

4.8.12　花椰菜花叶病毒属(*Caulimovirus*)

花椰菜花叶病毒属(*Caulimovirus*)隶属于花椰菜花叶病毒科(*Caulimoviridae*)。该科病毒复制时经过反转录阶段,基因组为双链 DNA。典型种为花椰菜花叶病毒(*Cauliflower mosaic caulimovirus*)。病毒粒体等轴球形,直径 50 nm,存在于细胞质内含体(cytoplasmic inclusion body)中。病毒基因组由约 8 kb 的双链环状 DNA 组成(图 4-5),双链环状 DNA 中的一条链有 1 个不连续区,互补链上有 2 个,包含 6 个 ORF,其中 5′端的 ORF 是以此基因组长的 RNA 为模板进行翻译表达,3′端的 ORF 6 则以单独的 mRNA 为模板进行翻译表达。

花椰菜花叶病毒属成员通过蚜虫以半持久性方式传播,需要辅助组分的参与。CaMV 的辅助组分需在获毒过程中或之前被蚜虫获得，CaMV 的辅助组分系统涉及两种非外壳蛋白：ORF Ⅱ编码的 18 kDa 产物（P2 或 P18）和 ORF Ⅲ编码的 15 kDa 产物（P3）。

4.9　植物病毒的利用

随着病毒分子生物学研究的日益深入，人们已经能够将病毒及其核酸序列进行改造，加以利用，特别是在基因工程技术方面，如利用病毒的启动子、增强子进行转基因技术，将病毒的基因或序列用于转基因抗病毒材料，把病毒改造成表达外源基因的基因载体用于表达异源蛋白，通过病毒载体过量表达或抑制表达植物基因用于植物基因功能研究，以病毒为载体开展植物基因编辑等。TMV 是第一个被商业化用于表达药物蛋白的病毒。豇豆花叶病毒（cowpea mosaic virus，CPMV）被用于表达多肽，递送药物分子等，在医学应用领域有深入研究。植物病毒的侵染可以增加一些花卉的观赏价值和经济价值，如碎色郁金香、杂色虞美人等。植物病毒学与分子生物学、基因工程等学科结合，可为揭示生命科学的奥秘和发挥生物大分子的作用提供新工具、新材料和新思路。

1. 病毒可提供转基因植物所用的控制元件

一些植物病毒的核酸序列作为 DNA 和 RNA 转录的启动子、mRNA 翻译的增强子用于转基因载体中，对提高基因转录活性非常有用。最为常用的是花椰菜花叶病毒的 35 S 启动子，在许多转基因表达载体中被用于表达目标基因。

2. 病毒作为基因表达载体

植物病毒基因组一般较小，易于进行遗传操作，且侵染过程简单，因而利用植物病毒载体表达外源基因在生物技术领域具有潜在的应用优势。DNA 病毒由于容易操作，首先被用来做基因载体研究。花椰菜花叶病毒是第一个被改造用来表达外源基因的病毒，随后双生病毒也用来表达外源基因。目前越来越多的 RNA 病毒被改造为载体，如 TMV、PVX（图 4-20）等。

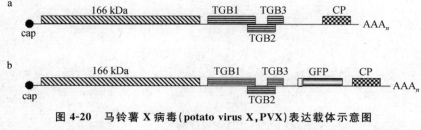

图 4-20　马铃薯 X 病毒（potato virus X，PVX）表达载体示意图

通过插入一个亚基因组启动子，使得外源基因，如绿色荧光蛋白（GFP）基因得以转录表达。
a. PVX 基因组示意图　　b. 表达 GFP 的 PVX-GFP 载体

3. 病毒载体用于植物基因功能研究

病毒作为载体在研究植物基因功能方面具有优势。植物病毒基因组小，易于操作，侵染过程简单快速，在植物功能基因研究中既可以利用病毒表达载体快速过量表达植物基因，也可以使用病毒沉默载体快速沉默植物基因。前者与前面提到的表达外源基因类似，后者则是将植物基因或部分片段整合到一种病毒载体中，可使植物中的一种同源基因发生沉默，从而鉴定基因的功能，这种技术被称为病毒诱导的基因沉默（virus-induced gene silencing，VIGS）。已有数十种病毒被开发为 VIGS 载体,如 TRV、CMV、TMV、PVX、TYLCV DNAβ 分子等。VIGS 实验中最常用作对照的八氢番茄红素脱氢酶(phytoene desaturase,PDS)基因,将此基因或部分片段插入病毒载体,感染植物后,植物上部的叶片因为此基因的表达被沉默而表现褪绿白化现象,证明了该基因的功能。

最近利用植物病毒为载体同时表达 Cas 蛋白及向导 RNA(guide RNA,gRNA)开展基于 CRISPR/Cas 系统的基因编辑,避开了转基因的烦琐操作,有助于快速、简捷地获得基因编辑的植物材料。

思考题

1. 病毒的定义和主要特征是什么?

2. 病毒粒体的形态和主要组分有哪些?

3. 植物病毒病的主要症状有哪些类型?

4. 植物病毒基因组有哪些主要类型?

5. 举例说明植物病毒基因组表达采用哪些策略。

6. 植物病毒通常编码哪几种蛋白? 各有什么功能?

7. 植物病毒发生变异的途径有哪几种?

8. 病毒在植物体内进行细胞间移动的方式有哪些?

9. 植物病毒的传播方式主要有哪些? 植物病毒的传播介体有哪些类型生物?

10. 对病毒进行分类的主要依据有哪些?

11. 简述亚病毒种类及其主要特征。

12. 简述植物病毒的检测方法。

13. 各种类型的病毒侵染寄主细胞后如何产生病毒的 mRNA?

14. 病毒可以被用于哪些方面/领域的研究或使用?

第5章　植物病原线虫

线虫广泛分布于自然界,是生态系统不可或缺的组成部分,在淡水、海水、陆地等环境中随处可见。海洋线虫几乎占所有线虫的一半,其中一部分在海洋中自由生活,一部分寄生于海洋动物。土壤和淡水线虫是另一类群,它们或自由生活,或为害农作物成为制约农业生产的重要因子之一。有些线虫寄生动物和人(如钩虫、蛔虫、蛲虫等),造成重要疾病。线虫还是研究生命现象的模式材料,如秀丽隐杆线虫(*Caenorhabditis elegans*)。为害植物的线虫称为植物病原线虫或植物寄生线虫,简称植物线虫。植物线虫约占线虫种类的 10%,目前已记载的植物线虫有 200 多属 5 000 余种。尽管线虫不属于微生物,但在植物病理学中一直将线虫作为植物病原物的一部分。为了保持植物病原学的相对完整性,本教材将植物线虫作为一章进行讲述。

5.1　线虫的基本形态和分类

5.1.1　线虫的概念

线虫(nematode)是一类两侧对称、具有三胚层的假体腔无脊椎动物,属于线虫门(Phylum Nematoda),是动物界中最大的门之一。绝大多数线虫体小呈圆柱形,又称圆虫(round-worm)。

5.1.2　线虫的基本形态

线虫两端略尖细,无色,横切面呈圆形。植物寄生线虫大小一般为(350~2 000) $\mu m \times$ (30~50) μm。虫体不分节,大多数种类是雌雄同形,即雌虫和雄虫的外形很相似,均呈线状,如迁移性植物寄生线虫典型的体形为流线型,如茎线虫属(*Ditylenchus*)、滑刃线虫属(*Aphelenchoides*)等。但少数种类是雌雄异形,如固定性植物寄生线虫的雌虫虫体会发生膨大,变为柠檬形,如孢囊线虫属(*Heterodera*);梨形,如根结线虫属(*Meloidogyne*);球形,如球孢囊线虫属(*Globodera*);肾形,如半穿刺线虫属(*Tylenchulus*)和肾形线虫属(*Rotylenchulus*)。

植物线虫的形态特征、结构及相对大小见图 5-1 和图 5-2。

5.1.2.1　体壁和体腔

1. 体壁

线虫的体壁由角质层、下皮层和肌肉层组成。角质层有的光滑,也有不同饰纹与衍生结构或与神经组织复合构成不同的感觉器官。在进行植物寄生线虫的分类鉴定时,角质层结构和感觉器官形态差别是鉴别不同线虫的依据之一。

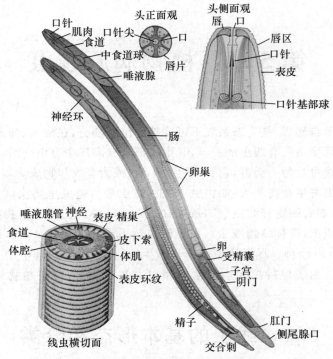

图 5-1　植物线虫的形态特征及结构

（Agrios 著，沈崇尧主译，2009）

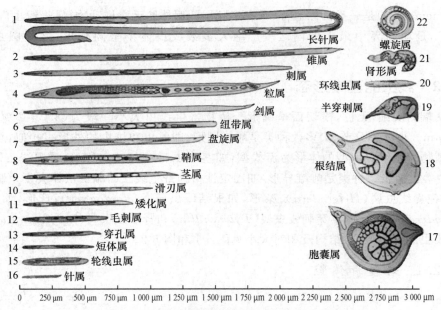

图 5-2　一些重要植物线虫的形态和相对大小

（Agrios 著，沈崇尧主译，2009）

体壁具有半渗透性,可进行离子交换,水分、氧气及一些可溶性物质可经体壁进入体内,同时可防御外来有害物质的渗透,并具弹性和伸缩性。

2. 体腔

由体壁围成的空腔就是体腔,线虫的体腔属于假体腔(pseudocoel)类型。体腔中充满体腔液,保持了虫体的形状,线虫的消化、生殖等器官埋藏在体腔内并浸没在体腔液中。体腔液还具有输运营养和代谢物质、呼吸、循环等生理功能。

5.1.2.2　虫体

线虫的身体通常可分为头部、体部(躯干部)和尾部。

1. 头部

头部是线虫前端的部分,有球形、半圆形、圆锥形等,与体部紧密连接。线虫头部在其口器的开口处有 6 个唇(两个亚背唇、两个亚腹唇和两个侧唇,每唇瓣上有 2～3 个乳突),其功能是分泌和感受接触,在唇区两侧有 1 对头感器(amphids),其开口形状因种类不同而异,主要有袋状、螺旋形和圆形 3 种类型,是一类特殊的感觉器官。

2. 体部

虫体头部之后到肛门之间为体部。在体部前段有分泌排泄孔开口,体部中、后部有雌性生殖孔开口,其开口位置是分类特征。

3. 尾部

肛门之后的虫体为尾部,两侧常有侧尾腺,尾部形状常为圆锥形、圆筒形、丝状等,其长短差异较大,有的可长达体长的一半以上。线虫尾部的形状、长短、有无侧尾腺,是分类上的重要特征。

5.1.2.3　内部结构

1. 消化系统

消化系统包括口腔、食道、肠、直肠和肛门。

口腔:由基口腔、前口腔、中口腔、中后口腔和后口腔 5 个部分组成,形态结构变化很大。植物寄生性线虫、一些昆虫病原线虫和一些捕食性线虫的口腔具有可伸出的口针,毛刺科线虫的口针是可伸出的背齿。口针是植物线虫取食的工具,末端膨大形成与口针牵引肌相连的口针基球。口针高度硬化和角质化,内部是中空管,随着牵引肌的收缩和松弛,口针能向外伸出和缩回,从而完成线虫穿刺和取食活动。

食道:口腔的后面是食道(esophagus),食道是一条肌肉质的、含腺体的管道。食道的形态、结构变化很大,可分为 3 部分,即食道体部、中食道球、狭部和后食道球(食道腺)。线虫食道随着种类不同,可分为不同类型,是线虫分类的重要特征。

线虫的食道类型可分为圆柱型食道(mononchoid)、矛线型食道(dorylaimoid)、小杆型食道(rhabdidoid)、双胃型食道(diplogasteroid)、头叶型食道(cephaloid)、垫刃型食道(tylench-oid)和滑刃型食道(aphelenchoid)7 种类型。

2. 排泄系统

线虫排泄系统属于原肾类型,由几个腺细胞简单组成,是排出新陈代谢产生的废物、调节无机盐和水分平衡的系统,还可分泌胶质形成胶质囊。

3. 生殖系统

大多数线虫雌雄异体,生殖系统一般都很发达,具有易于区别雌雄成虫的形态学特征。

雌虫由一条或两条细长的生殖管组成生殖系统,包括卵巢、输卵管、受精囊、子宫、阴道和阴门。雌虫生殖系统的形态特征其种间差别明显,是分类的特征之一。雄虫的生殖系统包括精巢、贮精囊、输精管、射精囊和交合刺。交合刺的形状和长短随线虫种类而异,可作为分类的依据之一。

4. 神经系统

线虫的神经系统比较简单,由几百个细胞和少数感觉器官组成,大约由 10 个神经节(聚集的神经细胞)组成,互相联系,并与感觉器官以及全身的肌肉联系。中枢神经系统主要是神经环,其紧靠中食道球后方,环绕食道狭部。

5.1.3 植物线虫的分类

植物线虫分类学发展很快,新的植物线虫分类系统不断被提出。目前,在各分类系统中,对于目、亚目、总科、科和亚科的分类还存在着较大的分歧,但属的分类,则相对变化不大。

长期以来,植物线虫的鉴定和分类主要以形态学特征和测量数据为依据。线虫的形态描述是分类的依据,通常是根据线虫各部分的大小和比例进行的。这些形态测定的测量值通常用缩写,最常用的缩写如下(冯志新,2001):

L = 身体总长(头到尾尖)

L' = 头部到肛门或泄殖孔的长度(在尾巴很长或经常被破坏时)

a = 总体长除以最大体宽

b = 总体长除以食道长度(食道定义为从头到食道与肠结合处,而不是头至食道腺末端)

b' = 总体长除以头至食道腺末端距离

c = 体长除以尾长

c' = 尾长除以肛门或泄殖孔处的体宽

v = 头至阴门距离占体长的百分比,该值的左右上标分别代表前后生殖腺占体长的百分比。

V' = 头至阴门距离占头至肛门距离的百分比

T = 泄殖孔至精巢最前端距离占体长的百分比

m = 垫刃类线虫口针椎体长度占口针长度的百分比

O = 背食道腺开口距口针基部球距离占口针长度的百分比

M_B = 中食道球距体前端的距离占食道总长的百分比

尾部比例 A = 透明尾部长度除以距肛门最近处透明尾宽度

尾部比例 B = 透明尾长度除以距尾端 5 μm 处尾部直径

在传统的基于形态学的线虫分类系统中,以侧尾腺(或称尾感器,是一对在后方两侧之处的感觉器官)的有无作为分类的基础,将线虫门分为无侧尾腺纲(Aphasmidia)和侧尾腺纲(Phasmidia)。后来分别改名为有腺纲(Adenophorea)及胞管肾纲(Secernentea)(Chitwood,1958)。有腺纲分为嘴刺亚纲(Enoplia)和色矛亚纲(Chromadoria)2 个亚纲,胞管肾纲分为小杆亚纲（Rhabditia）、旋尾亚纲（Spiruria）和双胃线虫亚纲（Diplogastria）3 个亚纲（表 5-1）。

表 5-1　基于形态的线虫分类系统（Chitwood，1958）

线虫门 Nematoda				
无侧尾腺纲 Aphasmidia/ 有腺纲 Adenophorea		侧尾腺纲 Phasmidia/ 胞管肾纲 Secernentea		
嘴刺亚纲 Enoplia	色矛亚纲 Chromadoria	小杆亚纲 Rhabditia	旋尾亚纲 Spiruria	双胃线虫亚纲 Diplogasteria
嘴刺目 Enoplida	色矛目 Chromadorida	小杆目 Rhabditida	旋尾目 Spirurida	双胃目 Diplogasterida
等咽目 Isolaimida	柱咽目 Araeolaimida	圆线虫目 Strongylida	蛔虫目 Ascaridida	垫刃目 * Tylenchida
单齿目 Monochida	带线虫目 Desmoscolecida		驼形目 Camallanida （有时被归入旋尾目）	滑刃目 * Aphelenchida （有时被归入垫刃目）
矛线目 * Dorylaimida	带矛目 Desmodorida		蚓线目 Drilonematida （有时被归入旋尾目）	
食管目 Stichosomida	单宫目 Monhysterida			
三矛目 * Triplonchida				

* 包含植物寄生线虫的目。

近年来，以 DNA 序列为基础的分子分类越来越受到重视，包括 18S rRNA 基因、ITS 和 28S rRNA 基因等靶基因。美国加州大学河滨分校的 Paul De Ley 和英国爱丁堡大学的 Mark Blaxter 提出了基于小亚基核糖体 DNA（18S rDNA）的现代分类系统（表 5-2），该系统已逐渐被学界主流接受。大多数植物寄生线虫隶属于色矛纲（Chromadorea）的小杆目（Rhabditida），少数隶属于嘴刺纲（Enoplea）的矛线目（Dorylaimida）长针线虫科（Longidoridae）和三矛目（Triplonchida）毛刺线虫科（Trichodoridae）。

表 5-2　基于 18S rDNA 的线虫分类系统（De Ley and Blaxter，2002）

线虫门 Nematoda		
嘴刺纲 Enoplea		色矛纲 Chromadorea
嘴刺亚纲 Enoplia	矛线亚纲 Dorylaimia	色矛亚纲 Chromadoria
嘴刺目 Enoplida	矛线目 Dorylaimida *	色矛目 Chromadorida
三矛目 Triplonchida *	等咽目 Isolaimida	柱咽目 Araeolaimida
	单齿目 Monochida	带线虫目 Desmoscolecida
	膨结目 Dioctophymatida	带矛目 Desmodorida
	毛形目 Trichinellida	单宫目 Monhysterida
	索虫目 Mermithida	小杆目 Rhabditida *
	姆斯帕目 Muspiceida	绕线目 Plectida
	海索目 Marimermithida	

* 包含植物寄生线虫的目。

5.2　植物线虫的生物学特性

5.2.1　植物线虫的生殖方式

植物线虫的生殖方式因种而异,常有有性生殖、孤雌生殖和雌雄同体生殖、雌雄间体生殖。

1. 有性生殖

以雌性成虫产生卵,雄性成虫产生精子,精子和卵结合成为合子或受精卵,从而发育成为新个体,这种生殖方式称为有性生殖。大多数植物寄生线虫的生殖方式都属于有性生殖。

2. 孤雌生殖

无雄虫或雄虫少见。在无雄性线虫的情况下,雌性线虫产生的卵不经受精能直接发育为新个体,这种生殖方式称为孤雌生殖。孤雌生殖又分为减数分裂孤雌生殖和有丝分裂孤雌生殖,在根结线虫中广泛存在这种现象。

3. 雌雄同体生殖

少数线虫卵和精子均由同一个体产生,精子和卵的发生都与雌雄异体的两性生殖相似,这种生殖方式称为雌雄同体生殖。在自由生活的小杆目线虫中较常见,如秀丽隐杆线虫。

4. 雌雄间体生殖

同一线虫个体既有雌性生殖器官,又有雄性生殖器官。有的线虫类似雌虫,具有雌虫的完整性征,有发达的卵巢,有子宫、阴道和阴门,但同时也有发育到一定程度的雄性交合刺、交合伞,生育能力低,这种生殖方式称为雌雄间体生殖。有报道在秀丽隐杆线虫、三形茎线虫（*Ditylenchus triformis*）、爪哇根结线虫（*Meloidogyne javanica*）等群体中发现这种现象。

5.2.2　植物线虫的生长发育

1. 胚胎发育和生长

植物线虫个体从受精卵到1龄幼虫的发育过程称为胚胎发育。胚胎变成蠕虫形,并继续生长和延长,最后发育成幼虫,幼虫最后在卵内蜕皮(molting),在此1龄幼虫蜕皮期中口针充分发育。

2. 孵化

胚胎发育完成后,1龄幼虫在卵壳内发育,蜕皮一次变为2龄幼虫,突破卵壳的过程称孵化。影响孵化的因素包括物理和化学因素。温度是影响孵化最重要的物理因素,大多数线虫在清水或土壤水中均可孵化,有些种类需要寄主根系分泌物或渗出物刺激卵的孵化。

3. 胚后发育

胚后发育是指幼虫形成后的整个生长发育过程。胚后发育到成虫通常要经历4次蜕皮,有少数种类可能蜕皮3次或5次。整个胚后发育过程可划分为5个时期,即4个幼虫期和1个成虫期。

直接发育的植物线虫,从卵内孵出的幼虫其形态和结构通常与成熟的线虫相似,而一些间接发育的植物线虫如根结线虫、孢囊线虫等,在幼虫发育为成虫的过程中,形态结构发生变化,例如根结线虫成虫变成梨形。

5.2.3　植物线虫的生活史

植物寄生线虫的生活史是指从卵开始到又产生卵的过程。一般包括卵、幼虫、成虫 3 个阶段，由幼虫到成虫经过 5 个不同的龄期，前 4 个龄期每期之末都要蜕皮一次，直至分化为成虫，雌性成虫与雄性成虫交配后产卵。

5.2.4　植物寄生线虫的寄生方式

绝大多数植物寄生线虫为活体营养型，一般只能在活的寄主植物组织和细胞内、外进行寄生生活，大多数线虫很难在人工培养基上培养。但有几种植物线虫可以进行人工培养，如燕麦真滑刃线虫（*Aphelenchus avenae*）和松材线虫（*Bursaphelenchus xylophilus*）等，这些线虫除了取食寄主植物外，还取食真菌，因此可用真菌培养这类线虫。

植物寄生线虫主要通过外寄生和内寄生 2 种方式寄生植物。

1. 外寄生

外寄生的线虫存在于土壤中并不进入植物组织。通过口针刺破植物细胞取食，大多数植物线虫是外寄生的，口针越长，线虫取食位点越深。根据线虫取食的活动性，可分为迁移型外寄生和定居型外寄生两类。迁移型外寄生线虫先在一个位点取食，当根组织遭受损害后，停止取食并转移到新的取食点。幼虫和成虫均在土中完成发育，雌虫、雄虫均为蠕虫形，有发育良好的食道和发达的口针。定居型外寄生线虫可长期附于根部的一个取食点，一般有较长的口针。雄虫细长，口针和食道退化或发育不全，如垫刃目中的长针线虫属（*Longidorus*）。

2. 内寄生

内寄生的线虫整个虫体进入根系组织。可分为迁移型和定居型内寄生两类。迁移型内寄生线虫，如短体线虫、穿孔线虫、松材线虫，进入植物体以后仍保持其运动性且在植物体内没有固定取食位点；定居型内寄生线虫（如根结线虫和孢囊线虫）具有一个固定的取食位点，并且诱导寄主形成巨大细胞或合胞体的复杂营养系统。

5.2.5　环境因子对线虫的影响

影响线虫生长发育的环境因素十分复杂，主要包括寄主植物、温湿度、土壤特性（酸碱度、氧气、渗透压、二氧化碳）和生物因子等。这些因子常同时存在并互相影响，综合作用于线虫。

1. 温度

线虫的一切生长代谢活动都与温度密切相关，温度对线虫的影响较复杂，也是诸多因素中最为重要的。线虫的孵化、繁殖、运动、发育等所要求的温度是不同的。由于各种线虫的寄主植物不同，线虫在其寄主植物体内的发育、繁殖等也会依温度的改变发生相应变化。线虫的不同龄期、不同饥饿程度，对温度的反应也不相同。同一种类的不同地理种群也具有不同的温度特征。因此，对任何一种线虫，均很难准确地表示其适宜温度范围。此外，线虫主要受变温的影响，变温与恒温对线虫的影响作用不同。

2. 土壤湿度

线虫的生命活动离不开水。植物病原线虫大多栖居于土壤中，在虫体表面形成一层水膜，是线虫的运动所必需的。线虫对失水和饱和水的耐性在种间差异很大。过于潮湿和干旱的环境,对多数植物线虫是不利的,线虫对于这种不利条件的抵抗力,常因线虫发育阶段和种类而异。

3. 二氧化碳

大多数植物寄生线虫在氧气浓度增大时活动能力增强,二氧化碳浓度增大时,活动受到抑制。低浓度二氧化碳对线虫运动有一定导向作用,即线虫可根据植物根部呼出的二氧化碳寻找到寄主。

5.3　植物线虫的危害和致病特性

植物线虫分布极广,凡是有土壤和水的地方都可能存在,从低等的苔藓、蕨类、藻类、菌类到高等的裸子和被子植物,所有的栽培植物几乎都受到线虫寄生和危害。线虫对植物的危害,除吸取植物的营养和对植物组织造成机械损伤外,主要是线虫的分泌物和唾液等能引起植物产生一系列生理病变,从而破坏植物的正常代谢和机能,影响生长和发育,致使植物产量降低,品质下降,甚至死亡。此外,线虫还能与有些真菌、细菌、病毒相互作用,共同致病造成复合病害,或以刺激、诱导、传带等不同方式,促进和加重这3类病原物对植物的危害。

5.3.1　植物线虫的危害

据估计,全世界主要农作物的线虫病害造成年产量的平均损失达 12%～23%,产值损失估计超过 1 500 亿美元,其中以根结线虫、孢囊线虫、短体线虫和松材线虫等造成的危害最重。我国植物种类繁多,各类线虫发生和危害严重。目前,已知的粮食作物、油料作物、经济作物、果树蔬菜、热带作物、饲料、花卉、药材、牧草和林木等 100 多种作物上发生线虫病害,并受到不同程度的危害。我国比较重要的线虫病,如大豆孢囊线虫病,除在东北地区外,内蒙古、北京、河北、山西、陕西、山东、安徽、江苏、湖北等地也都有发生,受害面积在 130 万 hm² 以上,一般病田减产 10%,中等发病田减产 30% 左右,严重的减产 50%～80%,个别田块甚至绝产。

根结线虫是我国农业生产上重要的植物线虫之一,寄主范围广,可为害蔬菜、烟草、果树、粮食、观赏植物以及中草药等 2 000 多种植物,尤其以番茄、黄瓜、西瓜、烟草、花生等经济作物受害严重。全球因根结线虫的危害每年损失达数十亿美元。全世界已经发现的根结线虫有90 余种,我国记载的根结线虫 50 余种,以南方根结线虫(*Meloidogyne incognita*)、花生根结线虫(*M. arenaria*)、北方根结线虫(*M. hapla*)、爪哇根结线虫(*M. javanica*)4 种发生最普遍,危害最严重,从海南岛到辽东半岛的广大温暖地区均有发生并造成严重危害。

腐烂茎线虫病在我国华北各省以及山东、江苏等省流行,对马铃薯和甘薯生产造成很大的损失,一般病田减产 20%～30%,严重的减产 50%～60%。在贮藏期间茎线虫同样危害,损失可达 30%～50%。松材线虫病是松树的毁灭性病害,自 1982 年首次在南京中山陵地区发现后,据 2021 年国家林业和草原局公告,疫区已蔓延到安徽、山东、浙江和广东等 17 省区。此外,广东、广西、湖南、福建、四川等地的柑橘线虫病,海南、广东、广西的热带作物线虫病,云南、四川、广东、河北、河南等省的药材线虫病,以及遍及全国各地的粮、油、蔬菜、果树、花卉等作物线虫病都是当前生产上影响较大和急需解决的病害问题。

5.3.2　植物线虫的致病作用及所致病害特点

线虫侵染植物会导致植物根部和地上部表现症状。大部分植物线虫生活在土壤中,根部的症状可表现为腐烂、根结或根瘤,根过度分枝,根尖损伤等;某些线虫只侵染植物地上部分,引起肿大、坏死、腐烂、萎蔫、茎秆和叶部的扭曲或变形以及花器的生长发育异常,有些线虫侵染禾谷类植物或牧草,使种子形成线虫虫瘿。线虫的致病方式主要包括以下几种:

1. 机械损伤

植物线虫利用口针穿刺寄主植物的细胞,进入寄主组织内取食或移动,给植物造成一定的机械损伤,但线虫取食造成的直接机械伤害是轻微的。

2. 食道腺分泌物和其他器官排泄物诱发寄主组织发生病理变化

植物线虫对植物的主要危害是由线虫取食时向植物体内注入的食道腺分泌物引起的。根结线虫在侵入根的过程中,侵染性幼虫两个亚腹食道腺管中的内含物变化明显,在侵入过程中,亚腹食道腺的分泌物起重要作用。研究表明,植物线虫食道腺或其他分泌器官可分泌多种物质如纤维素酶、果胶酸裂解酶、脂肪酸和维生素 A 结合蛋白、谷胱甘肽过氧化物酶、多聚半乳糖醛酸酶、内木聚糖酶、几丁质酶、酸性磷酸酯酶以及一些未知功能的蛋白,导致植物产生如下变化:

(1)引起植物细胞过度增大。产生类似转移细胞(transfer cell)的营养细胞,如根结线虫和孢囊线虫侵染植物后诱发植物形成巨型细胞和合胞体。

(2)破坏植物体内的细胞结构。瓦解植物组织的细胞壁,破坏细胞的内含物甚至使整个细胞变色和坏死。如腐烂茎线虫(*Ditylenchus destructor*),分泌细胞壁降解酶使甘薯和马铃薯等寄主植物的细胞壁降解,使其组织离析,造成薯块的糠心和腐烂。

(3)刺激或抑制植物细胞的分裂。根结线虫(*Meloidogyne* spp.)的分泌物能刺激植物根部和其他部位的细胞分裂,如在花生病根上形成大量侧根就是这种作用的体现;鳞球茎茎线虫(*D. dipsaci*)能刺激组织细胞的分裂,造成组织肿胀,出现若干不正常的气孔。小麦粒线虫(*Anguina tritici*)和水稻干尖线虫(*Aphelenchoides besseyi*)等可为害植物的花器,导致虫瘿的形成。

3. 与其他植物病原物并发植物病害

线虫除了自身引起植物病害外,且土壤中线虫的周围经常会伴随有病原真菌和细菌,线虫取食和侵入造成的伤口往往成为其他病原物侵入的途径。另外,线虫的侵染可能降低寄主植物对其他病原物的抗性,有些线虫还可以传播植物病毒。

已发现几种线虫-真菌复合侵染的病害。当植物受到线虫侵染时,有些病原菌如镰孢菌(*Fusarium*)、轮枝菌(*Verticillium*)、腐霉(*Pythium*)、丝核菌(*Rhizoctonia*)和疫霉(*Phytophthora*)将增加植物的发病率和严重度。而且,通常抗真菌病害的品种在受到线虫侵染后,会对该真菌病害变为感病。

线虫与细菌也可形成复合病害,线虫通过对寄主造成伤口,为细菌的侵染提供侵入途径。粒线虫属(*Anguina*)的某些种可作为产毒棒状杆菌(*Clavibacter toxicus*)的介体,从一种植物传播到另一种植物,使该细菌易于进入寄主植物的种子。该细菌可产生毒性极高的棒状杆菌毒素,导致食用感病牧草或谷物的家畜(羊、牛、马、猪等)发病或死亡。

植物病毒可借助线虫传播,如葡萄扇叶病毒、番茄环斑病毒和烟草脆裂病毒借助线虫介体在土壤中传播。传播病毒的线虫种类包括剑线虫属(*Xiphinema*)、长针线虫属(*Longidorus*)和拟长针线虫属(*Paralongidorus*),幼虫和成虫均可传播病毒,在线虫体内病毒的毒性可保持2~4 个月,有时甚至更长。

5.4　重要的植物线虫及其所致病害

5.4.1　粒线虫属(*Anguina*)

1743 年,美国的尼达姆(Needham)首先发现了小麦粒线虫(*Anguina tritici*),这是发现和研究最早的一种植物线虫。由于采用汰除虫瘿的小麦种子进行种植,小麦粒线虫病在许多地区已被消除或很少发生,目前还分布于印度、罗马尼亚等少数国家,在我国山东、浙江、陕西、四川等省有零星分布。小麦粒线虫还能作为细菌传播的介体,引起小麦蜜穗病。感病麦穗瘦小,全部或局部不能正常结实,颖片间溢出鲜黄色胶状分泌物,干燥后变为黄色胶状小粒,病原细菌(*Corynebacterium tritici*)是随线虫侵害麦苗时带入的。

小麦粒线虫隶属垫刃目粒线虫科,是一种大型线虫,长 3 200 μm,宽 120 μm。该线虫在虫瘿内产卵并形成各个阶段的幼虫,最后发育为成虫。

小麦粒线虫在有水滴存在时恢复活动,从虫瘿中爬出侵入正在生长的组织,作为外寄生线虫为害正在发育的叶片,导致叶和茎畸形;幼虫侵入到叶片和花组织内发育,进入受精的小麦子房中发育成 3 龄、4 龄幼虫及成虫,每个被侵染花原基(籽粒)变成一个虫瘿,单个虫瘿可有80 条以上雌、雄成虫,有 10 000~30 000 粒卵。成虫产卵后不久便死亡,2 龄幼虫在收割时出现。虫瘿及内部的幼虫抗干旱能力非常强,在干燥条件下可存活长达 30 年。粒线虫 1 年1 代,通过被侵染的种子即虫瘿进行传播。

5.4.2　茎线虫属(*Ditylenchus*)

茎线虫在世界范围内均可发生,特别在气候温和地区普遍发生,是破坏性最强的植物寄生线虫之一。可为害苜蓿、洋葱、风信子、郁金香、燕麦、草莓、马铃薯、甘薯等许多植物。

茎线虫隶属垫刃目粒线虫科。雌虫蠕虫形,体长 800~1 400 μm,口针长 11~14 μm,纤细,尾长相当于肛门处体宽的 3~5 倍。雄虫体形与雌虫相同,交合伞从交合刺前端扩展到约3/4 尾长上,交合刺向腹面弯曲,交合刺内有 2 个明显的指状突起,引带 1 枚,较短。腐烂茎线虫(*Ditylenchus destructor*)是我国马铃薯和甘薯茎线虫病的优势病原线虫。

甘薯茎线虫病又称糠腐线虫病,可引起种薯腐烂、薯苗枯死,在北京、天津、山东、河北、江苏、福建、辽宁、甘肃等省市危害严重,成为甘薯生产上的重要病害。被害的甘薯组织呈黑白相间的疏松状,可分为糠心型和糠皮型两种。

糠心型:初期薯块纵剖面有条点白粉状空隙,后期薯块内部糠心,呈褐白相间的干腐,以后逐渐扩展至整个薯块内部。

糠皮型:皮层受害,初期症状不明显,后期外皮褪色,不久变青,颜色深暗,稍凹陷,或呈小裂口状。严重发病时,糠皮和糠心两种症状同时发生,称为混合型。

腐烂茎线虫通过种薯、秧苗、土壤、粪肥及流水、人畜和农具携带进行传播,尤以种薯和种苗传播最为重要。以卵、幼虫、成虫在病薯内越冬，或以成虫在土壤内越冬。一般 20～30 d 完成 1 代，世代重叠。甘薯收获时，成虫、幼虫和卵均可在被害薯块内，在贮藏、加工、食用前继续危害造成更大损失。该线虫在 7℃时就可产卵并孵化，耐低温和极度干燥能力很强，在田间土中可存活 5～7 年。

5.4.3　短体线虫属(*Pratylenchus*)

短体线虫又称为根腐线虫，可引起根腐病，广泛分布于世界各地，可侵染谷物、蔬菜、果树和许多观赏植物的根。短体线虫在植物根组织内取食，并杀死细胞，然后再移动到周围的活细胞取食。雌成虫在皮层内产卵，孵化的幼虫仍然在组织内取食。被短体线虫侵染的根上形成褐色到淡红色、坏死的条斑，与根轴线平行，造成根组织大面积死亡，在次生真菌和细菌作用下受害根发生腐烂，植株地上部生长差，易萎蔫，并减产。咖啡短体线虫(*P. coffeae*)可为害咖啡、柑橘、马尼拉麻。穿刺短体线虫(*P. penetrans*)在温带地区可为害苗圃树木、果园、烟草及月季等。

短体线虫隶属垫刃目短体科。雄虫和雌虫均呈蠕虫形，长 400～700 μm，宽 20～25 μm，为迁移型内寄生线虫。不同种的短体线虫生活史有差异，在苜蓿根系内完成生活史需要 548 日·度(5.1℃，22～46 d)。热带种类在较高的温度下通常为 3～4 周，而温带种类在较低的温度下则需要 5～7 周。

短体线虫以卵、幼虫或雌虫在感病根部或土壤中越冬，一半以上的短体线虫种类为孤雌生殖，雌虫不论受精与否，均能将单个或多个卵产于被侵染根内部。卵在根部孵化，当根组织裂解时，卵也可释放出来并在土壤中孵化。线虫可通过灌溉或降雨径流而被动移动。在干燥季节，某些种可通过空气远距离传播休眠的短体线虫。

5.4.4　异皮线虫属(*Heterodera*)

异皮线虫属也称为孢囊线虫属，隶属垫刃目异皮科，可引起孢囊线虫病，包括主要为害大豆的大豆孢囊线虫(*H. glycines*)，为害小麦、燕麦、大麦和黑麦的禾谷孢囊线虫(*H. avenae*)，为害水稻的水稻孢囊线虫(*H. oryzae*)，为害甜菜、洋白菜和油菜等的甜菜孢囊线虫(*H. schachtii*)。

大豆孢囊线虫主要分布在亚洲的东北部，日本、爪哇、北美大豆主产区、哥伦比亚、巴西，并且继续蔓延到其他新的地区。在大豆整个生育期均可发生，症状与缺氮肥或缺水相似。寄主根分泌物刺激孢囊内的卵孵化，2 龄幼虫从靠近根尖部位侵入到寄主的皮层，线虫口针分泌物刺激取食位点的细胞增大，细胞壁部分消解并可扩展到中柱以及远离线虫的细胞，形成一个大的细胞群即"合胞体"。苗期受害后子叶及真叶变黄，发育迟缓。成株期受害叶片由下而上黄化直至枯死，植株矮小，地下部根系不发达，主根生长受抑制，侧根减少，细根增多，根上形成白色至淡黄色、肉质柠檬形小颗粒(即线虫的成熟雌虫)，其后变黄褐色，易掉落土中，称为孢囊。发病田成片黄矮，病株矮小，一般减产 5%～10%，严重的减产可高达 30%～50%，甚至绝产。

雌虫:白色，近成熟时，有黄色阶段。柠檬形，长 340～920 μm，宽 200～560 μm，虫体在后端、阴门末端和双膜孔处变细。阴门锥显著，阴门裂平均为 43～65 μm，具泡状突。两侧半膜孔，膜孔长为 37～65 μm，宽为 33～48 μm。每个孢囊和卵囊有近 500 粒卵，约 1/3 的卵在卵囊中。

雄虫：强壮，长 1035～1400 μm，口针长 25.5～28.4 μm，口针基部球粗大，交合刺双锯齿形，长 33.5～36.8 μm，引带长 9.9～12.5 μm。

2 龄幼虫：蠕虫形，头缢缩，长（471±30.0）μm，宽（18±0.5）μm，口针长（23±0.1）μm，头前端至中食道球距离为（69±2.0）μm，有 3 个环纹和 6 瓣放射状排列唇瓣，侧唇上有头感器开口，头感器的开口比其他种类稍小。2 龄幼虫虫体中部有 4 条侧线。

大豆孢囊线虫在我国东北一般每年发生 3～4 代，孢囊在田间主要通过农机具和人畜携带有孢囊的土壤、排灌水和未经腐熟的粪肥进行传播。孢囊对不良环境抵抗力很强，卵可维持生活力 3～4 年，是远距离传播的主要途径。

5.4.5　根结线虫属（*Meloidogyne*）

根结线虫隶属垫刃目根结线虫科，在全世界均可发生危害，可侵染 2 000 多种植物，包括几乎所有的栽培作物。侵染后在寄主根部形成非常明显的根结，使地上部生长不良，可导致作物减产 5％以上，其中蔬菜等经济作物受害损失更为严重。

雌虫：定居型雌虫白色，虫体圆形至梨形，具凸出或有时略弯曲的颈，长 350～3 000 μm，最大宽度 300～700 μm。在完全成熟的雌虫，只有头部及尾部的会阴花纹上观察到由表皮形成的环纹。会阴花纹的形状多变，受多个发育因子影响。

雄虫：非定居型的雄虫蠕虫形，有体环，长 600～2 500 μm。头由头帽和头部组成（后唇环）。头部可能缢缩，或者有环纹。头帽有一相对大而圆的唇盘，头帽常常与 4 个中唇融合在一起。头架和口针十分发达，口针长 13～33 μm。

2 龄幼虫：侵染性 2 龄幼虫蠕虫形，具环纹，长 250～600 μm。头部结构与雄虫相似，但虫体小得多，且头架较弱，纤直的口针长 9～16 μm。

3 龄幼虫和 4 龄幼虫：寄居在根内，体膨大，均无口针，在 2 龄幼虫的表皮内发育。

根结线虫卵由一层胶状卵囊包裹着形成卵块，通常位于植物根结的表面，卵孵化后 2 龄幼虫在根尖和根尖后的伸长区侵入，刺破表皮细胞，通过皮层进入正在分化的木质部。线虫头部周围可分化的木质部细胞扩大，被诱导成巨型细胞（giant cell），从周围细胞获取营养物质。植物根膨大是由于巨型细胞周围所有细胞过度增大和分裂以及线虫虫体增大造成的。从根结上还可以长出侧根。北方根结线虫（*M. hapla*）侵染番茄形成的根结较小，并有很多侧根，而南方根结线虫（*M. incognita*）形成的根结较大。

5.4.6　滑刃线虫属（*Aphelenchoides*）

滑刃线虫隶属于滑刃目滑刃线虫科，该属的几种线虫均在植株的地上部营外寄生或内寄生生活。最重要的种类包括水稻干尖线虫（*A. besseyi*），引起水稻干尖线虫病；菊花叶枯线虫，可以引起豆类植物和观赏植物的角斑病；草莓滑刃线虫，引起草莓植株皱缩或变矮，还可为害不同种类的蕨类植物。

我国台湾、浙江、江苏、安徽、广东、广西、海南等水稻主产区均有水稻干尖线虫病的发生，引起的产量损失一般为 10％～35％。水稻干尖线虫侵染后引起水稻叶片顶部距叶片尖端约 5 cm 内褪色、变白，后变褐干枯且破碎，呈鞭子状。剑叶发生捻转或卷缩，造成抽穗不完全，穗短，小穗数目减少，秕谷增加，千粒重降低。

水稻干尖线虫虫体细长，长 620～880 μm，体环细，侧区有 4 条侧线。口针长约 10 μm。

中食道球长圆形,狭部细。排泄孔位于中食道球后方约 1 倍体宽处。阴门位于虫体中后部 66%～72%处,阴门唇稍突起。雌虫尾端有不同形状的尾尖突起 3～4 对,雄虫尾部有尾尖突 2～4 对,交合刺基顶缺。

播种带有干尖线虫的谷粒后,休眠线虫移动到茎的生长点和秧苗叶片上营外寄生生活。分蘖后期线虫数量急剧增加,在开花前进入小穗,在子房、雄蕊、浆片和胚芽上营外寄生生活。随着谷粒灌浆成熟,3 龄幼虫逐渐发育成成虫,聚集在谷壳下面。该线虫可进行两性或孤雌生殖,一季可繁殖多代。产卵和孵化最适温度为 30℃。线虫在干燥谷壳内可存活 2～3 年,在田间谷壳内可存活 4 个月。

5.4.7 伞滑刃线虫(*Bursaphelenchus*)

伞滑刃线虫隶属于滑刃目寄生滑刃线虫科。由松材线虫(*B. xylophilus*)引起的松材线虫病是松树和其他林业树种致死的病害,可使整树或部分死亡,在日本、中国和韩国等东南亚国家和地区造成了严重损失。该线虫通过松墨天牛等昆虫传播。

松材线虫的唇区高且与身体间有缢缩,口针长 10～20 μm,其基部膨大,中食道球发达,椭圆形或长椭圆形,背食道腺开口于中食道球内侧,背食道腺于背面覆盖肠。雌虫后阴子宫囊长,阴门位于体长的 70%～80%处;雄虫尾向腹面弯,圆锥形,有尾尖突。交合刺末端有一伞状的角质层结构,交合刺发达。在夏季,一般 4 d 就能完成生活史。每条雌虫约产 80 粒卵。

松材线虫的生活史有分散期和繁殖期两个阶段。分散型 4 龄幼虫进入天牛的气门中,每头天牛成虫平均可携带 15 000～20 000 条 4 龄分散型幼虫,携带有松材线虫的天牛寻找健康树木的幼嫩部分进行取食,将线虫传带到寄主上,线虫从昆虫取食伤口处进入木射线并在薄壁细胞内繁殖。感病的松树感染松材线虫后产生典型的萎蔫症状,最初表现为树脂合成减少,几周内针叶变黄,然后变褐,在侵染后一年内松树死亡。

松材线虫可在木材组织内移动,也可从一块木材移动到邻近的木材中,没有天牛传播介体时线虫不能在树体间迁移。天牛羽化后能飞行 3.3 km,但实际上线虫只能传播数百米。国际远距离传播主要靠感病木材的运输及媒介昆虫。

5.5 有益线虫的利用及在土壤生态系统中的作用

线虫广泛存在于自然界,是生态系统的重要组成部分,种类多。有些种类具有专化寄生性,用寄生有害昆虫的线虫可以防治害虫;线虫还是研究生命现象的重要材料。下面重点介绍模式材料秀丽隐杆线虫和线虫在土壤生态系统中的作用。

5.5.1 线虫是研究生命现象的重要材料

秀丽隐杆线虫是一种取食细菌的线虫,个体小,成虫体长仅 1.5 mm,雌雄同体,雄性很少,可自体受精或两性生殖。在 20℃下平均 3.5 d 完成 1 代,平均繁殖 300～350 个。秀丽隐杆线虫具有清楚的遗传背景、简单的个体结构、较短的生活史以及已完成基因组测序等优点,在遗传与发育生物学、行为与神经生物学、衰老与寿命、人类遗传性疾病、病原体与生物机体的相互作用、药物筛选、动物的应激反应、环境生物学和信号传导等领域得到广泛应用。布雷内(Brenner)、苏尔斯顿(Sulston)和霍维茨(Horvitz)三位科学家因在线虫器官发育和程序性细胞死亡研究领域的成就获得了 2002 年诺贝尔生理学或医学奖。法尔(Fire)建立了线虫 RNA 干扰技术,该技术可沉默特定的基因,法尔和梅洛(Mello)获得了 2006 年诺贝尔生理学或医学奖。目前在我国研究秀丽隐杆线虫的实验室不是很多。我们可以通过利用秀丽隐杆线虫的一些重要研究结果和研究技术如 RNAi 来研究植物线虫基因的功能。秀丽隐杆线虫相关研究的网站:http://www.wormbase.org。

5.5.2 线虫在土壤生态系统中的作用

线虫是土壤动物区系中最为丰富的无脊椎动物,参与土壤有机质分解、植物营养矿化和养分循环等重要生态过程,在土壤生态系统腐屑食物网中占有重要地位。线虫因其形态特殊性、食物专一性、分离鉴定相对简单,以及对环境的各种变化(包括污染胁迫效应)能做出较迅速的反应等特点,被作为土壤污染效应研究的生物指标。根据线虫头部形态学特征和取食对象,通常将土壤线虫分为以下 4 个营养类群:

食细菌类线虫,是指以细菌为食的一类线虫,主要取食有益的、腐生的细菌以及有害的植物病原细菌,食细菌线虫可对细菌的活性起指示作用。食细菌线虫对土壤氮素矿化的贡献为 8%。

食真菌类线虫,是指以多种真菌为食的一类线虫,主要取食在根际生长的真菌、腐生真菌、病原真菌和菌根真菌等。

食细菌和食真菌类线虫,是初级分解过程最为丰富的消费者,可通过取食细菌、真菌等微生物,影响微生物的生长和新陈代谢活动,改变微生物群落,从而调节有机物的分解速度与养分的周转速率。

捕食/杂食类线虫,主要以原生动物、线虫、线虫卵等为食。对调控土壤中小动物的数量和植物寄生线虫的危害具有一定的积极作用。捕食性线虫属次级消费者,通过取食微生物来控制氮素的矿化,对氮素矿化的贡献为 19%,它们是从低营养级向高营养级传递的桥梁。

思考题

1. 如何理解线虫的重要性?

2. 线虫的基本形态特征有哪些? 植物线虫与腐生(自由生活)线虫的主要区别是什么?

3. 植物线虫的生活史包括哪几个阶段?

4. 植物线虫的寄生方式有哪几种?

5. 影响线虫生长发育的重要环境因子有哪些? 如何利用其来防治植物线虫?

6. 植物线虫的致病作用及所致病害的特点有哪些?

7. 几种重要植物线虫的危害方式及导致的病害有什么特征?

实验指导

实验室规则

1. 按时上实验课，不得迟到、早退。如有特殊原因不能上课者，应提前向任课教师请假。

2. 不准将不必要的物品带入实验室。必须带入的书籍和文具等应放在指定的非操作区，以免受到污染。

3. 实验前应先洗手，避免手上的分泌物、护肤用品和微生物等对实验造成污染。

4. 实验室内禁止饮食、吸烟。实验过程保持肃静，不得大声说笑或随意走动。

5. 各种实验物品应按指定地点存放，病原菌的培养物需经灭活处理，禁止随意冲入水槽或随意丢弃。

6. 在超净工作台操作接种时，必须严格遵守无菌操作规程，不得讲话。接种用的接种环、接种针及其他接种用具，在使用前后必须经过火焰或放在指定的消毒器皿内，不得随意放置。人离开超净工作台前，必须将酒精灯熄灭。

7. 需放恒温培养箱培养的样品，应做好标记（标明姓名、编号、日期、培养时间）后放到指定位置。

8. 实验过程中如发生意外事故，应立即报告老师进行恰当处理，不许隐瞒或自作主张，不按规定处理。

9. 爱护实验室的仪器设备，严格按操作要求使用。节约使用实验材料，不慎损坏器材等，应主动报告老师进行处理。

10. 实验完毕，应物归原处，将台面整理清洁、实验室打扫干净。最后用肥皂或洗手液将手洗净后再离开实验室。

11. 按时观察实验结果，以实事求是的科学态度独立完成实验报告，并按时提交。实验报告力求文字简明，数据准确，字迹清晰，绘图真实。

实验一 普通光学显微镜的使用

一、实验目的要求

1. 了解普通光学显微镜的基本构造,熟悉各部分的功能和使用方法;
2. 学习并掌握油镜的工作原理和使用方法。

二、实验材料和用具

普通光学显微镜、擦镜纸、真菌永久玻片等。

三、实验原理

1. 普通光学显微镜的构造

显微镜的构造可分为机械装置和光学系统两大部分。机械装置包括镜座、镜筒、镜臂、物镜转换器、载物台、推进器、粗调螺旋、微调螺旋、光圈等部件;光学系统由目镜、物镜、聚光器等组成(图 1-1)。

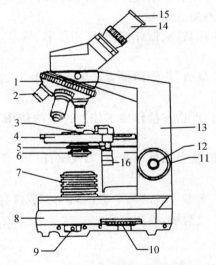

图 1-1 普通光学显微镜构造示意图

1.物镜转换器 2.物镜 3.标本夹 4.载物台 5.聚光器 6.光圈 7.光源 8.镜座
9.电源开关 10.光源滑动器 11.粗调螺旋 12.微调螺旋 13.镜臂 14.镜筒
15.目镜 16.推进器(标本移动螺旋)

2. 油镜的工作原理

油镜镜头常标有 Oil、100× 字样,镜头下缘刻有一圈白线或黑线。通常观察细菌需要用油镜。与其他物镜相比,油镜的放大倍数最大,使用也比较特殊,观察时需滴加香柏油,将显微镜的光圈开到最大,这是因为油镜的放大倍数高、透镜小,进入镜筒的光线少,而光线在玻片、空气、透镜等不同介体通过时,部分光线还因折射而散失,视野较暗,物体观察不清。香柏油的折射率为 1.515,与玻璃折射率 1.52 相近,通过香柏油将透镜与玻片相连,可减少光线的损失,使视野亮度增强,物象更清晰。

四、实验内容和方法

普通光学显微镜的使用操作过程:安置→调光源→调目镜→调聚光器→镜检(低倍镜→高倍镜→油镜)→擦物镜镜头→复原。

1. 观察前的准备

(1)显微镜的安置 从显微镜箱取出显微镜时,要用右手紧握镜臂,左手托住镜座,平稳地将显微镜放到实验台上,镜座距实验台边缘约 10 cm。

(2)光源调节 打开电源开关,通过调节光源滑动器来调节照明亮度。

(3)双筒显微镜的目镜调节 双筒显微镜的目镜间距可根据使用者的瞳孔距离适当调节。

(4)聚光器数值孔径值的调节 通过调节聚光器下面光阑的开放程度,可以得到各种不同的数值孔径,以适应不同物镜的需要。

2. 显微镜观察

一般情况下,应遵守从低倍镜到高倍镜,再到油镜的观察程序。

(1)低倍镜观察 将标本玻片置于载物台上,用弹簧夹固定,移动推进器,使观察对象处于物镜正下方。旋动粗调螺旋,使物镜与标本玻片距约 1 cm(单镜筒显微镜)或 0.5 cm(双镜筒显微镜),再以粗螺旋调节,使镜头缓慢升起(单镜筒),或使载物台缓慢下降(双镜筒),直到物像出现后再用微调螺旋调节使物像清晰。用推进器移动标本玻片,将观察目标移至视野中心,进行观察与绘图。

(2)高倍镜观察 在低倍镜观察的基础上转换高倍物镜。转换时,用眼睛在侧面观察,避免镜头与玻片相撞。调节聚光器和光圈使视野亮度适宜,而后调节微调螺旋使物像清晰。利用推进器移动标本找到需要观察的部位,并移至视野中心仔细观察或准备用油镜观察。

(3)油镜观察 使用油镜时要特别细心,避免由于"调焦"不慎而压碎标本玻片并使物镜受损。先将光圈开至最大,上调聚光器,调节好光源,使照明亮度最强。在高倍镜或低倍镜下找到要观察的样品区域后,用粗调节螺旋将载物台远离镜筒,然后在标本上滴加香柏油(切勿过多,否则视野模糊),转换油镜镜头,从侧面注视,用粗调旋钮使载物台缓缓上升(双镜筒)或镜筒缓慢下降(单镜筒),小心将油镜镜头刚刚接触到油滴(注意:切不可将油镜镜头压到标本玻片,否则不仅压碎玻片,还会损坏镜头),再用微调螺旋调至物像出现并清晰。如果镜头已离开油面而仍未见物像,可再将镜头浸入香柏油中,重复以上操作至物像清晰为止。

3. 显微镜用后安放

观察完毕,上升镜头(或下降载物台),将油镜镜头转出,先用擦镜纸擦去镜头上的油,再用擦镜纸蘸取少许二甲苯(香柏油溶于二甲苯)或乙醚乙醇混合液(乙醚∶乙醇＝1∶3)擦去镜头上的残留油迹,最后再用擦镜纸擦去残留的二甲苯(注意向一个方向擦拭)。严禁用手或其他纸擦镜头,以免损坏镜头。用绸布清洁显微镜的金属部件。

实验观察完毕,将各部分还原,载物台下降至最低,降下聚光器,以免与物镜相撞。套上镜套,放回镜箱中。

五、思考题

1. 普通光学显微镜的目镜与物镜的常用放大倍数有哪几种？
2. 为什么在使用高倍镜及油镜时应特别注意避免粗调螺旋的误操作？

实验二　培养基的制备及灭菌

一、实验目的要求

1.了解微生物培养基的主要种类,学习掌握 PDA、肉汁胨培养基和高氏一号培养基的配制及分装方法;

2.明确各种主要灭菌方法的应用范围,学习并掌握高压蒸汽灭菌锅的使用方法。

二、实验材料和用具

(1)器皿及材料　天平、称量纸、牛角匙(称量勺)、精密 pH 试纸、量筒、烧杯、三角瓶、玻璃棒、剪刀、镊子、砧板、小刀、酒精灯、纱布、封口膜、牛皮纸、记号笔等。

(2)药品及试剂　蛋白胨、牛肉浸膏或酵母粉、葡萄糖、马铃薯、可溶性淀粉、KNO_3、NaCl、$K_2HPO_3 \cdot 3H_2O$、$MgSO_4 \cdot 7H_2O$、$FeSO_4 \cdot 7H_2O$、琼脂粉、1.0 mol/L HCl 溶液和 1.0 mol/L NaOH 溶液。

(3)仪器设备　立式高压蒸汽灭菌锅、干燥箱、电磁炉等。

三、实验原理

培养基是人工配制的适合于不同微生物生长繁殖或积累代谢产物的营养基质。从营养角度分析,培养基中一般含有微生物所必需的碳源、氮源、无机盐、生长素以及水分等。另外,培养基还具有适宜的 pH、一定的缓冲能力、氧化还原电位及合适的渗透压。根据培养基成分不同可以分为天然培养基、合成培养基和半合成培养基。根据培养基状态可以分为液体培养基、固体培养基和半固体培养基。根据培养基用途可以分为细菌培养基、真菌培养基和放线菌培养基等。

从事病原微生物的分离培养,必须对所用的培养基和相关器皿进行灭菌,以排除其他微生物的干扰。因此,必须树立无菌的概念,掌握各种灭菌技术。灭菌的方法因材料和目的而不同,常用的灭菌方法有以下几种:

1.热力灭菌

最常用的就是利用高温杀灭各种微生物,可分为干热灭菌和湿热灭菌。主要通过加热使菌体内蛋白质凝固变性,从而达到杀菌的目的。

干热灭菌:利用干热空气杀灭微生物。干热灭菌法常用于玻璃器皿、金属器具的灭菌。灭菌时物品放置不宜过于紧密,灭菌温度一般不超过 180℃。带有橡胶的物品、塑料制品、液体及固体培养基等都不能用此法灭菌。

湿热灭菌:是基于水的沸点随着蒸汽压力的升高而升高的原理设计的。最主要的是高压蒸汽灭菌,是利用密封的高压灭菌锅中的水加热产生蒸汽,使锅内压力升高,达到每平方英寸15 磅的压力(温度 121℃)。一般培养基、玻璃器皿以及传染性标本等都可应用此法灭菌。一般培养基灭菌 15～30 min,土壤灭菌 2 h。

常用的高压蒸汽灭菌锅有立式、卧式及手提式等不同类型,基本构造大致相同,包括外锅、内锅、热源、压力表、排气阀和安全阀。

灭菌锅的使用操作过程如下：

(1)加水。打开灭菌锅盖,向锅内加蒸馏水到水位线。注意水要加够,防止灭菌过程中干锅。

(2)放样、加盖。灭菌材料放好后,盖好灭菌锅盖,勿使其漏气。

(3)加热、排气。接通电源加热,让放气阀处于开的状态。加热,待水煮沸后,水蒸气和空气一起从放气阀处排出,当有大量蒸汽均匀排出时,维持 5 min,使锅内冷空气完全排净。

(4)升压、保压和降压。当锅内冷空气排净时,即可关闭排气阀,压力开始上升。当压力上升至所需压力时,开始计算灭菌时间,待时间达到要求(一般培养基和器皿灭菌控制在 121℃,20 min)后,停止加热,待压力降至接近"0"时,打开排气阀。注意不能过早、过急地排气,否则会由于试剂瓶内压力下降的速度比锅内慢而造成瓶内液体冲出。

若使用全自动灭菌锅,完成上述(1)和(2)后,打开电源开关,选择合适灭菌程序开始灭菌。

2.过滤灭菌

对于一些经高温处理容易被破坏的物质可以采用过滤灭菌的方法,如抗生素、维生素、糖等,常用细菌不能透过的滤器来过滤,得到无菌的液体样品。常用的细菌过滤器孔径有 $0.45~\mu m$ 和 $0.22~\mu m$。

3.辐射灭菌

一定剂量的射线可以杀死微生物,常用的射线有紫外线、X 射线和 γ 射线等。紫外线使 DNA 分子中相邻的嘧啶形成嘧啶二聚体,抑制 DNA 复制与转录等。紫外线照射一般用于超净工作台、无菌室、手术室等空气消毒。紫外线波长在 260～280 nm 之间有很强的杀菌能力,在距光源 25～50 cm 以内的微生物经 3～10 min 照射即可被杀死。γ 射线的穿透力很强,适用于医疗器械和用具(如注射器等)、食品、实验室的许多塑料制品等的灭菌。

4.化学灭菌

一些化学物质具有很强的灭菌和抑菌作用,如 75% 酒精、3% 次氯酸钠等溶液处理一定时间都可达到杀菌效果。常用于植物组织的表面消毒和一些器皿的消毒。

四、实验内容和方法

1.PDA(potato dextrose agar)培养基的制备

主要用于真菌的分离和培养。

(1)成分及比例

马铃薯	200 g
葡萄糖	20 g
琼脂粉	20 g
补水定容至	1 000 mL

(2)配制方法　将马铃薯洗净去皮,称取 200 g,切成厚约 0.5 cm 的片,加蒸馏水 1 000 mL 煮沸 20 min 左右,用双层纱布过滤,加入葡萄糖搅拌溶解后,补水定容到 1 000 mL,

调 pH 至 6.0,按要求用量筒分装到三角瓶中。固体培养基按 1.8%~2% 的比例加入琼脂粉并混匀。然后用封口膜和牛皮纸封好瓶口,进行灭菌(121℃,20 min)。

2.肉汁胨培养基的制备

主要用于细菌的分离和培养。

(1)成分及比例

牛肉浸膏或酵母浸膏	3 g
蛋白胨	5~10 g
琼脂粉	20 g
补水定容至	1 000 mL

(2)配制方法　在一烧杯内加入 100~200 mL 温水,先称取牛肉浸膏溶解于温水中,再加入约 600 mL 蒸馏水,加入蛋白胨搅拌溶解,混匀后调节 pH 至 7.0,补水定容到 1 000 mL,按要求用量筒分装到三角瓶中。固体培养基按 1.8%~2% 的比例加入琼脂粉并混匀,然后灭菌(121℃,20 min)。不加琼脂即为肉汁胨培养液。有时为了促进细菌生长,也可以加入 5~10 g 葡萄糖或蔗糖。

3.高氏一号培养基的制备

主要用于放线菌的分离和培养。

(1)成分及比例

可溶性淀粉	20 g
NaCl	0.5 g
KNO_3	1 g
$K_2HPO_4 \cdot 3H_2O$	0.5 g
$MgSO_4 \cdot 7H_2O$	0.5 g
$FeSO_4 \cdot 7H_2O$	0.01 g(先配成1%母液)
琼脂粉	20 g
补水定容至	1 000 mL

(2)配制方法　先将可溶性淀粉称好,在小烧杯内用约 50 mL 水调成糊状,在另一容器内加入约 900 mL 热水,将小烧杯内淀粉倒入混匀。再分别添加其他成分,搅拌使之完全溶解。对微量成分 $FeSO_4 \cdot 7H_2O$ 可先配成母液后再按所需的量加入。具体方法是在 100 mL 蒸馏水中加入 1.0 g 的 $FeSO_4 \cdot 7H_2O$,配成1%母液,1 000 mL 培养基中加入 1 mL 1%的母液即可。待所有成分完全溶解后,调 pH 至 7.0~7.5,补水定容到 1 000 mL,按要求用量筒分装到三角瓶中。固体培养基按 1.8%~2% 的比例加入琼脂粉并混匀,然后灭菌(121℃,20 min)。

注意事项:灭菌过程中若发生培养基溢出、橡皮筋断裂后留在灭菌锅内,灭菌结束后需及时清洗灭菌锅,以免发生堵塞。

五、实验结果与报告

1.记录不同物品的灭菌方法及灭菌条件(温度、压力、时间等)。

2.试述高压蒸汽灭菌的过程及注意事项。

六、思考题

1.制备培养基的一般程序是什么？

2.通过本次实验，你认为在制备培养基时要注意哪些问题？

3.灭菌在微生物学实验操作中有何重要意义？

4.为什么有的培养基需要调 pH？

实验三　细菌的形态观察及染色

一、实验目的要求

1. 掌握显微镜油镜的使用方法；
2. 掌握细菌涂片标本的制备方法；
3. 了解革兰氏染色、鞭毛染色和芽胞染色的原理，学习并掌握革兰氏染色、鞭毛染色和芽胞染色的步骤和关键点。

二、实验材料和用具

（1）仪器及用具　显微镜、擦镜纸、镜油、擦镜液、载玻片、盖玻片、滴管、微量离心管、酒精灯、接种环/移液器、吸水纸、记号笔等。

（2）细菌菌种　大肠杆菌（*Escherichia coli*）、枯草芽胞杆菌（*Bacillus subtilis*）、金黄色葡萄球菌（*Staphylococcus aureus*）、供试未知细菌的菌液。

（3）药品及试剂　革兰氏染液、鞭毛染液、芽胞染液、95%乙醇、蒸馏水。

三、实验原理

简单染色法只用一种染料使细菌着色以显示其形态，但不能辨别细菌细胞的构造。细菌生长于中性、碱性或弱酸性的溶液中时常带负电荷，所以通常采用带正电荷的碱性染料（如美蓝、结晶紫、碱性复红或孔雀绿等）使其着色。当细菌分解糖类产酸使培养基 pH 下降时，细菌所带正电荷增加，因此易被带负电的酸性染料（如伊红、酸性复红或刚果红等）着色。

革兰氏染色是丹麦病理学家 Christian Gram 在 1884 年创立的，是细菌学中最常用的鉴别染色法。它可以将细菌分为革兰氏阳性（G^+）和革兰氏阴性（G^-），这是由这两类细菌细胞壁的结构和组成不同决定的。G^- 菌的细胞壁中含有较多易被乙醇溶解的类脂质，而且肽聚糖层较薄、交联度低，故用乙醇或丙酮脱色时类脂质被溶解，细胞壁通透性增加，使初染的结晶紫-碘复合物易于渗出，结果细菌就被脱色，再经番红复染后就成了红色。G^+ 菌细胞壁中肽聚糖层厚且交联度高，类脂质含量少，经脱色剂处理后反而使肽聚糖层的孔径缩小，通透性降低，因此细菌仍保留初染时的颜色，为蓝紫色。植物病原细菌绝大多数是革兰氏阴性菌。

鞭毛是细菌的运动"器官"，细菌是否具有鞭毛以及鞭毛着生的位置和数目是细菌的一项重要鉴别特征。细菌的鞭毛纤细，直径一般为 10~20 nm，不能用光学显微镜直接观察到。但通过染色处理，也可以在普通光学显微镜下观察细菌的鞭毛。鞭毛染色的方法很多，大致可分为两类：第一类是碱性品红染色法，第二类是银盐沉积法（Leifson 染色法）。这两种方法基本原理相同，即在染色前先用媒染剂处理，让它沉积在鞭毛上，使鞭毛直径加粗，然后再进行染色。常用的媒染剂由单宁酸和氯化高铁或钾明矾等配制而成。

细菌的芽胞可直接用相差显微镜观察，在镜下细菌呈暗色，芽胞则因折射而发亮；革兰氏染色的细菌,菌体呈红色或紫色,芽胞则不着色。根据细菌的芽胞和菌体对染料的亲和力不同的原理,菌体和芽胞可染成不同的颜色,更便于观察。孔雀绿藏红染色是较好的芽胞染色法(Schaffer 和 Fulton)。芽胞壁厚、透性低,着色、脱色均较困难,当用弱碱性染料孔雀绿在加热的情况下进行染色时,此染料可以进入菌体及芽胞使其着色,而进入芽胞的染料却难以透出,若再复染(番红液),则菌体呈红色而芽胞呈绿色。

四、实验内容和方法

(一)细菌涂片标本的制备

1.涂片

左手持菌液管,右手持接种环在火焰中灼烧;冷却后从离心管中蘸取菌液,在洁净载玻片上做一涂膜;从固体斜面或平板上取菌时,用无菌接种环取少量菌体,均匀涂抹于玻片上预先滴有的 1 滴蒸馏水中。涂片取菌量不宜过多,以免造成菌体重叠。

2.干燥

在空气中自然干燥。

3.固定

用镊子夹住涂片一端,在火焰上连续通过几次,以载玻片在手背上试感觉不烫为宜。

(二)革兰氏染色

对所有供试菌株进行革兰氏染色,判断各菌株是 G^+ 还是 G^- 菌。

(1)初染　滴加数滴草酸铵结晶紫染液,染色 1 min;水洗数秒钟,用吸水纸吸干。

(2)媒染　滴加碘液覆盖涂片 1 min;水洗,吸干。

(3)脱色　将玻片倾斜,从上端滴加 95% 酒精,轻轻摇动玻片脱色,直至流出的乙醇无紫色时,立即水洗、吸干。褪色时间不超过 30 s。

(4)复染　滴加番红染液复染 1～2 min;水洗,吸干。

(5)镜检　滴上半滴水,盖上盖玻片,油镜镜检。注意标本中细菌的形态、大小、排列和颜色,革兰氏阳性菌为紫色,革兰氏阴性菌为红色。

(三)细菌鞭毛染色

对大肠杆菌、枯草芽胞杆菌进行鞭毛染色。

1.载玻片的准备

选择光滑无裂痕的玻片,先在浓铬酸洗涤液中浸 24 h,用蒸馏水冲洗,洗净的载玻片浸在95%酒精中。使用前将玻片通过火焰几次,烧去酒精,放在多层吸水纸上任其冷却。

2.细菌悬浮液的配制

配制细菌悬浮液时要注意菌龄,最好是用在斜面上培养 18～24 h 的,但生长较慢的细菌,也可用适当延长到 36～48 h 的。染色前,菌种每隔 1～2 d 移植一次,必要时可连续进行几次,以增强细菌的活性。配制的时候,在培养斜面上加灭菌水 3～5 mL(可根据浓度增减)静置(可以稍加摇动,但不要振动)一定时间,细菌就散开而形成悬浮液。放置的时间一般是 5～30 min,而产生胞外多糖的细菌则需要放置 30 min 或更久一些。放置时间太长,细菌的鞭毛可能会脱落。染色前,可先用悬滴法观察细菌是否运动。

植物病原细菌,有的产生较多的胞外多糖,可能影响其鞭毛的染色。如采用无糖培养基培养,可以减少多糖而得到较好的效果。

3. 涂片

用微吸管取菌悬液 1～3 滴加在洁净的载玻片上,立即将玻片倾斜,使菌液缓慢流下,玻片上即留下一条或两三条细菌悬浮液膜。最好是从悬浮液中活动的细菌较多的上层取样。载玻片保持直立使菌液干燥,鞭毛染色的玻片都不通过火焰固定直接染色。

4. 染色——赖夫生(Leifson)染色法

(1)在涂片上滴加鞭毛染液。

(2)仔细观察染剂中较细沉淀物的产生,产生沉淀后立即用水将载玻片上的染剂洗去。染色时间的长短很重要,这是由载玻片上形成沉淀物的时间决定的。观察沉淀产生最好的方法,是将载玻片放在黑纸(或其他黑的背景)上,用光束照射染剂。当开始产生沉淀时,染剂的边缘先出现铁锈色云雾状物,当整个染剂都出现雾状物时,立即用水将载玻片上的染液洗去。

(3)载玻片放在室温下自然干燥(不用吸水纸吸),干燥后直接用油镜检视。染色好的标本,细菌和鞭毛都染成红色,背景无色,载玻片上一般都有少量染剂沉积物,但不影响观察。

(四)细菌芽胞染色(对枯草芽胞杆菌进行芽胞染色)

(1)涂片固定。

(2)加染剂 I 加热染色 1 min,勿使染液沸腾和干燥;水洗。

(3)染剂 II 染色 15 s;水洗。

(4)镜检,菌体染成红色,芽胞绿色。

五、实验结果与报告

列表记录各供试细菌的大小、形态、排列及染色结果,看看与给出结果是否相同,如不同则分析原因。

六、思考题

分析影响革兰氏染色结果的因素,讨论实验过程中的注意事项。

七、染液配方

1. 革兰氏染液

(1)结晶紫液

溶液 I:结晶紫 2.0 g,95%酒精 20.0 mL;

溶液 II:草酸铵 0.8 g,蒸馏水 80.0 mL;

混合溶液 I 和溶液 II,滤纸过滤,贮存,24 h 后使用。

(2)碘液   碘 1.0 g,碘化钾 2.0 g,蒸馏水 300 mL,装入棕色试剂瓶,放暗处备用。

(3)复染剂　先配原液,用蒸馏水稀释后为复染剂。

10 倍原液:番红 O 2.5 g,95％酒精 100.0 mL。

2. 鞭毛染液

溶液 A:单宁酸 3 g,蒸馏水 100 mL,加 0.2％苯酚;

溶液 B:氯化钠 1.5 g,蒸馏水 100 mL;

溶液 C:碱性品红 1.2 g,95％酒精 100 mL;

溶液 A、B、C 在冰箱内可以贮放几星期。将 3 种溶液在使用前一天等体积混合,调至 pH 5.0。

3. 芽胞染液(孔雀绿藏红染剂)

染剂Ⅰ:5％孔雀绿水溶液。

染剂Ⅱ:0.5％藏红水溶液或 0.05％碱性品红水溶液。

实验四　土壤微生物的分离和计数

一、实验目的要求

1.学习无菌操作技术和土壤微生物分离和计数方法；
2.掌握使用选择性培养基分离真菌、细菌和放线菌的方法。

二、实验材料和用具

(1)培养基　肉汁胨培养基、高氏一号培养基、马铃薯葡萄糖琼脂培养基(PDA)。
(2)试剂　硫酸链霉素、灭菌水。
(3)仪器和用具　三角瓶、移液器、吸头、2 mL 塑料离心管、离心管架、酒精灯、涂布器、培养皿、记号笔、涡旋振荡器、天平、培养箱等。
(4)样品　实验前在田间采集的土壤样品，封存于塑料袋中，4℃保存备用。

三、实验原理

土壤能提供微生物需要的营养和环境条件，是微生物栖息的重要生境。土壤中有多种类群的微生物，它们对自然界物质的转化和循环起着极为重要的作用。植物根际微生物的种类和数量与植物的生长发育有密切关系，不同根际微生物由于其生理活性和代谢产物的不同，对土壤肥力和植物营养产生积极或消极的作用。引起土传植物病害的病原菌可以离开活体植物寄主，在土壤中或土壤中的病残体上长期腐生生活，成为下一生长季节的病害初侵染来源。因此，研究土壤微生物对于自然生态、环境安全和农业生产都有重要意义。

土壤中的微生物主要聚集在表层土或耕作层土壤中。一般来说，离地表 10～30 cm 的土层中微生物种类和数量最多，随土层的加深而减少。土壤中的微生物以细菌数量最多，放线菌和真菌次之，但因真菌菌丝体的体积大，其生物量常比细菌大。

然而，并非所有的土壤微生物都可以用本试验介绍的方法进行分离培养，实际上能够培养的土壤微生物不及土壤微生物总数的 1‰，绝大多数的微生物资源还有待进一步研究和开发。

四、实验内容和方法

1.制备微生物培养基平板
(1)先将实验二制备得到的 3 种培养基加热融化。
(2)当培养基温度降到 50～60℃时，向 PDA 培养基中加入硫酸链霉素溶液，使其在培养基中的终浓度为 100 μg/mL，肉汁胨培养基和高氏一号培养基不需要添加抗生素。
(3)将培养基分别倒入直径 9 cm 的培养皿中，每皿 15～20 mL。倒培养基时，必须在酒精灯火焰附近操作。
(4)待培养皿中的培养基完全凝固后，即可使用。

2.分离培养步骤
(1)称取土壤样品 10 g，加入盛有 90 mL 灭菌水的三角瓶中振荡 5 min，形成土壤悬浊液。

（2）采用 10 倍系列稀释法对土壤悬浊液进行稀释。从三角瓶中取 1.0 mL 土壤悬浊液至一个灭菌的塑料离心管中（标记为 0 号管），再从 0 号管取 0.1 mL 土壤悬浊液加入装有 0.9 mL 灭菌水的塑料离心管中，用涡旋振荡器充分振荡形成 10 倍稀释液（标记为 1 号管）；随后按此方法，依次将土壤悬浊液稀释 10^2、10^3、10^4、10^5 和 10^6 倍，分别标记为第 2 号、3 号、4 号、5 号和 6 号管（图 4-1）。注意：由高浓度向低浓度做系列稀释时，每次稀释后，移液器都必须更换新的吸头。

（3）将 10^3、10^4、10^5 和 10^6 四个稀释水平的土壤悬浊液样品（即从第 3 号、4 号、5 号和 6 号管）中分别取 0.1 mL，加到肉汁胨培养基平板上，用涂布器或涂布棒涂匀，用于分离细菌；将 10^1、10^2、10^3 和 10^4 四个稀释水平的土壤悬浊液样品（即从第 2 号、3 号、4 号和 5 号管）中分别取 0.1 mL，均匀涂布在高氏一号培养基平板上，用于分离放线菌；将 10^0、10^1、10^2 和 10^3 四个稀释水平的样品分别取 0.1 mL，均匀涂布在含有硫酸链霉素的 PDA 培养基平板上，用于分离真菌。每个土壤悬浊液浓度在涂布不同培养基平板时均需重复 3 次。

（4）涂布时注意从培养皿中央开始逐步向外进行，待涂布液完全被培养基吸收后，将培养皿倒置，放入 28℃ 恒温箱中培养。

（5）培养 2～3 d 后，检查培养基平板上的细菌菌落生长情况并计数，培养 3～5 d 后检查培养基平板上的放线菌和真菌菌落生长情况并计数。

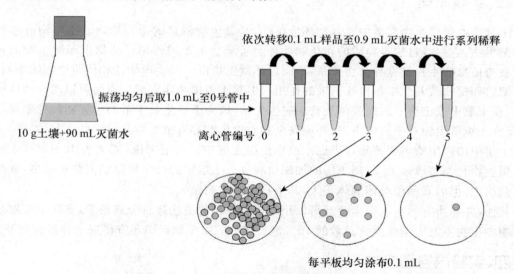

依次转移0.1 mL样品至0.9 mL灭菌水中进行系列稀释

振荡均匀后取1.0 mL至0号管中

10 g土壤+90 mL灭菌水

离心管编号 0 1 2 3 4 5

每平板均匀涂布0.1 mL

图 4-1　系列稀释法操作示意图

五、实验结果与报告

根据微生物的菌落特征，分别记录 PDA 培养基上的真菌菌落、高氏一号培养基上的放线菌菌落和肉汁胨培养基上的细菌菌落的数量，计算每克土壤中的 3 类微生物群体数量，描述分离得到的微生物菌落的形态特征。具体要求如下：

以菌落数在 20～200 个/皿范围内的培养基平板为依据进行微生物计数，菌落数过多或过少均会对计数的准确性造成较大误差。

土壤中某类微生物的群体数量（CFU/g）＝适宜计数的某一浓度平板上该类微生物的菌

落数(3 次重复的平均值)÷ 0.1 mL×稀释倍数×三角瓶中土壤悬浊液总体积(mL)÷土壤重量(g)

3 类微生物的菌落特征如下:

真菌菌落:一般大于多数细菌和放线菌,菌落直径从几毫米至几厘米不等,有大量菌丝,有的还可以看到产孢结构,菌落颜色各异。

细菌菌落:多数呈黏稠状,相对均一、透明或不透明,多数菌落有光泽、边缘光滑,少数呈不规则形状,菌落直径一般在几毫米,也有少数种类的菌落较大。

放线菌菌落:较小,多数直径在 2 mm 以下,一般菌落中心的颜色较边缘更深,菌落无光泽,放大后可以看到菌落有气生菌丝,但菌丝量远小于真菌,有特殊的"泥土气味"。

注:分离所得微生物的计数单位为 CFU(colony forming unit,菌落形成单位)。

六、思考题

分离真菌时,有哪些方法可以避免或减少细菌的污染?分离细菌时,又有哪些方法可以减少真菌的污染?

实验五　无性型真菌和卵菌的形态学观察

一、实验目的要求

1. 认识菌丝体的类型、菌组织、吸器等结构;
2. 熟悉无性型真菌分生孢子的类型;
3. 掌握无性型真菌和卵菌代表属的主要分类特征。

二、实验材料和用具

(1)仪器及用具　显微镜、擦镜纸、载玻片、盖玻片、酒精灯、挑针、吸水纸等。
(2)实验材料　菌物永久玻片、新鲜病样和人工培养菌物。

三、实验原理

菌物为了适应环境条件,其营养体往往在形态上会产生一些变化,或形成一些菌组织。无性型真菌的分生孢子和产孢结构是无性型真菌形态分类的重要依据。卵菌的无性孢子是产生在游动孢子囊中的游动孢子,有性孢子为卵孢子。这些无性孢子和有性孢子的特征是卵菌鉴定和分类的重要依据。

四、实验内容和方法

(一)营养体的观察

1. 菌落和菌丝体的观察

观察人工培养的真菌和卵菌的菌落形态、颜色、质地等,并挑取少许菌丝制成临时玻片,在显微镜下观察菌丝体,区分有隔菌丝和无隔菌丝。

2. 菌组织的观察

有些真菌的菌丝体,在一定的条件下或一定的发育阶段,可形成特殊的组织体,常见的有菌核、菌索和子座。

(1)菌核(sclerotium)　菌核是由拟薄壁组织和疏丝组织形成的一种休眠体,既是真菌贮藏养分的器官,又是用于度过不良环境条件的休眠结构。菌核的大小不一,色泽和形状也各不相同。菌核的外层组织细胞排列紧密,色深壁厚,具有保护作用,为拟薄壁组织;内层细胞壁薄色淡,排列疏松,仍可维持营养作用,为疏丝组织。观察油菜菌核病菌——核盘菌(*Sclerotium sclerotiorum*)和麦角菌(*Claviceps*)的菌核标本,比较两种菌核的大小、形状和颜色。

(2)菌索(rhizomorph)　少数高等真菌的菌丝体可纠结成绳索状的组织体,形如高等植物的根,故称根状菌索,其作用是帮助菌丝体蔓延和抵抗不良环境,根状菌索组织有表皮和内部组织的分化。观察苹果或甘薯紫纹羽病菌——紫卷担菌(*Helicobasidium purpureum*)的菌索盒装标本,注意菌索的根状形态。

（3）子座（stroma）　由菌丝分化形成或是菌丝体与寄主组织结合而形成的结构,形状变化大,呈垫状、柱状、棒状、头状等。子座成熟后在其内部或上面形成子实体。子座是真菌的休眠结构和产孢结构,但更重要的作用是作为产孢结构。镜检麦角菌（Claviceps）的子座,观察子座的形状和结构。

3.菌丝变化形态的观察

（1）吸器（haustorium）　是寄生真菌侵入寄主细胞内为了吸收养分由菌丝分化出的一种膨大或分枝状的结构。吸器有丝状、指状、球状、掌状等各种不同形状,以扩大养分吸收的表面积。观察小麦白粉病菌在小麦细胞内形成的掌状吸器。

（2）假根（rhizoid）和匍匐菌丝（stolon）　假根是真菌产生的一种类似植物根的结构,深入基质吸收营养,固定并支撑菌体。观察根霉属（Rhizopus）真菌永久玻片或培养物,注意假根的形态及与菌丝的区别。

（二）分生孢子的形态及产孢结构的观察

观察分生孢子梗、分生孢子座、分生孢子盘和分生孢子器等产孢结构以及不同形态的分生孢子。此部分结合无性型真菌代表属的形态学观察进行。

（三）无性型真菌代表属的形态学观察

无性型真菌是指通过有丝分裂进行繁殖产生孢子的真菌。习惯上,往往把无性阶段发达且有经济意义、有性阶段少见或不重要的子囊菌和担子菌的无性阶段也放在此类真菌中。

青霉属（Penicillium）　分生孢子梗直立,有时聚合成孢梗束,分生孢子梗呈不对称的扫帚状分枝,分枝顶端为瓶状小梗,小梗上着生成串的分生孢子。成堆聚集的分生孢子呈浅黄绿色。用挑针挑取柑橘青霉病病样上的分生孢子梗和分生孢子,制作临时玻片,观察分生孢子梗的分枝、瓶状小梗及分生孢子的特征。

曲霉属（Aspergillus）　分生孢子梗从菌丝上的厚壁足细胞生出,直立,粗大,顶端膨大成圆形或椭圆形,上面着生1~2层放射状分布的瓶状小梗,产生串珠状的分生孢子链,聚集在分生孢子梗顶端,呈头状。分生孢子单胞,球形、卵圆形、椭圆形,无色或有色,表面光滑或有饰纹。观察永久玻片或从人工培养的曲霉菌落上挑取孢子梗,制作临时玻片,注意与青霉属分生孢子梗的区别。

镰孢属（Fusarium）　又称镰刀菌属。分生孢子梗不分枝至多次分枝,最上端为产孢细胞。一般产生两种类型的分生孢子:大型分生孢子多细胞,镰刀形,无色;小型分生孢子单胞或双胞,椭圆形至卵圆形,无色,单生或串生。有的种类可在菌丝或大型分生孢子中形成厚垣孢子。观察小麦赤霉病菌——禾谷镰孢（F. graminearum）或人工培养的其他镰孢菌,注意大型分生孢子和小型分生孢子的形态差异,是否有分生孢子座和厚垣孢子。

炭疽菌属（Colletotrichum）　又称刺盘孢属。分生孢子盘生于寄主植物角质层下、表皮或表皮下,分散或合生,不规则形开裂。分生孢子盘中有时生有刚毛,刚毛褐色至暗褐色,具分隔,表面光滑,至顶端渐尖。该属种类较多,分生孢子无色,单胞,长椭圆形、梭形或新月形。观察人工培养的胶孢炭疽菌（C. gloeosporioides）菌落和高粱炭疽病菌——禾生炭疽菌（C. graminicola）永久玻片,注意分生孢子盘、分生孢子和刚毛的形态特征。

内脐蠕孢属（Drechslera）　又称凹脐蠕孢属、德氏霉属。分生孢子梗粗壮,有隔,顶部合轴式延伸。分生孢子圆筒状,多细胞,深褐色,脐点内陷入基细胞内。分生孢子萌发时每个细胞均可生出芽管。观察小麦生内脐蠕孢(*D. triticicola*)的分生孢子特征,注意脐点内陷。

平脐蠕孢属(*Bipolaris*)　又称离蠕孢属。分生孢子梗形态与产孢方式与内脐蠕孢属相似。分生孢子通常呈长梭形,直或弯曲,深褐色,脐点微突出,平截。分生孢子萌发时从两端细胞生出芽管。观察玉米小斑病菌——玉蜀黍平脐蠕孢(*B. maydis*)的分生孢子形态特征和脐点平截。

凸脐蠕孢属(*Exserohilum*)　分生孢子梗形态与产孢方式与内脐蠕孢属相似。分生孢子梭形至圆筒形或倒棍棒形,直或弯曲,深褐色,脐点强烈突出。分生孢子萌发时两端细胞生出芽管。观察玉米大斑病菌(*E. turcicum*),注意分生孢子的形态特征和脐点突出。

弯孢霉属(*Curvularia*)　分生孢子梗直或弯,顶部合轴式延伸,常呈屈膝状,褐色。分生孢子单生,弯曲,近纺锤形,大多具 3 个隔膜,中间 1～2 个细胞特别膨大。观察新月弯孢霉(*C. lunata*),注意分生孢子的形态和各细胞的颜色。

葡萄孢属(*Botrytis*)　分生孢子梗褐色,比较粗壮,有分枝,顶端膨大有许多小的突起,在每个小突起上着生分生孢子,聚集成葡萄穗状。分生孢子无色或灰色,单胞,椭圆形、球形、卵形。常产生黑色菌核。观察灰葡萄孢(*B. cinerea*)人工培养物或葡萄孢属其他种的永久玻片,注意分生孢子梗和分生孢子的特征。

链格孢属(*Alternaria*)　分生孢子梗暗色,短或长,以合轴式延伸。顶端产生倒棍棒形、椭圆形或卵圆形的分生孢子,褐色,具横、纵或斜隔膜,顶端无喙或有喙,单生或串生。观察番茄早疫病菌——茄链格孢(*A. solani*)永久玻片或人工培养的其他链格孢,注意分生孢子梗和分生孢子的形状、分隔、颜色、喙的有无。

壳针孢属(*Septoria*)　分生孢子器球形或扁球形,分生孢子多细胞,细长筒形、针形或线形,直或微弯,无色,基部钝圆,顶端尖。观察芹菜斑枯病病原菌——芹菜生壳针孢(*S. apiicola*)永久玻片,注意分生孢子器和分生孢子的形状。

丝核菌属(*Rhizoctonia*)　菌丝多为直角分枝,初期无色,老龄菌丝褐色,分枝处有横隔膜,近分枝处常缢缩。菌丝可集结成菌核,菌核呈扁圆形或不规则形,褐色。镜检立枯丝核菌(*R. solani*)永久玻片或人工培养的丝核菌,注意菌丝的 T 型分枝和分枝处的缢缩。

(四)卵菌代表属的形态学观察

卵菌的营养体为发达的无隔菌丝体。无性繁殖产生游动孢子囊,在其中产生多个具双鞭毛的游动孢子,较长的茸鞭朝前,较短的尾鞭朝后。有性生殖在藏卵器内形成一个或数个卵孢子。

腐霉属(*Pythium*)　营养体为白色丝状体,无隔膜,有分枝;孢囊梗与菌丝区别不明显,孢子囊丝状、瓣状或球状。藏卵器圆形,其中一般形成 1 个卵孢子,雄器侧生。镜检瓜果腐霉(*P. aphanidermatum*)永久玻片,注意藏卵器、雄器、孢囊梗和孢子囊的形态特征。

疫霉属(*Phytophthora*)　菌丝无隔,有的可形成菌丝膨大体。孢囊梗与菌丝有明显差异,有分枝;孢子囊呈卵形、梨形或近球形、不规则形,顶部具乳突、半乳突或无乳突。藏卵器球形,内有 1 个卵孢子,厚壁或薄壁,无色至浅色;雄器大小形状不一,围生(包裹在藏卵器的柄上)或侧生(着生在藏卵器的侧面)。镜检致病疫霉(*P. infestans*)永久玻片或其他疫霉的培养物,注意藏卵器、雄器、孢囊梗和孢子囊的形态特征。

霜霉属（*Peronospora*） 孢囊梗主轴较粗壮，顶部有多次对称的二叉状分枝，末端分枝的顶端尖细。孢子囊在末枝顶端同步形成，卵形，无色或有色，无乳突。卵孢子球形，壁平滑或具纹饰。镜检辣椒霜霉（*P. capsici*）的永久玻片，注意孢囊梗及其分枝、孢子囊的形态特征。

单轴霉属（*Plasmopara*） 孢囊梗直角或近直角单轴分枝，末枝比较刚直，顶端钝圆或平截。孢子囊较小，球形或卵形，有乳突和短柄，易脱落，萌发时产生游动孢子或芽管。卵孢子不常见，圆形，黄褐色，卵孢子壁与藏卵器不融合。镜检葡萄霜霉病菌——葡萄生单轴霉（*P. viticola*）永久玻片，注意孢囊梗及其分枝、孢子囊的形态特征。

假霜霉属（*Pseudoperonospora*） 孢囊梗基部稍膨大，主干单轴分枝，然后作2～3回不完全对称的二叉状锐角分枝，顶端尖细。孢子囊球形或卵形，有色，有乳突，基部有时有短柄，萌发时产生游动孢子。卵孢子球形，黄褐色。镜检黄瓜霜霉病菌——古巴假霜霉（*P. cubensis*）永久玻片，注意孢囊梗及其分枝、孢子囊的形态特征。

白锈菌属（*Albugo*） 孢囊梗粗短，棍棒形，不分枝，成排生于寄主表皮下；孢子囊串生呈链状，圆形或椭圆形，最老的孢子囊在链的顶端。镜检为害十字花科植物的白锈菌（*A. candida*）永久玻片，注意孢囊梗、孢子囊及其排列的特征。

五、实验结果与报告

1. 绘制2～3种无性型真菌的形态图，并标注各部分的名称和病原菌拉丁学名；

2. 绘制2～3种卵菌的无性孢子和有性孢子的形态图，并标注各部分的名称和病原菌拉丁学名。

实验六　真菌界代表属的形态学观察

一、实验目的要求

1. 熟悉真菌有性孢子的类型；
2. 掌握真菌界各代表属的形态特征；
3. 了解真菌子实体及其的结构。

二、实验材料和用具

(1)仪器及用具　显微镜、擦镜纸、载玻片、盖玻片、酒精灯、挑针、吸水纸等。
(2)实验材料　真菌界代表属的永久玻片及人工培养真菌,真菌的子实体(如蛹虫草、灵芝、蘑菇等)。

三、实验原理

真菌的孢子分为无性孢子和有性孢子。真菌产生孢子的结构,无论是有性的还是无性的,统称为子实体。真菌的孢子尤其是有性孢子及其产孢结构的特征是真菌形态学分类和鉴定的重要依据。

四、实验内容和方法

(一)芽枝霉门(Blastocladiomycota)代表属的形态观察

节壶菌属(*Physoderma*)　活体寄生菌,在寄主组织中的根状菌丝体产生大量球形或扁球形的休眠孢子囊,黄褐色,具有囊盖。镜检玉米褐斑病菌——玉蜀黍节壶菌(*P. maydis*)的休眠孢子囊。

(二)接合菌门(Zygomycota)代表属的形态观察

根霉属(*Rhizopus*)　菌丝分化出假根和匍匐菌丝。孢囊梗单生或丛生,与假根对生,其顶端着生孢子囊,孢子囊球形或近球形,囊轴明显,基部有囊托(孢子囊壁的残片),内有大量孢囊孢子。孢囊孢子球形、卵形或不规则形,无色或淡褐色。有性孢子为接合孢子,表面有瘤状突起。配囊柄上无附属丝。镜检甘薯软腐病菌——匍枝根霉(*R. stolonifer*)的永久玻片或挑取根霉培养物制片,注意观察孢囊梗、孢子囊、孢囊孢子、接合孢子、配子囊及配囊柄。

毛霉属(*Mucor*)　菌丝体发达,多分枝,一般无隔,无假根和匍匐菌丝。孢囊梗直立,单生不分枝或假单轴分枝,顶生孢子囊;有囊轴,无囊托。孢囊孢子球形或椭圆形,无色或有色,表面光滑。接合孢子表面有瘤状突起,配囊柄无附属丝。观察毛霉属接合孢子的永久玻片,注意接合孢子的大小、形状以及孢囊梗和孢子囊等的特征。

(三)子囊菌门(Ascomycota)代表属的形态观察

外囊菌属(*Taphrina*)　无子囊果,子囊长圆柱形,裸生,平行排列在寄主表面,内有 8 个子囊孢子。子囊孢子单细胞,椭圆形。镜检桃缩叶病菌($T.\ deformans$)永久玻片,注意观察子囊的形状及其排列方式。

白粉菌类 菌丝多表生,因在寄主植物的表面形成白色的霉层而得名。对白粉菌的形态学鉴定主要是依据有性结构闭囊壳上附属丝的形态、闭囊壳中子囊的数目。

白粉菌属($Erysiphe$) 多个子囊成束生于闭囊壳内,每个子囊含有2~8个子囊孢子。子囊孢子无色至浅色。附属丝菌丝状、末端钩状或分枝。镜检葡萄白粉菌($E.\ necator$)、核桃白粉病菌——山田白粉菌($E.\ yamadae$)的永久玻片或采集新鲜标本,观察闭囊壳附属丝的特点及闭囊壳内的子囊数目、子囊孢子的特征。

球针壳属($Phyllactinia$) 闭囊壳含多个子囊,附属丝刚直,长针状,基部球形膨大。观察核桃白粉病菌——核桃球针壳($P.\ fraxini$)或臭椿白粉病菌——臭椿球针壳($P.\ ailanthi$)的闭囊壳、附属丝、子囊和子囊孢子的特征。

叉丝单囊壳属($Podosphaera$) 闭囊壳内只有一个子囊。附属丝菌丝状,生于闭囊壳顶部或"赤道"附近,刚直,顶端不分枝或为2~6次二叉分枝,附属丝全部或下部褐色或浅褐色。观察苹果白粉病菌——白叉丝单囊壳($P.\ leucotricha$)或玫瑰白粉病菌——蔷薇叉丝单囊壳($P.\ pannosa$)的闭囊壳、附属丝、子囊个数以及子囊孢子特征。

长喙壳属($Ceratocystis$) 子囊果为典型的子囊壳,瓶状,有细长的颈,长度为子囊壳直径的几倍;长颈有孔口,孔口有口须;子囊壁早期消解;子囊孢子单胞,无色,钢盔状。观察甘薯黑斑病菌——甘薯长喙壳($C.\ fimbriata$)永久玻片或培养物,注意子囊壳和子囊孢子的形态特征。

赤霉属($Gibberella$) 子囊果为典型的子囊壳,单生或群生,球形;子囊壳壳壁蓝色或紫色,子囊棍棒状,基部较细;子囊孢子纺锤形,无色,2~4个分隔。镜检小麦赤霉病菌——禾谷镰孢($Fusarium\ graminearum$)的永久玻片,注意子囊壳、子囊和子囊孢子的形态特征。

麦角菌属($Claviceps$) 子囊壳埋生在子座头部的表层内。子囊长筒形,子囊孢子无色,丝状。镜检麦角菌($C.\ purpurea$)永久玻片,观察头状子座及其内部结构。

黑星菌属($Venturia$) 子囊果为子囊腔,暗褐色,球形,孔口周围有刚毛,子囊腔内生有子囊,棍棒状,子囊孢子双细胞,上面的细胞较下面的稍大。镜检梨黑星病菌($V.\ pyrina$)永久玻片,注意子囊腔、子囊和子囊孢子的形态特征。

核盘菌属($Sclerotinia$) 由菌核产生具长柄的子囊盘,盘状或杯状,褐色。子囊及侧丝平行排列在子囊盘上,子囊内含有8个子囊孢子。子囊孢子椭圆形或纺锤形,单细胞,无色。镜检油菜菌核病菌($S.\ sclerotiorum$)永久玻片,注意子囊盘的形状、子囊排列及子囊孢子个数。

(四)担子菌门(Basidiomycota)代表属的形态观察

柄锈菌属($Puccinia$) 冬孢子双细胞,有柄。夏孢子单细胞,黄色,外壁有微刺。镜检小麦条锈病菌($P.\ striiformis$)或马蔺柄锈菌($P.\ iridis$),观察夏孢子和冬孢子的形态特征。

胶锈菌属($Gymnosporangium$) 冬孢子椭圆形,少数纺锤形,双胞,浅黄色至暗褐色,有长柄。冬孢子柄无色,遇水膨胀成胶状。冬孢子堆舌状或垫状,遇水胶化膨大,近黄色至深褐色。观察苹果或梨锈病菌——亚洲胶锈菌($G.\ asiaticum$)的永久玻片或采集新鲜病样,制备临时玻片,镜检其性子器和锈子腔。在病叶组织的上表皮内有扁圆形性子器,内有性孢子和受精丝;下表皮及栅栏组织形成空腔状的锈子腔,内有锈孢子,串生,近球形,黄褐色。

黑粉菌属（*Ustilago*） 冬孢子单细胞，圆形，黑褐色，表面有微刺。观察玉米黑粉菌（*U. maydis*）冬孢子永久玻片，注意冬孢子的形态特征。

腥黑粉属（*Tilletia*） 冬孢子表面有网状或疣、刺状等饰纹，少数种光滑。观察小麦网腥黑穗病菌（*T. caries*）冬孢子及其萌发的永久玻片，观察冬孢子形态及萌发后产生的无隔先菌丝，顶生担孢子，担孢子之间形成的"H"形连接。

五、实验结果与报告

1. 绘制白粉菌有性产孢结构的形态图；
2. 绘制子囊菌有性产孢结构的形态图；
3. 绘制担子菌有性产孢结构的形态图；
4. 绘制接合菌的形态图。

实验七　微生物大小和数量的测定

一、实验目的要求

1.掌握显微测微尺的使用方法,学习使用显微测微尺测量微生物细胞或孢子的大小;

2.了解血球计数板的构造并掌握其使用方法,学习使用血球计数板对微生物的细胞或孢子数量进行计数。

二、实验材料和用具

(1)仪器及用具　显微镜、目镜测微尺、镜台测微尺、血球计数板、载玻片、盖玻片、镜油、擦镜纸、计数器、微量离心管、移液枪、枪头、擦镜纸等。

(2)实验材料　稻瘟病菌(*Pyricularia oryzae*)分生孢子悬浮液和酿酒酵母(*Saccharomyces cerevisiae*)细胞培养液。

三、实验原理

1.微生物大小的测定

微生物细胞或孢子的大小是微生物基本的形态特征,也是分类鉴定的依据之一。微生物大小的测定,需要在显微镜下,借助特殊的测量工具——测微尺(包括目镜测微尺和镜台测微尺,见图 7-1)完成。

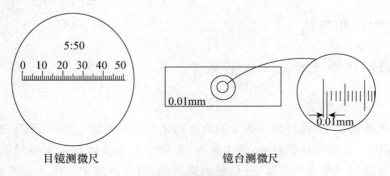

目镜测微尺　　　　　　　　　　镜台测微尺

图 7-1　测微尺的构造

目镜测微尺是一块放入目镜中的圆形玻片,在玻片中央把 5 mm 刻成 50 等份,用于测量经显微镜放大后的细胞物像。由于不同目镜与物镜组合的放大倍数不同,目镜测微尺每格表示的实际长度也不一样。因此,使用目镜测微尺进行测量之前,须先用镜台测微尺进行校正,以求得一定放大倍数下,目镜测微尺每小格所代表的实际长度。然后用校正后的目镜测微尺测定微生物细胞相对于目镜测微尺的格数,即可计算出细胞的实际大小。

镜台测微尺是中央部分刻有精确等分线的专用载玻片,一般是将 1 mm 等分为 100 格,每格 10 μm(即 0.01 mm),是专门用来校正目镜测微尺的。

2.微生物数量的测定

血球计数板(图 7-2)是一块特制的载玻片,玻片上有 4 条凹槽,构成 3 个平台。中间较宽的平台又被一短槽隔成两半,每半边平台各刻有一个方格网。每个方格网共分为 9 个大方格,只有中间的大方格为计数室。

计数室(图 7-3)的刻度有两种:一种是大方格分为 16 个中方格,每个中方格被分为 25 个小方格;另一种是一个大方格被分为 25 个中方格,每个中方格被分为 16 个小方格。无论哪一种,每个大方格都是 400 个小方格。每个大方格的边长为 1 mm,面积为 1 mm²,盖上盖玻片后,盖玻片与载玻片之间的高度为 0.1 mm,所以每个计数室的容积为 0.1 mm³。

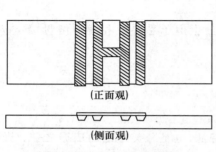

(正面观)

(侧面观)

图 7-2　血球计数板的构造

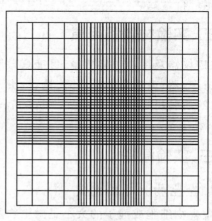

图 7-3　血球计数板的计数室(25×16)

四、实验内容和方法

(一)稻瘟病菌分生孢子大小的测量

1.目镜测微尺的校正

把目镜的上透镜旋下,将目镜测微尺的刻度面朝下轻轻地装入镜筒,把镜台测微尺置于载物台上,刻度朝上。先用低倍镜观察,调准焦距,视野中看清镜台测微尺的刻度后,转动目镜,使目镜测微尺与镜台测微尺的刻度平行,移动推动器,使两种测微尺在某一区域内重叠,确定重叠区左端第一条完全重合刻度线的位置后,向右寻找第二条完全重合的刻度线,然后计数两重合刻度线之间目镜测微尺的格数和镜台测微尺的格数(图 7-4)。用同样的方法换成高倍镜进行校正。因为镜台测微尺的刻度为每格 10 μm,所以由下列公式可以计算出目镜测微尺每格所代表的实际长度。

$$目镜测微尺每格长度 = 镜台测微尺格数 \times 10\ \mu m \div 目镜测微尺格数$$

2.分生孢子大小的测量

将镜台测微尺取下,取少量适宜浓度的稻瘟病菌分生孢子悬浮液滴于载玻片上,轻轻加上盖玻片。先用低倍镜找到分生孢子,再用高倍镜观察。分别测量分生孢子的长度和宽度

(图 7-4)。一般测量 30 个分生孢子,取其平均值。注意:随机选取成熟的具有 3 个细胞的分生孢子。

目镜测微尺的校正　　　　分生孢子大小的测量

图 7-4　目镜测微尺校正和分生孢子大小测量示意图

(二)酿酒酵母细胞数量的测定

1. 镜检计数室

加样前,先对血球计数板的计数室进行镜检。若有污物需要清洗,干燥后使用。

2. 菌悬液制备

将酵母培养物稀释至适当浓度(已由任课教师完成)。

3. 加样

在清洁干燥的血球计数板的计数室处加盖盖玻片,用移液枪吸取经稀释并振荡均匀的酵母细胞悬浮液,从盖玻片边缘轻轻打入,让菌悬液沿缝隙靠毛细渗透作用自行进入计数室,让计数室刚好充满菌悬液。注意:每次吸取悬浮液前都要振荡均匀;计数室内不可有气泡。

4. 显微镜计数

加样后,将血球计数板置于显微镜载物台上,静置 1 min 后,先在低倍镜(4×)下找到计数室的方格网,再换至 10× 或 40× 镜下进行计数。

计数方法:计数时若使用 25×16 规格的血球计数板,计数 4 个角的 4 个中方格及中央 1 个中方格(共 5 个中方格,80 个小格)内的细胞数目。每个小方格内的细胞数目以 5～10 个为宜。当遇到中格线上有细胞时,一般只计此中格的上线及右线上的细胞,而且只计一半以上在线内的细胞。如遇酵母出芽,芽体大小达到母细胞的一半时,记作两个细胞。

5. 清洗血球计数板

计数完毕后,马上用洗瓶冲洗血球计数板,自然晾干或者用吸水纸轻轻蘸干。

6. 细胞数量的计算

重复上述实验过程 10 次,取其平均值,按以下公式计算每毫升菌液中所含细胞的数量:

$$\text{酵母细胞数/mL} = \frac{80\ 小格内酵母细胞数}{80} \times 400 \times 10^4 \times 稀释倍数$$

上述方法同样适用于其他真菌的孢子计数,如测定真菌的产孢量。

五、实验结果与报告

1. 测量稻瘟病菌分生孢子的大小,计算分生孢子大小的平均值。
2. 记录酿酒酵母的计数结果,计算培养菌液的细胞浓度。

六、思考题

1. 显微测微尺上的刻度大小和放大倍数会影响测量结果吗?
2. 根据本实验的亲身体会,说明血球计数板计数的误差主要来自哪些方面?

实验八　土壤中线虫的分离及形态观察

　　土壤线虫是植物根际土壤生物区系中非常活跃的一类生物,主要包括寄生性线虫和腐生性线虫两大类。其中非寄生性线虫占线虫总数的 52%～65%,主要取食对象为细菌、真菌、低等藻类和土壤中的微小原生动物。按营养类群、线虫的取食习性和食道特征等,将土壤线虫划分为 4 个营养类群,即食细菌类线虫(Bacterivores)、食真菌类线虫(Fungivores)、植物寄生类线虫(Plant-parasites)和捕食-杂食类线虫(Predators-omnivores)。土壤中植物寄生线虫大多为垫刃目。

一、实验目的要求

　　1.学习用浅盘法分离线虫;
　　2.掌握寄生性线虫与腐生性线虫在形态特征上的区别。

二、实验材料和用具

　　(1)仪器及用具　小塑料盆、小塑料筐、500 目筛网、纸巾、显微镜、载玻片、盖玻片、擦镜纸、滴管(或 200 μL 移液器)、离心管等。
　　(2)土样　取自植物线虫病发生地块的土壤样品。

三、实验原理

　　浅盘法分离线虫:将带有线虫的土壤或植物组织浸泡在水中时,由于线虫的趋水性和自身的重量,线虫离开植物组织或土壤在水中蠕动,并能穿透纸巾而沉降到底部浅盘中。浅盘法适合分离植物组织内或土壤中活跃的活线虫,但不能分离出丧失活动能力的线虫种类。

四、实验内容和方法

　　1.浅盘法分离线虫
　　浅盘法适合分离植物组织内或土壤中活跃的线虫。将小筐放入小盆中,并在筐上铺一层纸巾;土样压碎混匀,取 100 mL 土样放入小筐的纸巾上;从小筐与小盆中的缝隙加入水,没过上层土;在室温下静置 24-48 h 后,将小盆中的水过 500 目筛网,用少量清水将筛面上线虫洗入烧杯中。

　　2.线虫杀死
　　一般采用热杀死的方法。将盛有线虫悬浮液的小烧杯置于 65℃ 水浴中 2 min 杀死线虫;如仅作临时观察,可以吸取线虫悬液滴在载玻片上,在酒精灯火焰上过几次即可杀死线虫。

　　3.线虫的形态观察
　　(1)区分腐生性线虫和寄生性线虫。腐生性线虫没有口针,食道多为双胃型或小杆型,尾部细长,在水中活动剧烈;植物寄生线虫通常有发达的口针,食道多为滑刃型或垫刃型,有中食道球,尾部较短,在水中游动不太剧烈。

（2）观察线虫形态。吸取线虫悬液于载玻片上,缓缓加上盖玻片,在显微镜下观察各线虫的形态。若需固定杀死线虫,将滴有线虫溶液的载玻片过几次酒精灯火焰,再滴加清水,盖上盖玻片后观察。

五、实验结果与报告

描绘从土样中分离到的各线虫形态。

六、思考题

用浅盘法从土壤中分离线虫时,是否需要采集新鲜的土样?

实验九　应用胶体金免疫层析试纸条检测植物病毒

一、实验目的要求

1. 了解病毒的免疫原特性以及利用免疫方法检测病毒；
2. 学习掌握胶体金免疫层析试纸条检测植物病毒。

二、实验材料和用具

(1)试纸条及用具　检测烟草花叶病毒(tobacco mosaic virus,TMV)的商品化胶体金免疫层析试纸条,研钵,微量离心管,1 mL 移液器。

(2)实验材料　系统感染 TMV 的烟草植株和健康烟草植株。

(3)抗原包被缓冲液(0.05 mol/L 碳酸盐缓冲液,pH9.6)　Na_2CO_3 1.59 g,$NaHCO_3$ 2.93 g,NaN_3 0.2 g,蒸馏水定容至 1 L。

三、实验原理

植物病毒编码的蛋白,如外壳蛋白(Coat Protein,CP)等具有免疫原性,因此可以用作抗原制备抗血清,根据抗原抗体的特异性反应可以检测某种病毒存在与否。血清学方法有沉淀法、凝集法、免疫扩散法、酶联免疫吸附法、免疫电泳、免疫电镜、胶体金免疫层析试纸条等,目前应用较广泛的是酶联免疫吸附法,应用最为简单的是胶体金免疫层析试纸条。

胶体金免疫层析试纸条利用免疫胶体金标记技术和免疫层析技术,将胶体金标记的抗体固定在硝酸纤维素膜上制成检测试纸条。免疫胶体金标记技术是以胶体金作为示踪标记物,应用于抗原抗体反应中的一种免疫标记技术。胶体金颗粒之间因为静电作用形成一种稳定的胶体状态。胶体金标记是使蛋白质等高分子被吸附到胶体金颗粒表面的包被过程。吸附原理是胶体金颗粒表面带有一层正电荷与蛋白质的负电荷基团通过静电引力的作用而形成牢固结合。用还原法可以方便地从氯金酸制备各种不同粒径(不同颜色)的胶体金颗粒。这种球形的粒子对蛋白质有很强的吸附功能,因而在基础研究和检验检疫中成为非常有用的工具。以硝酸纤维素膜为载体,利用微孔膜的毛细管作用,滴加在膜条一端的液体慢慢向另一端渗移,在移动的过程中,当抗原遇到标记的抗体后发生相应的抗原抗体反应,并通过免疫金的颜色显示出来。

胶体金免疫层析试纸条的构造见图 9-1。在试纸条上通常会设置质控线(C)和测试线(T)。质控线和测试线同时显色说明样品检测结果为阳性(图 9-2),若只有质控线显色说明样品检测结果为阴性(图 9-3),若质控线和测试线均不显色,或只有测试线显色,说明试纸条质量有问题,不能判断样品的检测结果。

胶体金免疫层析技术在检测病毒方面具有如下优点：

(1)不需要特殊的仪器设备,不需要特定的环境,对操作人员没有特别的专业要求；

(2)能够现场应用,适用于海关检疫和生产；

(3)经济、快速,能够广泛地推广使用；

(4)灵敏度和特异性相对较高。

由于胶体金免疫层析试纸条的使用极其简单、方便、成本低,已广泛应用于医学检查、病害诊断、农药残留检测、抗生素检测、环境监测等很多领域。

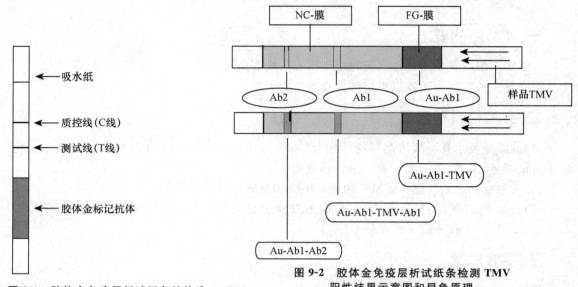

图 9-1 胶体金免疫层析试纸条的构造

图 9-2 胶体金免疫层析试纸条检测 TMV 阳性结果示意图和显色原理

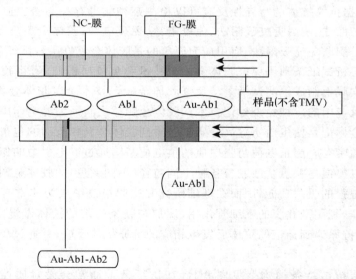

图 9-3 胶体金免疫层析试纸条检测 TMV 阴性结果示意图和显色原理

四、实验内容和方法

(1)分别取健康和感染病毒的烟草叶片,剪取约 2 cm×2 cm 大小,放入洁净的研钵中,加入 1~2 mL 的抗原包被缓冲液,研磨成汁液,放置 2 min。

(2)把试纸条的样品检测一端按正确方向放入叶片汁液中(注意不能将带有红色的金标垫没入汁液中,否则会影响检测结果),10~15 min 观察结果。实验过程中,可以观察液体流动方向,记录每条红色条带出现的时间。

五、实验结果与报告

若试纸条 NC 膜上出现两条红色条带则说明烟草叶片含有烟草花叶病毒(TMV);若仅出现一条靠近顶端的红色条带说明烟草叶片中不含有该病毒。

六、思考题

1.病毒免疫测定的方法有哪些?

2.观察并讨论本实验中胶体金免疫层析试纸条检测 TMV 的结果和优缺点。

实验十　有益微生物的利用

一、实验目的要求

1.学习酸奶和泡菜的制作方法；
2.了解纯种发酵和传统发酵在无菌操作方面的差别。

二、实验材料和用具

(1)仪器及用具　泡菜坛子、电磁炉、天平、一次性塑料杯、吸管、培养箱、冰箱。
(2)材料　食盐、糖、姜、辣椒、水萝卜、胡萝卜、大白菜、豇豆、莴笋、市售牛奶、市售酸奶。

三、实验原理

酸奶是利用乳酸菌的发酵作用而制成的发酵乳制品,是一类促进人体健康的食物,含有高数量的活性乳酸菌,主要是保加利亚乳杆菌(*Lactobacillus bulgaricus*)和嗜热链球菌(*Streptoccus thermophilus*),可降解牛奶中的乳糖,利于乳糖不耐受人群食用,而且具有良好的营养价值。酸奶中至少应该含有 10^9 CFU/g 以上的活菌数,而且从产品出厂至整个货架期间,需要冷藏保存,以保持这些细菌都具有活性。

泡菜是利用果蔬表面天然存在的乳酸菌进行发酵而获得的,含有丰富的活性乳酸菌,它可抑制肠道中腐败菌的生长,减弱腐败菌在肠道的产毒作用,并有帮助消化、防止便秘、防止细胞老化、降低胆固醇、抗肿瘤等作用;泡菜中的辣椒、蒜、姜、葱等刺激性作料可起到杀菌、促进消化酶分泌的作用。

四、实验内容和方法

(一)酸奶制作

(1)直接在经过巴氏或超高温灭菌的市售牛奶中加入约 6％ (*W/V*)白糖,溶解后加入约 5％酸奶,摇匀,并分装到纸杯。

(2)盖住纸杯口,42℃静置发酵培养 10～12 h。

(3)置于 4℃冰箱数小时,待冷却老熟后即可品尝。

(二)泡菜制作

(1)将清水烧开并冷却,加食盐(6％～8％)及砂糖(5％～6％),待盐和糖完全溶解后,放入适量配料(姜、蒜等),倒入泡菜坛中(以卤水淹到坛子的 3/5 为宜)。

(2)加入各种洗净晾干的材料(如甘蓝、胡萝卜、心里美萝卜等)后,将坛子盖好,并用 10％的盐水密封。

(3)室温静置发酵 1～2 周即可品尝。

注:在初次制作泡菜时,可适当加些醋或糖,以加速发酵,增加乳酸,缩短泡菜制作时间。

如用陈汤制作泡菜,2～3 d后即可食用。泡菜卤用的次数越多,泡出的菜越是清香鲜美。

五、实验结果与报告

与其他小组比较,讨论泡菜、酸奶风味。

六、思考题

1.纯种发酵和传统发酵的差别是什么?

2.为何选择无抗生素牛奶作为酸奶发酵原料?

参考文献

[1]冯志新. 植物线虫学. 北京：中国农业出版社,2001.

[2]贺新生. 现代菌物分类系统. 北京：科学出版社,2015.

[3]洪健,谢礼,张仲凯,等. ICTV 最新十五级分类阶元病毒分类系统中的植物病毒. 植物病理学报,2021,51(2)：143−162.

[4]吕国忠,孙晓东,杨红. 关于"半知菌"的前世和今生. 菌物研究,2020,18(4)：315−320.

[5]杨良祝. 真菌系统学大趋势：越来越多的分类单元. 菌物学报,2020,39(9)：1611−1616.

[6]陆家云. 植物病原真菌学. 北京：中国农业出版社,2001.

[7]Perry R N,Moens M. 植物线虫学. 简恒主译. 北京：中国农业大学出版社,2011.

[8]裘维蕃. 菌物学大全. 北京：科学出版社,1998.

[9]谢联辉. 植物病原病毒学. 北京：中国农业出版社,2008.

[10]邢来君,李明春,魏东盛. 普通真菌学. 北京：高等教育出版社,2010.

[11]许志刚. 普通植物病理学. 4 版. 北京：高等教育出版社,2009.

[12]吴铁航,陆家云. 葡萄孢盘菌属一新种——蚕豆葡萄孢的有性阶段. 真菌学报,1991,10(1)：27−30.

[13]Agrios G N. 植物病理学. 5 版. 沈崇尧主译. 北京：中国农业出版社,2009.

[14]Hull R. 马修斯植物病毒学. 4 版. 范在丰等译校. 北京：科学出版社,2007.

[15]Bergey's Manual of Systematics of *Archaea* and *Bacteria*. 2015. https://onlinelibrary. wiley. com/doi/book/10. 1002/9781118960608

[16]Constantinescu O,Fatehi J. *Peronospora*-like fungi (Chromista,Peronosporales) parasitic on Brassicaceae and related hosts. Nova Hedwigia,2002,74(3−4)：291−338.

[17]Description of Plant Virus. www. dpvweb. net.

[18]Gorbalenya A E,Siddell S G. Recognizing species as a new focus of virus research. PLoS Pathogens,2021,17(3)：e1009318

[19]International Committee on Taxonomy of Viruses (ICTV). http://www. ictvonline. org

[20]Index Fungorum. http://www. indexfungorum. org

[21]Kirk P M,Cannon P F,Minter D W,et al. Ainsworth & Bisby's Dictionary of the Fungi. 10th ed. CABI Bioscience,CAB International. 2008.

[22]List of Prokaryotic Names with Standing in Nomenclature. http://www. bacterio. net

[23]MycoBank. http://www. mycobank. org

[24]Nemaplex Main Menu http://nemaplex. ucdavis. edu/uppermnus/topmnu. htm#

[25]Wijayawardene N N,Hyde K D,Al-Ani L K T,et al. Outline of *Fungi* and fungus-like taxa. Mycosphere,2020,11(1)：1060−1456.

微生物及线虫名称索引

病毒学名/英文名称及缩写　　　**病毒中文名**

线虫学名　　**线虫中文名**